"十三五"江苏省高等学校重点教材

（编号：2019-2-232）

全国普通高等院校电子信息规划教材

光电子技术

滕道祥 孙言 编著

U0286540

清华大学出版社

北京

内 容 简 介

本教材适用于电子科学与技术、应用物理学、新能源科学与工程等专业的"光电技术""光电检测技术"等课程的教学。本教材力求全面介绍现代光电子技术的理论和应用基础,内容紧扣当前光电技术产业发展前沿,以光电检测器件、光源、光电成像器件、光电变换及典型应用等为主线。本教材在介绍光电检测器件基本原理与特性的同时,更注重光电检测技术实际应用的介绍,最后介绍了光电技术的典型应用实例、光伏发电设计等内容。

本教材可以作为高等学校电子信息类专业的教科书,也可以作为光电子技术领域科技人员的参考书。

图书在版编目(CIP)数据

光电子技术/滕道祥,孙言编著. —北京:清华大学出版社,2021.3(2024.1重印)
全国普通高等院校电子信息规划教材
ISBN 978-7-302-57534-4

Ⅰ.①光…　Ⅱ.①滕…②孙…　Ⅲ.①光电子技术－高等学校－教材　Ⅳ.①TN2

中国版本图书馆 CIP 数据核字(2021)第 022690 号

责任编辑:谢　琛　常建丽
封面设计:常雪影
责任校对:李建庄
责任印制:宋　林

出版发行:清华大学出版社
　　　　　网　　　址:https://www.tup.com.cn,https://www.wqxuetang.com
　　　　　地　　　址:北京清华大学学研大厦 A 座　　　　　邮　　编:100084
　　　　　社 总 机:010-83470000　　　　　　　　　　　邮　　购:010-62786544
　　　　　投稿与读者服务:010-62776969,c-service@tup.tsinghua.edu.cn
　　　　　质量反馈:010-62772015,zhiliang@tup.tsinghua.edu.cn
　　　　　课件下载:https://www.tup.com.cn,010-83470236
印 装 者:三河市人民印务有限公司
经　　销:全国新华书店
开　　本:185mm×260mm　　　印　张:17.75　　　字　数:410 千字
版　　次:2021 年 4 月第 1 版　　　　　　　　　　印　次:2024 年 1 月第 3 次印刷
定　　价:49.90 元

产品编号:089292-01

为更好地服务于应用型本科院校的教学改革,密切联系电子信息产业行业的实际需求,适应应用型本科院校的专业教学,提高学生的实践动手能力,编写了本教材。本教材是在作者多年来的"光电子技术""光电检测技术""光电子学"等课程教学讲义的基础上编写而成的,删减了繁、难、偏、旧的内容,注重理论知识的系统性和针对性,深入浅出,实践性强。本教材加强了专业内容与学生职业发展和行业人才需求的联系,注重培养学生的专业技能,满足不同层次学生的发展需求,突出教材的均衡性和实用性。

本教材在知识体系上,以培养学生实践与创新能力作为重要的目标,注重对学生探索精神、科学思维、实践能力、创新能力的培养。激发学生主动学习、主动实践的热情。本教材由滕道祥、孙言编著,刘冬冬、胡峰、邹维科、李文义、张宁、王克权、种法力、王一如、魏明等老师参与编写。在编写中还参阅了一些专家和学者的文献资料,在此表示感谢!

由于编者水平和条件所限,时间仓促,教材中难免有错误和不足之处,敬请读者批评指正。本教材在编写过程中得到清华大学出版社等单位的大力支持和帮助,在本书出版之际,谨向他们致以最诚挚的谢意!

作者

2021 年 2 月

目 录

Contents

第1章

绪　论

1.1　光电子技术概述

　　光电子技术是由电子技术和光子技术互相渗透、优势结合而产生的一门高新技术。电子技术研究电子的特性与行为及其在真空或物质中的运动与控制,而光子技术研究光子的特性及其与物质的相互作用以及光子在自由空间或物质中的运动与控制。两者相结合的光电子技术主要研究光与物质中的电子相互作用及其能量相互转换的相关技术。光电子技术以量子理论为理论基础,以物质的固、液、气、等离子体等形态为对象,以光和电的能量与信息的转换、传播、接收为目标,以光通信、光传感、光计算、光存储、激光武器、激光医疗为应用领域,集"光、机、电、计、材"于一身,是一种最前沿、最实用的高新技术。作为一门新兴的综合性交叉学科,它将电子学使用的电磁波频率提高到光频波段,产生了电子学所不能实现的很多功能,成为继微电子技术之后兴起的又一门高新技术,并与微电子技术共同构成信息技术的两大重要支柱。

　　光电子技术涉及光显示、光存储、激光等领域,是未来信息产业的核心技术。光电子技术又是一个非常宽泛的概念,它围绕着光信号的产生、传输、处理和接收,涵盖了新材料(如新型发光感光材料、非线性光学材料、衬底材料、传输材料和人工材料的微结构等)、微加工和微机电、器件和系统集成等一系列从基础到应用的各个领域。光电子技术科学是光电信息产业的支柱与基础,涉及光电子学、光学、电子学、计算机技术等前沿学科理论,是多学科相互渗透、相互交叉而形成的高新技术学科。经过多年的发展,光电子技术和应用取得了飞速发展,在社会信息化中起着越来越重要的作用。随着科学技术和生产的发展,光电技术已深入各行各业,起到重要作用。光电信息的检测和处理已成为十分重要的研究内容,国内对光电技术的发展日益重视,已形成现代高新技术的光电子产业。

1.2　光电子技术发展历史

　　1883 年,爱迪生(见图 1.1)在一次改进电灯的实验中,将一根金属线密封在发热灯丝附近,通电后意外地发现,电流居然穿过了灯丝与金属线之间的空隙。1884 年,他取得了该发明的专利权。这是人类第一次控制了电子的运动,这一现象的发现为 20 世纪蓬勃发展的电子学提供了生长点。这一生长点上的第一个蓓芽就是弗莱明(见图 1.2)发明的整流器。他把爱迪生及马可尼(见图 1.3)两位大师的发明成果结合起来,着手研究真空电流效应。1904 年,他发明了真空二极管整流器。

图 1.1　爱迪生(1847—1931)　　　　图 1.2　弗莱明(1849—1945)

　　1906 年,美国人德弗雷斯特(见图 1.4)在弗莱明的二极管中又加入一块栅极,制成既可以用于整流,又可以用于放大的真空三极管。三极管可以通过级联使放大倍数大增,从而促成无线电通信技术的迅速发展。1910 年,首次把它用于声音的传送系统。1916 年,建立了第一个广播电台,开始了新闻广播。到 20 世纪 20 年代,真空电子器件已经成为广播事业与电子工业的心脏,它推动着无线电、雷达、电视、电信、电子控制设备、电子信息处理等整个电子技术群迅速发展。

图 1.3　马可尼(1874—1937)　　　　图 1.4　德弗雷斯特(1873—1961)

　　1899 年,马可尼发送的无线电信号穿过了英吉利海峡,接着又成功穿越大西洋,从英国传到加拿大的纽芬兰省。无线电通信的发明,也是日后无线电广播、电视甚至手机的先兆。1909 年,马可尼获得诺贝尔物理学奖。

　　电子学与信息技术的第一次重大变革发生在 20 世纪 50 年代。1958 年,半导体集成电路问世,不仅使高速计算机得以实现,还促使电子工业与近代信息处理技术发生天翻地覆的变化。肖克莱由于他的半导体理论而导致晶体管的发明,揭开了电子革命崭新的一页。由于这一重大贡献,肖克莱和科学家巴丁、布拉顿一起获得了诺贝尔物理学奖,如图 1.5 所示。

　　19—20 世纪,电磁学得到了飞跃的发展,不断开发了各种电的应用技术。电能作为

图 1.5 晶体管的发明家肖克莱、巴丁、布拉顿

能源具有瞬时移动性和可控制性,广泛用于照明、动力等方面,电子学正是研究电信号的控制、记录、传递及其应用的一门科学。电子学大发展的同时,光电子学、量子电子学也随之建立和发展起来,它们形成了现代电子学的学科群体。由于电子电路不能在同一点重叠相交,这种空间的不共容性限制了密集度的提高。电子学已经出现不能适应新要求的问题,当电子通信容量达到最大限度而不能继续扩大时,人们很自然地把目光转向波长更短的光波。

20 世纪 60 年代,红宝石激光器的问世,促使了光子学的诞生。从 20 世纪 60 年代到 90 年代,激光器从谐振腔体型向固体半导体激光器过渡,随之实现了光子器件的集成化,不仅促使了光子学的大发展,非线性光学、纤维光学、集成光学、激光光谱学、量子光学与全息光学也形成了现代光子学的学科群体。电子学领域中几乎所有的概念、方法无一不在光子学领域中重新出现。光子学的信息荷载量要大得多,光的焦点尺寸与波长成反比,光波波长比无线电波、微波短得多,经二次谐波产生倍频,激光可使光盘存储的信息量大幅增加。电子开关的响应时间最短为 $10^{-7} \sim 10^{-9}$ s,而光子开关的响应时间可以达到飞秒数量级。光子属于玻色子,不带电荷,不易发生相互作用,因而光束可以交叉。光子过程一般也不受电磁干扰。光场之间的相互作用极弱,不会引起传递过程中信号的相互干扰。这些优点为光子学器件的三维互连、神经网络等应用开拓了光明前景。1966 年,年轻的工程师、英籍华人高锟(见图 1.6)就光纤传输的前景发表了具有历史意义的论文。该

图 1.6 高锟(1933—2018)

文分析了造成光纤传输损耗的主要原因,从理论上阐述了有可能把损耗降低到20dB/km的见解,并提出这样的光纤可用于通信。1970年,半导体激光器在室温环境下的连续激射获得成功。同时,低损耗的光导纤维的试制又获得了成功,光纤通信成为现实。高锟因为这篇论文获得了2009年的诺贝尔物理学奖。

在通信史上,跳过为增大信息传输量而开发的毫米波通信阶段,直接由微波通信转移到光纤通信。光纤通信原理如图1.7所示。光纤通信技术的开发促进了作为光源的激光器、作为接收器件光探测器的发展,促进了光调制器、光波导、光开关、光放大器以及光隔离器等各种光学部件的发展。随着半导体材料的发展,各种固体光源如半导体激光器、半导体发光二极管(LED)技术不断有新的突破,20世纪90年代,美国和日本的三位科学家赤崎勇、天野浩和中村修二分别独立开发出蓝光LED,结合已有的红光与绿光LED,人们终于可以通过三原色原理生产出更加自然的白光灯泡。正是由于他们在蓝光LED方面的特殊贡献,因此获得了2014年诺贝尔物理学奖(见图1.8)。

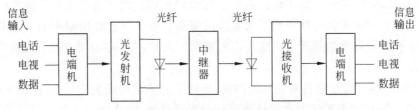

图1.7　光纤通信原理图

图1.8　2014年诺贝尔物理学奖获得者赤崎勇、天野浩和中村修二

光学与电学表面上看起来是两个独立的学科,实际上电学和光学是紧密相连的。19世纪60年代,麦克斯韦提出的光的电磁波动理论,指出无线电波和光波都是电磁波谱大家族中的一员,这是光与电第一次打交道;1905年,爱因斯坦将量子理论用于解释光电效应,这是光与电第二次打交道;1917年,爱因斯坦在辐射理论中提出受激发射,这是1960年激光发明的理论基础,是光与电第三次打交道。光学家公认把现阶段的光学称为光子学还有一个重要含义:它标志着在发展和应用前景上与电子学占有同样重要的地位。光子学与电子学的关系是继承与发展和相互依存的关系。在信息科技领域20世纪的电子学做出了巨大的贡献,但由于其信息属性的局限性而使其进一步发展无论在速度、容量上,还是在空间相容性上都受到限制,而光子的信息属性都表现出巨大的无可争辩的优越

性。电子器件的响应时间一般为 10^{-9} s,而光子器件的响应时间可达 $10^{-12} \sim 10^{-15}$ s,光波频率在 $10^{14} \sim 10^{15}$ Hz 范围,以中红外光频区域为例,其频率为 3×10^{14} Hz,与电子学的毫米波 3×10^{11} Hz 相比,通信容量增大 1000 倍。光子在通常情况下互不干涉,具有并行处理信息的能力,在光计算中可大幅提高信息的处理速度,使用现代光学技术可能实现激光全息、光谱烧孔,也可能实现三维信息存储,从而极大地提高光存储的记录密度。对比之下,不难看出,当电子器件或电子系统的性能达到极限,使进一步提高受到限制的时候,正是光子器件和光子系统大显身手和展示其巨大发展潜力的时候,所以许多方面弥补了电子学的不足,为信息科技的发展提供了新的可能性。想得到更多的信息量、更高的演算速度,用电子技术是不可能实现的,人们期待着在电子学中采用光技术。

光电子学就是在电子学的基础上吸收了光技术而形成的一门新兴学科。光电子学不仅提高了电子设备的性能,而且使电子学未能实现的功能得到了实现。激光的出现,使对光与物质相互作用过程的研究变得异常活跃,促进了学科间的交叉,不仅与半导体光电子学、非线性光学、波导光学互相渗透,而且还与数学、物理、材料等基础学科交叉形成新的边沿领域。光电子学是研究光频电磁波场与物质中的电子相互作用及其能量相互转换的学科,一般理解为"利用光的电子学"。其研究红波段从红外光、可见光、紫外光、X 射线直至 γ 射线波段范围内的光波、电子的科学,是研究运用光子、电子的特性,通过一定媒介实现信息与能量转换、传递、处理及应用的一门科学。光电子技术是建立在光电子学之上的实用技术,涉及多个学科,如激光物理学、半导体物理、导波光学、相干光学、光与物质相互作用、非线性光学等,如图 1.9 所示。具体应用主要包括光电检测技术、光纤通信技术、光盘存储技术、显示技术和硬复制技术、光学传感器技术及光学互连技术。

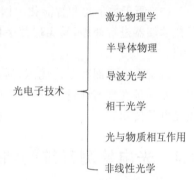

$$\text{光电子技术} \left\{ \begin{array}{l} \text{激光物理学} \\ \text{半导体物理} \\ \text{导波光学} \\ \text{相干光学} \\ \text{光与物质相互作用} \\ \text{非线性光学} \end{array} \right.$$

图 1.9 光电子技术涉及学科

光电子科学是 21 世纪最尖端的科学技术,其在科学技术的发展中起着巨大的推动作用。光电子科学技术涵盖众多学科与技术,其中心科学是光子学,同时必须应用其他学科和技术,特别是它的基础学科技术:光学和光学技术。其他重要的相关学科和技术为电子学和电子技术、材料科学和技术、计算机科学技术、生命科学及技术等。例如,以大能量和高功率激光器为光源制成的主动式或发射式光学仪器可以切削、加工任何金属或任何难熔材料,可作为光刀用于外科手术,可作为最快速的光武器用来摧毁导弹或飞机,将来还可作为"点燃"热核聚变的手段等。目前,光电子产业已成为市场潜力巨大、产值迅猛增长的高新技术支柱产业。

1.3 光电子技术的特点

作为当前最活跃的高新技术之一,光电子技术有强大的生命力,并已得到广泛应用。它具有以下主要优点:

（1）高精度、高分辨率：光电测量的精度是各种测量技术中精度最高的一种,如用激光干涉法测量长度的精度可达到 $0.05\mu m$,用激光测距法测量地球与月球之间距离的分辨率可达到 1m。

（2）高速度：光电检测以光为媒介,而光是各种物质中传播速度最快的,无疑用光学方法获取和传递信息是最快的。

（3）远距离、大量程：光是最便于远距离测量的媒介,尤其适用于遥控和遥测,如武器制导、光电跟踪、电视遥测等。

（4）非接触测量：被测对象和传感器之间是以光为媒介,进行光信息变换和传输,可以实现动态测量,是各种测量方法中效率最高的一种,克服了传统接触式传感器由于磨损而影响检测精度和寿命等缺点。

（5）具有极大的频宽与信息容量。光子的频率与光传输的速度和光的波长有关。正是由于光子具有很宽范围的波长、很高的频率或能量,它能够带的信息量比电子大得多。例如,光纤通信采用红外波段作为信息传输媒介,频宽与信息容量极大、信息效率极高。

（6）便于数字化和智能化。因为被测非电量经光电变换后成为电信号,所以可用电子技术仪器进行处理,易实现数字化和微型计算机处理,它与计算机结合可形成各种智能检测。

由于光电检测有上述优点,所以在工农业生产、科研和国防等方面得到了广泛的应用。尤其是在精密计量、生产过程中的自动检测、遥感、图像处理、光通信和军事方面都应用光电子技术。

1.4　光电检测系统的组成

光电检测系统组成框图如图 1.10 所示,包括辐射源、光学系统、光电系统、电子学系统和计算机系统五大部分。不管是何种光电检测系统,不管它多么复杂,总离不开这五个关键核心部分,只是结构有少许差异。

图 1.10　光电检测系统组成框图

辐射源一般由光源及其电源组成,是将电能转换成光能的系统,通过该系统得到符合后面光学系统所要求的波段范围和光强度（光通量）。辐射源类型各有差异,但均是一切光电检测系统不可缺少的部分,有些光电检测系统将待测物体本身作为检测对象,此时是将待测物体本身作为辐射源。

光学系统是将辐射源发出的光进行光学色散、几何成像、分束和改变辐射流的传送方向等,目的是让光信号携带有待测物体信息的同时还便于进行后续的光电转换。光学系统一般由物镜、目镜、滤光镜（有些系统还有调制盘、光机扫描器、探测器辅助光学系统）等组成。例如,分光光度计、光度计以及色谱仪器里的单色器系统,简单的单色器可以直接用滤光片从复合光中得到单色光,复杂的单色器则由入射狭缝、出射狭缝、准直镜、光栅、物镜等元器件组成的光学系统得到单色光。

光电系统是将光信号转换成电信号的系统,是任何光电检测系统中不可替代的部分,只是光电系统的类型不同,结构不同而已。例如,有的用光电倍增管,有的用硅光电池,有的用光电二极管阵列成 CCD 器件。光学信息必须转换为电信号才能进行电学处理、计算、输出显示等。光电器件的质量必须稳定可靠,必须有很高的转换效率,并有相应的光谱响应范围,有的元件还要求有相应的供电电路。

电子系统是对光电系统传输过来的电信号进行放大,使之满足后续 A/D 变换系统和计算机系统的要求,从而保证计算机系统能够进行数据处理、计算和控制,它同样也是必备的部分。电子学系统的噪声和漂移是非常重要的参数,是影响整个系统可靠性的主要指标。电子系统主要由模拟电路和数字电路组成,进行设计的时候除了要掌握电子学理论之外,还需要对各种光电器件的光电特性有所了解。如光电倍增管电路设计时,一般负载电阻取 $10\sim100\text{k}\Omega$,最佳负载电阻选择 $10\text{k}\Omega$ 左右。在弱信号检测的时候,要尽量降低光电器件和前置放大器的噪声,有效抑制和降低一切来自内部和外部的噪声,电子系统的任务就是从噪声中准确而不失真地提取出信号。

计算机系统包括自动控制、数据处理、显示输出等,所设计的光电检测系统的自动化计算机系统是现代智能仪器的重要组成部分,它直接决定光电系统的自动化程度,可以避免人为操作误差,保证系统工作安全,运用计算方法的正确性、准确性最终分析数据的可靠性。

这些组成部分是相互关联的,设计时需要了解各部件之间的关系、性能指标、对前后部件的影响及影响的大小、对前后部件的要求等。在设计前要用具体数据明确规定,如辐射源发出的光通量太小时,后续的光学系统接收的光信号也较小,从而影响光电系统的输出信号,使后续电子学系统的放大倍数增大,增加放大器的噪声,从而使光电检测系统的噪声增大,稳定性和精确度降低。

光电子技术是一门交叉科学,涉及的知识面比较广泛。通过本课程的学习,可以开阔视野、增长知识,培养学生具有初步研究分析和设计光电检测系统的能力,为今后从事光电子技术、检测技术、精密仪器等方面的工作打下基础。

本书力求全面地介绍光电子技术的理论和应用基础,内容紧扣当前光电技术产业发展前沿,以光电检测器件、光电成像器件、光源、光电变换及典型应用等为主线。在介绍光电检测器件基本原理与特性的同时,更注重光电检测技术实际应用的介绍,最后介绍光电技术的典型应用实例、光伏发电设计等内容。在知识体系上,把培养学生实践与创新能力作为重要的内容,注重对学生探索精神、科学思维、实践能力、创新能力的培养,激发学生主动学习、主动实践的热情。

全书共 9 章。第 1 章为绪论,介绍光电检测系统的基本组成、光电子技术的应用范围和现代发展。第 2 章为光电检测技术基础,介绍辐射度光度基础和光电检测器件的基本物理效应及其特性参数。第 3 章为光电发射器件,主要介绍光电管和光电倍增管的工作原理、特性、工作电路等。第 4 章为光电导器件,介绍常用光敏电阻的基本原理、特性、工作电路等。第 5 章为光生伏特器件,介绍常用光生伏特器件的基本原理、特性、工作电路,以及太阳能光伏发电基础知识。第 6 章为热辐射探测器件,主要介绍热敏电阻、热电偶、热释电器件的基本原理及特性。第 7 章为图像信息的光电变换,重点介绍固体成像传感器 CCD 和 CMOS 的基本原理及特性。第 8 章为电光源,介绍各种电光源的发光原理、特性及应用,重点介绍 LED 的发光原理、特性及设计知识。第 9 章介绍光电应用的实际案例,如莫尔条纹测位移、激光干涉测位移、激光相位测距、激光扫描测工件直径等实际应用,太阳能光伏发电系统设计。

本书在编写过程中,在内容取舍与安排上,力求做到深入浅出、体系完整、重点突出、简明扼要、应用性强;在形式和结构编排上,力求做到新颖独特、引人入胜。由于编著水平有限,书中难免存在疏忽和错误之处,恳请各位读者批评指正。

思考与习题 1

1. 总结光电子技术的特点。
2. 阐述光电检测系统的构成及各部分的作用。
3. 查阅文献,调研光电子技术在生活中的实际应用。

第2章

光电子技术基础

光电信息变换的核心器件为各种光电敏感器件,这些光电敏感器件的设计基础离不开光度量与光电技术基本理论。为了衡量光源和光电探测器的性能,需要对光辐射进行定量描述,因此,本章首先介绍热辐射的基本定律,其次介绍辐射度学、光度学的一些基本知识,最后介绍半导体基本理论、各类光电效应产生的机理,为学习光电技术打下基础。

2.1 电磁波谱

电磁理论认为,光波是一种电磁波。由麦克斯韦电磁场理论可知,若在空间某区域有变化电场 E(或变化磁场 H),在邻近区域将产生变化的磁场 H(或变化的电场 E)。这种变化的电场和变化的磁场不断地交替产生,如图 2.1 所示,由近及远以有限的速度在空间传播,就形成了电磁波。

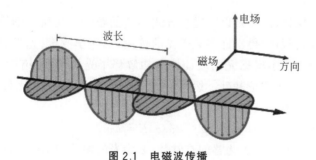

图 2.1　电磁波传播

电磁波具有以下性质:

(1) 电场 E、磁场 H 和波的传播方向 k 两两相互垂直,并满足右手螺旋定则。

(2) 沿给定方向传播的电磁波具有偏振性。

(3) 空间各点电场 E、磁场 H 都做周期性变化,而且相位相同。

(4) 电磁波在介质中的传播速度为 $v = \dfrac{1}{\sqrt{\varepsilon\mu}}$,在真空中的传播速度为 $c = \dfrac{1}{\sqrt{\varepsilon_0\mu_0}}$。

从无线电波到光波,从 X 射线到 γ 射线,都属于电磁波的范畴。按照频率或波长的顺序把这些电磁波排列成图表,称为电磁波谱,如图 2.2 所示,可见光辐射仅占电磁波谱的一个极小波段。图中还给出了各种波长范围(波段)。

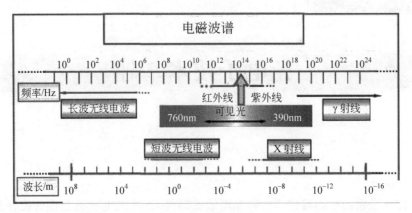

图 2.2　电磁波谱

光具有电磁波的一切特性。一般光波的形式有平面波、球面波和柱面波。平面波波动的复数表达式为

$$E(r,t)=E_0 \mathrm{e}^{-\mathrm{j}(\omega t-\boldsymbol{k}\cdot r)},H(r,t)=H_0 \mathrm{e}^{-\mathrm{j}(\omega t-\boldsymbol{k}\cdot r)} \tag{2-1}$$

式中,E_0 和 H_0 分别为光波的电场强度和磁场强度复振幅,$\boldsymbol{k}$ 为光波的波矢量,其大小(称为波数)为 $\boldsymbol{k}=\dfrac{2\pi}{\lambda}$,方向为光波的传播方向。

2.2　光辐射

光具有波粒二象性,即光是以电磁波方式传播的粒子。几何光学依据光的波动性研究了光的折射与反射规律,得出许多关于光的传播,如光学成像、光学成像系统和成像系统相差等理论。物理光学根据光的波动性成功解释了光的干涉、衍射等现象,为光谱分析、全息摄影技术奠定了理论基础。然而,光还具有粒子性,又称为光量子或光子。

光子具有动量与能量,表示为

$$p=h\upsilon/c,E=h\upsilon$$

式中,$h=6.626\times10^{-34}\mathrm{J\cdot s}$,为普朗克常数;$\upsilon$ 为光的振动频率(s^{-1});$c=3\times10^8\mathrm{m/s}$,为光在真空中的传播速度。光的量子性成功地解释了光与物质作用时所引起的光电效应,而光电效应又充分证明了光的量子性。

光辐射是以电磁波形式或粒子(光子)形式传播的能量,这种传播的能量可以被光学元件反射、成像或色散。光辐射的波长范围为 $1\mathrm{nm}\sim1\mathrm{mm}$,或频率范围为 $3\times10^{16}\sim3\times10^{11}\mathrm{Hz}$。按辐射波长及人眼的生理视觉效应,光辐射可分为紫外辐射、可见光和红外辐射。在可见光到紫外波段,波长用 nm 表示;在红外波段,波长用 μm 表示,波数的单位用 cm^{-1} 表示。紫外辐射波长范围为 $1\sim380\mathrm{nm}$,是人视觉不能感受到的电磁波。紫外辐射又可细分为近紫外、远紫外和极远紫外。由于极远紫外在空气中几乎被完全吸收，只能在真空中传播，所以又称为真空紫外辐射。

可见，光波长的范围为 380～780nm，是人视觉能感受到"光亮"的电磁波。在可见光范围内，人眼的主观感觉依波长从长到短表现为红色、橙色、黄色、绿色、青色、蓝色和紫色。

红外辐射波长范围为 $0.78～1000\mu m$，通常分为近红外、中红外和远红外。

2.3 辐射度量与光度量

2.3.1 辐射度量

1. 辐射能（量）

辐射能是以辐射的形式发射或传输的电磁波（主要指紫外、可见光和红外辐射）的能量，一般用符号 Q_e 表示，其单位是焦耳（J）。

2. 辐射通量

辐射通量 Φ_e 又称为辐射功率，定义为单位时间内流过的辐射能量。

$$\Phi_e = \frac{\mathrm{d}Q_e}{\mathrm{d}t} \tag{2-2}$$

辐射通量的单位为瓦特（W）或者焦耳每秒（J/s）。

3. 辐射出射度

辐射出射度 M_e 是用来反映物体辐射能力的物理量，定义为辐射体单位面积向半空间发射的辐射通量，即

$$M_e = \frac{\mathrm{d}\Phi_e}{\mathrm{d}S} \tag{2-3}$$

辐射出射度的单位为瓦特每平方米（W/m^2）。

4. 辐射强度

辐射强度定义为点辐射源在给定方向上发射的在单位立体角内的辐射通量，表示为

$$I_e = \frac{\mathrm{d}\Phi_e}{\mathrm{d}\Omega} \tag{2-4}$$

辐射强度的单位为瓦特每球面度（W/sr）。

由辐射强度的定义可知，如果一个置于各向同性均匀介质中的点辐射体向所有方向辐射的总辐射通量是 Φ_e，则该点辐射体在各个方向的辐射强度 I_e 为常量，即

$$I_e = \frac{\Phi_e}{4\pi} \tag{2-5}$$

5. 辐射亮度

辐射亮度定义为面辐射源在某一给定方向上的辐射通量，如图 2.3 所示。

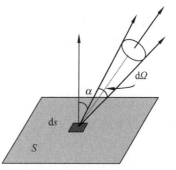

图 2.3 辐射亮度示意图

$$L_e = \frac{dI_e}{dS\cos\alpha} = \frac{d^2\Phi_e}{d\Omega\,dS\cos\alpha} \qquad (2-6)$$

辐射亮度的单位为 $W/(sr \cdot m^2)$。

6. 辐射照度

在辐射接收面上的辐射照度 E_e 定义为照射在面元 dA 上的辐射通量 $d\Phi_e$ 与该面源的面积 dA 之比,即

$$E_e = \frac{d\Phi_e}{dA} \qquad (2-7)$$

辐射照度的单位为 W/m^2。

7. 单色辐射度量

对于单色光辐射,同样采用上述的物理量表示,只不过定义为单位波长间隔内对应的辐射度量,并且对所有的辐射量 X_e 来说单色辐射度量与辐射度量之间均满足如下关系:

$$X_e = \int_0^\infty X_{e,\lambda}\,d\lambda \qquad (2-8)$$

2.3.2 光度量

由于人眼的视觉细胞对不同频率的辐射有不同响应,故用辐射度单位不能正确反映人对光辐射亮暗的感觉。光度单位体系是一套反映视觉亮暗特性的光辐射计量单位,在光频区域光度学的物理量可以用与辐射度学的基本物理量 Q_e、Φ_e、I_e、M_e、L_e、E_e 对应的 Q_v、Φ_v、I_v、M_v、L_v、E_v 的基本物理量表示,其定义一一对应。

1. 光量

光量是光通量在可见光范围内对时间的积分,以 Q_v 表示,单位为流明秒($lm \cdot s$)。

2. 光通量

对可见光,光源表面在无穷小时间段内发射、传播或接收到的所有可见光谱,其光能被无限短时间间隔 dt 除,其商定义为光通量

$$\Phi_v = \frac{dQ_v}{dt} \qquad (2-9)$$

光通量的单位为流明(lm),它也是一个客观量,即光源发出可见光的效率。

3. 发光强度

在给定方向上单位立体角内光源发出的光通量

$$I_v = \frac{d\Phi_v}{d\Omega} \qquad (2-10)$$

发光强度描述光源在某一方向发光强弱的程度。考虑了光源发光的方向性,由此公式可得到光通量的积分式

$$\Phi_v = \int I_v\,d\Omega \qquad (2-11)$$

由各向同性的光源,可知 $\Phi_v = 4\pi I$,其中 I 为常数。

发光强度的单位是坎德拉(candela),简称为坎(cd)。1979 年,第十六届国际计量大会通过决议,将坎德拉重新定义为:在给定方向上能发射 540×10^{12} Hz 的单色辐射源,在此方向上的辐强度为(1/683)W/sr,其发光强度定义为一个坎德拉。

4. 光出度

对于可见光,面光源 A 表面某一点处的面向半球面空间发射的光通量 Φ_v 与面元 dS 之比称为光出度 M_v,表示为

$$M_v = \frac{d\Phi_v}{dS} \tag{2-12}$$

光出度的单位为勒克斯(lx),1lx=1lm/m²。对于均匀发射的面光源,有

$$M_v = \frac{\Phi_v}{A} \tag{2-13}$$

5. 光亮度

光源单位面积上的发光强度(光源在指定方向上单位面积上的发光能力)

$$L_v = \frac{dI_v}{dS} \tag{2-14}$$

其单位为坎德拉每平方米(cd/m²)。如果平面方向与观察者成 α 角(见图 2.4),则

$$L_v = \frac{dI_v}{dS\cos\alpha} \tag{2-15}$$

进一步得到

$$L_v = \frac{d^2\Phi_v}{d\Omega\, dS\cos\alpha} \tag{2-16}$$

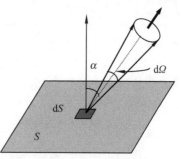

图 2.4　法线与观察者成 α 角的关系

6. 光照度

投射到单位面积上的光通量

$$E_v = \frac{d\Phi_v}{dA} \tag{2-17}$$

光照度的单位为 lx。由此可知光照度的距离平方反比定律:

$$I_v = \frac{d\Phi_v}{d\Omega} = \frac{d\Phi_v}{dA/R^2} \tag{2-18}$$

可得

$$E_v = \frac{d\Phi_v}{dA} = \frac{I_v}{R^2} \tag{2-19}$$

人眼感知的是光源亮度大小,不是光源发光强度的强弱。表 2.1 是常见物体的亮度。

表 2.1　常见物体的亮度

光 源 名 称	亮度/nit
地球上看到的太阳	1.5×10^9
地球大气层外看到的太阳	1.9×10^9
普通碳弧的喷头口	1.5×10^8

续表

光 源 名 称	亮度/nit
超高压球状水银灯	1.2×10^9
钨丝白炽灯	$(0.5 \sim 1.5) \times 10^7$
乙炔焰	8×10^4
太阳照射下的洁净雪面	3×10^4
距太阳75°角的晴朗天空	0.15×10^4

基本光度量的名称、符号和定义方程见表 2.2。

表 2.2 基本光度量的名称、符号和定义方程

辐射度参量				光 度 参 量			
量的名称	量的符号	量的定义	量的单位	量的名称	量的符号	量的定义	量的单位
辐能	Q_e		J	光量	Q_v		lm·s
辐通量（辐功率）	Φ_e	$\Phi_e = \dfrac{dQ_e}{dt}$	W	光通量（光功率）	Φ_v	$\Phi_v = \dfrac{dQ_v}{dt}$	lm
辐出度	M_e	$M_e = \dfrac{d\Phi_e}{dS}$	W/m²	光出度	M_v	$M_v = \dfrac{d\Phi_v}{dS}$	lm/m²
辐强度	I_e	$I_e = \dfrac{d\Phi_e}{d\Omega}$	W/sr	发光强度	I_v	$I_v = \dfrac{d\Phi_v}{d\Omega}$	cd
辐亮度	L_e	$L_e = \dfrac{dI_e}{dS\cos\alpha}$ $= \dfrac{d^2\Phi_e}{d\Omega dS\cos\alpha}$	W/(sr·m²)	光亮度	L_v	$L_v = \dfrac{dI_v}{dS\cos\alpha}$ $= \dfrac{d^2\Phi_v}{d\Omega dS\cos\alpha}$	cd/m²
辐射照度	E_e	$E_e = \dfrac{d\Phi_e}{dA}$	W/m²	光照度	E_v	$E_v = \dfrac{d\Phi_v}{dA}$	lx

2.4 热辐射的基本定律

任何 0 K 以上温度的物体都会发射一定波长的电磁波，这种由于物体中的分子、原子受到热激发而发射电磁波的现象称为热辐射。热辐射具有连续的辐射谱，波长自远红外区到紫外区，并且辐射能按波长的分布主要取决于物体的温度。本节介绍热辐射的定律。

1. 黑体

描述物体辐射规律的物理量是辐射出射度和单色辐射出射度，它们之间的关系为

$$M_\gamma(T) = \int_0^\infty M_{\gamma\lambda}(T)d\lambda \tag{2-20}$$

任何物体向周围发射电磁波的同时，也吸收周围物体发射的辐射能。当辐射从外界入射到不透明的物体表面上时，一部分能量被吸收，另一部分能量从表面反射（如果物体

是透明的,则还有一部分能量透射)。

被物体吸收的能量与入射的能量之比称为该物体的吸收比。在波长 λ 到 $\lambda+\mathrm{d}\lambda$ 范围内的吸收比称为单色吸收比,用 $\alpha_\lambda(T)$ 表示。

反射的能量与入射的能量之比称为该物体的反射比。在波长 λ 到 $\lambda+\mathrm{d}\lambda$ 范围内相应的反射比称为单色反射比,用 $\rho_\lambda(T)$ 表示。对于不透明的物体,单色吸收比和单色反射比之和等于 1,即

$$\alpha_\lambda(T)+\rho_\lambda(T)=1 \tag{2-21}$$

2. 基尔霍夫辐射定律

1869 年,基尔霍夫从理论上提出了关于物体辐射出射度与吸收比内在联系的重要定律:在同样的温度下,各种不同物体对相同波长的单色辐射出射度与单色吸收比值均相等,并等于该温度下黑体对同一波长的单色辐射出射度,即

$$\frac{M_{\nu\lambda1}(T)}{\alpha_{\nu\lambda1}(T)}=\cdots=M_{\nu\lambda b}(T) \tag{2-22}$$

式中,$M_{\nu\lambda b}(T)$ 为黑体的单色辐射出射度。

3. 普朗克辐射定律

黑体处于温度 T 时,在波长 λ 处的单色辐射出射度由普朗克公式给出

$$M_{\nu\lambda b}(T)=\frac{2\pi hc^2}{\lambda^5(\mathrm{e}^{hc/\lambda kT}-1)} \tag{2-23}$$

式中,h 为普朗克常数,c 为真空中的光速,k 为玻尔兹曼常数。

令 $C_1=2\pi hc^2$,$C_2=hc/k_B$,则式(2-23)可改写为

$$M_{\nu\lambda b}(T)=\frac{C_1}{\lambda^5}\frac{1}{\mathrm{e}^{C_2/\lambda T}-1} \tag{2-24}$$

其中,$C_1=(3.741832\pm0.000020)\times10^{-12}\,\mathrm{W}\cdot\mathrm{cm}^2$(第一辐射常数),

$C_2=(1.438786\pm0.000045)\times10^4\,\mu\mathrm{m}\cdot\mathrm{K}$(第二辐射常数)。

图 2.5 所示为不同温度下黑体的单色辐射出射度(辐射亮度)随波长的变化曲线。

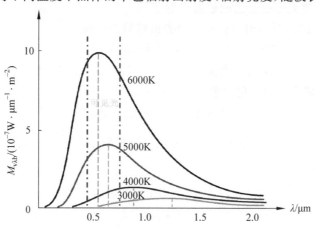

图 2.5 黑体辐射单色辐射出射度的波长分布

从图 2.5 可以看出：

对应任一温度,单色辐射出射度随波长连续变化,且只有一个峰值,对应不同温度的曲线不相交。因而,温度能唯一确定单色辐射出射度的光谱分布和辐射出射度(曲线下的面积)。

单色辐射出射度和辐射出射度均随温度的升高而增大。

单色辐射出射度的峰值随温度的升高向短波方向移动。

4. 维恩位移定律

将式(2-23)对波长 λ 求微分后令其值等于零,则可以得到峰值光谱辐出度 $M_{\nu\lambda_m b}$ 对应的波长 λ_m 与绝对温度 T 的关系式为

$$\lambda_m = \frac{2898}{T}(\mu m) \qquad (2-25)$$

可见,峰值光谱辐出度对应的波长和温度的乘积为常数。当温度升高时,峰值光谱辐出度对应的波长向短波方向移动,这就是维恩位移定理。

将式(2-25)代入式(2-23),得到黑体的峰值光谱辐出度：

$$M_{\nu\lambda_m b} = 1.309 T^5 \times 10^{-15} (W \cdot m^{-2} \cdot \mu m^{-1})$$

5. 斯特藩-玻尔兹曼定律

将式(2-23)对波长 λ 求积分,得到黑体发射的总辐出度为

$$M_{\nu b} = \int_0^\infty M_{\nu\lambda b} d\lambda = \sigma T^4 \qquad (2-26)$$

式中,σ 为斯特藩-玻尔兹曼常数,它由下面公式确定

$$\sigma = \frac{2\pi^5 k^4}{15 h^3 c^2} = 5.67 \times 10^{-8} (W \cdot m^{-2} \cdot K^{-4})$$

由式(2-26)可知,$M_{\nu b}$ 与 T 的四次方成正比,这就是黑体辐射的斯特藩-玻尔兹曼定律。

例：假设将人体作为黑体,正常人的体温为 36.5℃。

计算：(1) 正常人体所发出的辐射出射度。

(2) 正常人体的峰值辐射波长及峰值光谱辐射出射度。

(3) 人体发烧到 38 ℃时峰值辐射波长及发烧时的峰值光谱辐射出射度。

解：(1) 正常人体的绝对温度为 $T = 36.5 + 273 = 309.5(K)$,根据斯特藩-玻尔兹曼辐射定律,正常人体所发出的辐射出射度为

$$M_{\nu b} = \sigma T^4 = 5.67 \times 10^{-8} \times (309.5)^4 \approx 520.27 (W/m^2)$$

(2) 由维恩位移定律,正常人体的峰值辐射波长为 $\lambda_m = \frac{2898}{T} \approx 9.36 \mu m$

峰值光谱辐射出射度为

$$M_{\nu\lambda_m b} = 1.309 T^5 \times 10^{-15} = 1.309 \times (309.5)^5 \times 10^{-15}$$
$$\approx 3.72 (W \cdot cm^{-2} \cdot \mu m^{-1})$$

(3) 人体发烧到 38℃时峰值辐射波长为 $\lambda_m = \frac{2898}{T} = \frac{2898}{273+38} \approx 9.32(\mu m)$

发烧时的峰值光谱辐射出射度为

$$M_{v\lambda_m b} = 1.309T^5 \times 10^{-15} = 1.309 \times (311)^5 \times 10^{-15}$$
$$\approx 3.81 \times 10^{-3} (W \cdot cm^{-2} \cdot \mu m^{-1})$$

2.5 半导体物理基础

2.5.1 半导体的特性

自然界中存在着各种各样的物质,它们可以分为气体、液体、固体三种状态。按照原子排列可分为晶体与非晶体两大类;按照导电能力可分为导体、绝缘体和半导体三种。由于半导体有许多特殊的性质,因而在电子工业和光电工业等方面占有重要的地位。

(1) 半导体的电阻温度系数一般是负的,它对温度的变化非常敏感。根据这一特性,制作了许多半导热探测元器件。

(2) 半导体的导电性能可受极微量杂质的影响而发生十分显著的变化。如纯硅在室温下的导电性为 $5 \times 10^{-6} \Omega^{-1} \cdot cm^{-1}$,当掺杂硅原子数目的百万分之一杂质时,其纯度虽然达到 99.9999%,但电导率却上升至 $2\Omega^{-1} \cdot cm^{-1}$,几乎增加了 100 万倍。此外,随着所掺杂的杂质不同,可以得到相反导电类型的半导体。例如,在硅中加入硼可得到 P 型半导体,加入磷可得到 N 型半导体。

(3) 半导体的导电能力及性质的变化受到光、电、磁等外界作用的影响会发生重要的变化。例如,沉积在绝缘基板上的硫化镉层不受光照的阻抗可达到几十至几百兆欧,一旦受到光照,电阻就会下降到几千欧,甚至更小。常见的半导体材料有硅、锗、硒等元素的半导体,砷化镓、铝砷化镓、锑化铟、硫化镉和硫化铅等化合物半导体,还有如氧化亚铜的氧化物半导体、砷化镓-磷化镓固熔半导体,以及有机半导体、玻璃半导体、稀土半导体等。

2.5.2 能带理论

为了解释固体材料的不同导电特性,人们从电子能级的概念出发引入了能带理论。它是半导体物理的理论基础,应用能带理论可以解释发生在半导体中的各种物理现象和各种半导体器件的工作原理。

原子由一个带正电的原子核与一些带负电的电子组成。这些电子环绕原子核在各自的轨道上不停地运动。根据量子论,电子运动有下面三个重要特点。

(1) 电子绕核运动,具有完全确定的能量,这种稳定的运动状态称为量子态。每一量子态所取的确定能量称为能级。最内层的量子态,电子距原子核最近,受原子核束缚最强,能量最低。最外层的量子态,电子受原子核束缚最弱,能量最强。电子可以吸收能量从低能级跃迁到高能级上,电子也可以在一定条件下放出能量重新落回到低能级上,但不可能有介于各能级的量子态存在。

(2) 由于微观粒子具有粒子与波动的两重性,因此,严格说原子中的电子没有完全确定的轨道。但为了方便起见,我们仍用"轨道"这个词,这里的"轨道"代表的是电子出现概率最大的一部分区域。

（3）在一个原子或由多个原子组成的系统中，不能有两个电子同属一个量子态，即在每一个能级中，最多只能容纳两个自旋方向相反的电子，这就是泡利不相容原理。此外，电子首先填满低能级，而后依次向上填，直到所有的电子填满为止。

物质是由原子构成的。原子以一定的周期重复排列组成的物体称为晶体。当原子结合成晶体时，因原子之间的距离很近，不同原子之间的电子轨道（量子态）将发生不同程度的交叠。当然，晶体中两个相邻原子的最外层电子的轨道重叠最多。这些轨道的交叠，使电子可以从一个原子转移到另一个原子上，结果导致原来隶属于某一原子的电子不再为此原子独有，而是可以在整个晶体中运动，成为整个晶体所共有，这种现象称作电子的共有化。晶体中原子内层和外层电子的轨道交叠程度很不相同。越外层电子的交叠程度越大，且原子核对它的束缚越小。因此，只有最外层电子的共有化特征才是显著的。

晶体中电子虽然可以从一个原子转移到另一个原子，但它只能在能量相同的量子态之间发生转移。所以，共有化的量子态与原子的能级之间存在直接的对应关系。由于电子的这种共有化，整个晶体成了统一的整体。通常将能量区域中密集的能级形象地称为能带。由于能带中能级之间的能量差很小，所以通常可以把能带内的能级看成连续的。在一般的原子中，内层原的能级都是被电子填满的。当原子组成晶体后，与这些内层的能级相对应的能带也是被电子填满的。在热力学温度零度下，硅、锗、金刚石等共价键结合的晶体中，从其最内层的电子直到最外层的价电子都正好填满相应的能带。能量最高的是价电子填满的能带，称为价带。价带以上的能带基本上是空的，其中最低的带称为导带。价带与导带之间的区域称为禁带。

图 2.6 所示为绝缘体、半导体、导体的能带情况。一般情况下，绝缘体的禁带比较宽，价带被电子填满，而导带是空的。半导体的能带与绝缘体相似，在理想的热力学温度零度下也有被电子填满的价带和全空的导带，但其禁带比较窄。正因为如此，在一定的条件下，价带的电子容易被激发到导带中，半导体的许多重要特性就是由此引起的。而导体的能带情况有两种：一种是它的价带没有被电子填满，即最高能量的电子只能填充价带的下半部分，而上半部分空着；另一种是它的价带与导带相重叠。

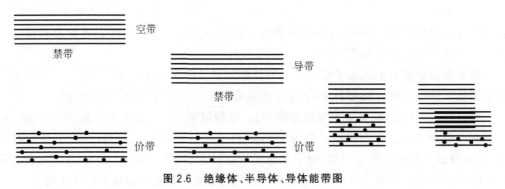

图 2.6　绝缘体、半导体、导体能带图

必须指出，上面关于能带形成的通俗论证是十分粗糙而不严格的。能带和原子能级之间的对应关系并不简单，也并不永远都是一个原子能级对应一个能带。并且，能带并不实际存在，只是用来着重说明电子的能量分布情况。

2.5.3 半导体的导电结构

当在一块半导体的两端加上电压后,则价电子在无规则的热运动基础上叠加了由电场引起的定向运动,形成了电流,并且它的运动状态也发生了变化,因而其运动能量必然与原热运动时有所不同。在晶体中,根据泡利不相容原理,每个能级上最多能容纳两个电子。因此,要改变晶体中电子的运动状态,以便改变电子的运动能量,使它跃迁到新的能级中,一般需要满足两个条件:一是具有能向电子提供能量的外界作用;二是电子要跃入的那个能级是空的。

由于导带中存在大量的空能级,当有电场作用时,导带电子能够得到能量而跃迁到空的能级中,即导带电子能够改变运动状态。也就是说,在电场的作用下,导带电子能够产生定向运动而形成电流。所以,导带电子是可以导电的。

如果价带中填满了电子而没有空能级,在外加电场的作用下,电子又没有足够能量激发到导带,那么电子运动状态也无法改变,因而不能形成定向运动,也就没有电流。因此,填满电子的价带中的电子是不能导电的。如果价带中的一些电子在外界作用下跃迁到导带,那么在价带中就留下了缺乏电子的空位。可以设想,在外加电场作用下邻近能级的电子可以跃入这些空位,而在这些电子原来的能级上又出现了新的空位。以后其他电子又可以再跃入这些新的空位,这就好像空位在价带中移动一样,只不过其移动方向与电子相反。因此,对于有电子空位的价带,其电子运动状态就不再是不可改变的了。在外加电场的作用下,有些电子在原来的热运动上叠加了定向运动,从而形成了电流。

导带和价带电子的导电情况是有区别的,即导带的电子越多,其导电能力越强;而价带的电子的空位越多,即电子越少,其导电能力就越强。为了处理方便,我们把价带中的电子空位想象为带正电的粒子。显然,它所带的电荷量与电子相等,符号相反。在电场作用下,它可以自由地在晶体中运动,像导带中的电子一样能够起导电作用,这种价带中的电子空位,我们通常称之为空穴。由于电子和空穴都能导电,一般把它们统称为载流子。

完全纯净和结构完整的半导体称为本征半导体。它的能带如图 2.7 所示。其中图 2.7(a)是假设在热力学温度零度时,又不受光、电、磁等外界作用的本征半导体能带图。此时,导带没有电子,价带也没有空穴。因此,这时的本征半导体和绝缘体一样,不能导电。但是,由于半导体的禁带宽度 E_g 较小,因而在热运动或其他外界因素的作用下,价带的电子可激发跃迁到导带,如图 2.7(b)所示。这时,导带有了电子,价带也有了空穴,本征半导体就有能力导电了。电子由价带直接激发跃迁到导带称为本征激发。对于本征半导体来说,其载流子只能依靠本征激发产生。因此,导带的电子和价带的空穴是相等的,这就是本征半导体导电结构的特性。

实际上,晶体总是含有缺陷和杂质的,半导体的许多特性是由所含的杂质和缺陷决定的。杂质和缺陷在半导体中之所以有决定性的影响,主要是由于在杂质和缺陷附近可形成束缚电子态,这就如同在孤立原子中电子被束缚在原子核附近一样。我们知道,能带的能量是和晶体基本原子的各能级相对应的(至少在能带不很宽的情况下如此)。而杂质原子上的能级和晶体中的其他原子不同,所以它的位置完全可能不在晶体能带的范围中。换言之,杂质的能级可以在晶体能级的禁带中,即束缚态的能量一般处在禁带中。

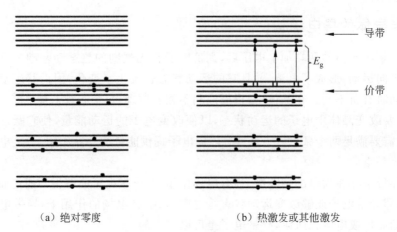

（a）绝对零度　　　　　　　　　　（b）热激发或其他激发

图2.7　本征半导体的能带图

　　在硅晶体中,硅有 4 个价电子,Ⅴ族元素(如磷、砷、锑等)的原子取代了硅原子的位置,Ⅴ族原子中 5 个价电子中有 4 个价电子与碳原子形成共价键,多余的一个价电子不在共价键中,因而成为自由电子参与导电。能够导电的电子一般是导带中的电子。所以,硅中掺入一个Ⅴ族杂质能够释放一个电子给硅晶体的导带,而杂质本身成为正电中心。具有这种特点的杂质称为施主杂质,因为它能施予电子。离子晶体中,间隙中的正离子或负离子缺位,实际上也是正电中心,所以也是施主。被束缚于施主的电子的能量状态称为施主能级。

　　在硅晶体中,当用具 3 个价电子的Ⅲ族元素(如硼、铝、镓、铟等)的原子取代硅原子组成的 4 个共价键时,尚缺一个电子,即存在一个空的电子能量状态,它能够从晶体的价带接受一个电子,这就等于向价带提供一个空位。Ⅲ族原子本来呈电中性,当它接收一个电子时,便成了一个负电中心。具有这种特点的杂质称为受主杂质,因为它能接受电子。受主的空能量状态称为受主能级。离子晶体中,正离子缺位或间隙负离子都同样起着负电中心的作用,也是受主。

　　施主(或受主)能级上的电子(或空穴)跃迁到导带(或价带)中的过程称为电离。这个过程需要的能量就是电离能。必须注意,所谓空穴从受主能级激发到价带的过程,实际上就是电子从价带激发到受主能级中的过程。图 2.8 是半导体的杂质能级示意图。

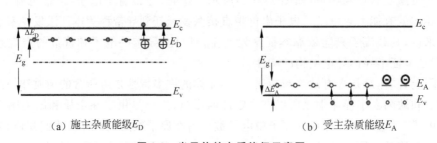

（a）施主杂质能级E_D　　　　　　　　　　（b）受主杂质能级E_A

图2.8　半导体的杂质能级示意图

　　一般情况下,施主能级离导带底较近,即杂质的束缚态能级略低于导带底。这样,在常温下,由于束缚态中的电子激发到导带而使导带中的电子远多于价带中的空穴;这种主要由电子导电的半导体称为 N 型半导体。一般地,受主能级离价带顶较近,即当在半导体中掺入某一杂质而使其束缚态略高于价带顶时,在常温下,由于价带中的电子激发到束缚态,可以使价带中的空穴远多于导带中的电子。这种主要由空穴导电的半导体称为 P 型半导体。由于杂质的电离能比禁带宽度小得多,所以杂质的种类和数量对半导体的导电性能影响很大。N 型半导体中,由于 $n \gg p$(n 为电子浓度,p 为空穴浓度),一般把电子称为多数载流子,而把空穴称为少数载流子;在 P 型半导体中,则把空穴称为多数载流子,把电子称为少数载流子。

2.5.4　载流子的运动和 PN 结

　　半导体中存在能够自由导电的电子和空穴,在外界因素作用下半导体又会产生非平衡电子和空穴。这些载流子的运动形式有两种,即扩散运动和漂移运动。扩散运动是在载流子浓度不均匀的情况下,载流子无规则热运动的自然结果,它不是由电场力的推动而产生的,我们把载流子由热运动造成的从高浓度向低浓度的迁移运动称为扩散运动。对于杂质均匀分布的半导体,其平衡载流子的浓度分布也是均匀的。因此,不会有平衡载流子的扩散,这时只考虑非平衡载流子的扩散。当然,对于杂质分布不均匀的半导体,需要同时考虑平衡载流子和非平衡载流子的扩散。

　　载流子在电场的加速作用下,除热运动之外获得的附加运动称为漂移运动。半导体的电学性质很大程度上取决于所含杂质的种类和数量。把 P 型、N 型、本征(I 型)半导体结合起来,组成不均匀的半导体,能制造出各种半导体器件。这里所说的结合,通常指的是一个单晶体内部根据杂质的种类和含量的不同而形成的接触区,是指其中的过渡区。

　　PN 结是将 P 型杂质和 N 型杂质分别对半导体掺杂而成的。一般把 P 型区和 N 型区之间的过渡区域称为 PN 结。在 PN 结的形成过程中,由于空穴浓度在 P 区比 N 区高,而电子浓度在 N 区比 P 区高,这样,在 PN 结界面附近就形成了电子和空穴的浓度差,使 P 区的空穴向 N 区扩散,N 区的电子向 P 区扩散。这种扩散运动的结果如图 2.9 所示,在结与 P 区界面处出现了电子的积聚,结与 N 区界面处出现了空穴的积聚。也就是说,在结区中形成了由 N 区指向 P 区的内建电场。这个电场的出现将产生载流子的漂移运动。

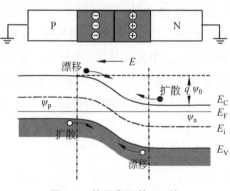

图 2.9　热平衡下的 PN 结

　　当 PN 结处于热平衡时,通过扩散流等于漂移流可以推导出:

$$qU_D = E_{nF} - E_{pF} \tag{2-27}$$

式中,通常 U_D 称为接触电动势差或内建电动势,它是结区呈现的电势差;qU_D 称为势垒高度;E_{nF} 和 E_{pF} 分别表示 N 型和 P 型半导体中的费米能级。PN 结在热平衡下,它们的势垒高度 qU_D 为 N 型和 P 型半导体原费米能级之差。由图 2.9 可以看出,由于热平衡时

N 型半导体与 P 型半导体有相同的电势，因此有统一的费米能级，即平衡过程中实际上将两个费米能级拉平了。

2.5.5　半导体对光的吸收

半导体受光照射时，一部分光被反射，一部分光被吸收。半导体对光的吸收可分为本征吸收、杂质吸收、激子吸收、自由载流子吸收和晶格吸收。

1. 本征吸收

在不考虑激发和杂质的作用时，半导体中的电子基本上处于价带中，导带中的电子数很少。当光入射到半导体表面时，导带中的电子数很少，原子外层价电子吸收足够的光子能量，越过禁带，进入导带，成为可以自由运动的自由电子。同时，在价带中留下一个自由空穴，产生电子空穴对。这种由半导体价带电子吸收光子能量跃迁入导带，产生电子-空穴对的现象称为本征吸收。

显然，发生本征吸收的条件是光子能量必须大于半导体的禁带宽度 E_g，这样才能使价带上的电子吸收足够的能量跃入导带能级之上，即

$$h\nu \geqslant E_g \tag{2-28}$$

由此，可以得出本征吸收的长波为

$$\lambda_L \leqslant \frac{hc}{E_g} = \frac{1.24}{E_g}(\mu m) \tag{2-29}$$

只有波长短于 $\lambda_L \mu m$ 的入射辐射才能使器件产生本征吸收，改变本征半导体的导电特性。

2. 杂质吸收

N 型半导体未电离的杂质原子，吸收光子能量 $h\nu$ 大于电离能 ΔE_D，则杂质原子的外层电子将从价带跃入导带，成为自由电子；P 型半导体吸收光子能 $h\nu$ 大于 ΔE_A，则价电子产生电离，成为空穴。这两种杂质半导体吸收足够能量的光子，产生电离的过程称为杂质吸收。不同的电离能有不同的长波限，掺杂的杂质不同，吸收就可以在很宽的波段内产生。

显然，杂质吸收的长波限为

$$\lambda_L \leqslant \frac{1.24}{\Delta E_D}(\mu m) \quad 或 \quad \lambda_L \leqslant \frac{1.24}{\Delta E_A}(\mu m) \tag{2-30}$$

由于 $E_g > \Delta E_D$ 或 ΔE_A，因此，杂质吸收的长波限总要长于本征吸收的长波限。杂质吸收会改变半导体的导电特征，也会引起光电效应。

3. 激子吸收

当入射到本征半导体上的光子能量 $h\nu$ 小于杂质电离能（ΔE_D 或 ΔE_A）时，电子不产生能带间的跃迁成为自由载流子，仍受原来束缚电荷的约束而处于受激状态。这种处于受激状态的电子称为激子。吸收光子能量产生激子的现象称为激子吸收。显然，激子吸收不会改变半导体的导电特性。

4. 自由载流子吸收

对于一般半导体材料,当入射光子的频率不够高,不足以引起电子产生能带间的跃迁或形成激子时,仍然存在着吸收,而且其强度随波长减小而增强。这是由自由载流子在同一能带内的能级间的跃迁所引起的,称为自由载流子吸收。自由载流子吸收不会改变半导体的导电特性。

5. 晶格吸收

晶格原子对远红外谱区的光子能量的吸收,直接转变为晶格振动动能的增加,宏观表现为物理温度升高,引起物质的热敏效应。

以上五种吸收中,只有本征吸收和杂质吸收能够直接产生非平衡载流子,引起光电效应。其他吸收都不同程度地把辐射能转换为热能,使器件温度升高,使热激发载流子运动的速度加快,而不会改变半导体的导电特性。

2.6 光电效应

光电效应是物质在光的作用下释放出电子的物理现象。由于物质的结构和性能不同,以及光和物质的作用条件不同,光电效应分为内光电效应与外光电效应两类。内光电效应是被光激发产生的载流子仍在物质内部运动,使物质的电导率变化或产生光生伏特的现象。被光激发产生的电子逸出物质表面,形成真空中电子的现象称为外光电效应。内光电效应又可以分为光电导效应和光生伏特效应,光电导效应是光敏电阻的核心技术,光生伏特效应是光敏二极管、光电池、光敏晶体管等的核心技术,外光电效应是真空光电倍增管、摄像管、变像管和像增强管的核心技术。

2.6.1 内光电效应

1. 光电导效应

光照变化引起半导体材料电导变化的现象称为光电导效应。当半导体材料受光照时,由于对光子的吸收引起载流子浓度的变化,因而导致材料电导率的变化。光电导效应可分为本征光电导效应和杂质光电导效应两种。

1) 本征光电导效应

在本征半导体中,电子在未获得其他能量之前处于基态,价带充满着电子,导带没有电子,而因晶体缺陷产生的能级又不能激发自由电子时,则这些材料的电阻较大。但是,如果这些材料内的电子受到一种外来能量的激发,且这种激发又能使电子获得足够的能量越过禁带而跃入导带,则材料中就会产生大量的光生载流子(电子及空穴)参与导电,材料的电阻就相应减少。这是由本征光吸收所引起的光电导效应,故称为本征光电导。

2) 杂质光电导效应

在掺杂半导体中,除本征光电导外,还存在杂质光电导。对 P 型半导体来说,由于其受主能带靠近价带,所以价带中的电子很容易从光子吸收能量跃入受主能带,使价带产生空穴参与导电。对 N 型半导体来说,由于其施主能带靠近导带,所以施主能带中的电子很容易从光子获得足够的能量进入导带而参与导电。这是由杂质吸收所产生的杂质光电导效应。

2. 光生伏特效应

如果光导现象是半导体材料的体效应，那么光伏现象则是半导体材料的"结"效应，即实现光生伏特效应需要内部电势垒。当照射光激发出电子-空穴对时，电势垒的内建电场将把电子-空穴对分开，从而在势垒两侧形成电荷堆积，形成光生伏特效应。如图 2.10 所示，P 区和 N 区的多数载流子进行相对运动，以便平衡它们的费米能级差，扩散运动平衡时，它们具有同一费米能级 E_F，在结区形成由正、负离子形成的空间电荷区或耗尽区。内建电场的方向由 N 指向 P，电子被拉到 N 区，空穴被拉到 P 区，形成伏特电压。

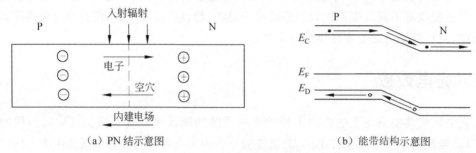

（a）PN 结示意图　　　　　　　　　　（b）能带结构示意图

图 2.10　半导体的 PN 结示意图和能带结构示意图

3. 丹培（Dember）效应

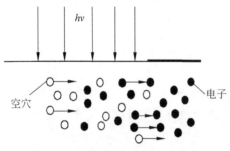

图 2.11　光生载流子的扩散运动

光生载流子的扩散运动如图 2.11 所示，当半导体材料的一部分被遮蔽，另一部分被光均匀照射时，曝光区因本征吸收而产生高密度的空穴，而遮蔽区电子浓度较高，形成浓度差，引起载流子的扩散运动。由于电子的迁移率大于空穴的迁移率，因此，受照面积累了空穴，遮蔽区积累了电子，产生光生伏特现象。这种由于载流子迁移率的差别产生受照面与遮蔽面之间的伏特现象称为丹培效应。丹培效应产生的光生电压可由式（2-31）确定

$$U_D = \frac{KT}{q}\left(\frac{\mu_n - \mu_p}{\mu_n + \mu_p}\right)\ln\left[1 + \frac{(\mu_n + \mu_p)\Delta n_0}{n_0\mu_n + p_0\mu_p}\right] \tag{2-31}$$

式中，n_0 和 p_0 为热平衡载流子浓度，Δn_0 为半导体表面的光生载流子浓度；μ_n 和 μ_p 为电子与空穴的迁移率。$\mu_n = 1400\,\text{cm}^2/(\text{V}\cdot\text{s})$，$\mu_p = 500\,\text{cm}^2/(\text{V}\cdot\text{s})$，显然 $\mu_n \gg \mu_p$。

4. 光子牵引效应

当动量较强的光作用于半导体的自由载流子（电子）时，使电子顺着光传播的方向做相对于晶格的运动。因此，在开路情况下，半导体产生电场，该现象被称为光子牵引效应。

利用光子牵引效应已成功地检测了低频大功率激光器的输出功率。激光器输出光的

波长(10.6μm)远远超过激光器锗窗材料的本征吸收长波限,不可能产生光电子发射,但是,激光器锗窗的两端会产生伏特电压,出光面带负电,迎光面带正电。

5. 光磁电效应

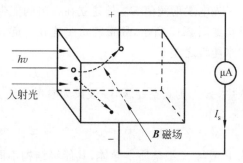

图 2.12　光磁电效应

如图 2.12 所示,在半导体外加磁场,磁场的方向与光照方向垂直(图中 **B** 所示的方向),当半导体受光照射产生丹培效应时,由于电子和空穴在磁场中运动会受到洛伦兹力的作用,使它们的运动轨迹发生偏转,电子偏向半导体的下方,空穴向上方偏转。在垂直于光照方向与磁场方向的半导体上、下表面产生伏特电压,称为光磁电场,这种现象称为半导体的光磁电效应。

光磁电场的大小由式(2-32)确定:

$$E_Z = \frac{-qBD(\mu_n + \mu_p)(\Delta p_0 - \Delta p_d)}{n_0\mu_n + p_0\mu_p} \tag{2-32}$$

式中,D 为双极性扩散系数。

2.6.2　光电发射效应

某些金属或半导体受到光照时,若入射的光子能量 hv 足够大,则它与物质中的电子相互作用,致使电子逸出物质表面成为真空中的自由电子,这种现象称为光电发射效应或称为外光电效应。光电发射效应是真空光电器件中光电阴极的物理基础。

外光电效应的两个基本定律:

1. 光电发射第一定律——斯托列托夫定律

当光照射到光阴极上的入射光频率或者频谱成分不变时,饱和光电流(即单位时间内发射的光电子数目)与入射光强度成正比:

$$I_k = S_k E \tag{2-33}$$

式中,I_k 为光电流;E 为光强;S_k 为该阴极对入射光线的灵敏度。

2. 光电发射第二定律——爱因斯坦定律

光电子的最大动能与入射光的频率成正比,而与入射光强度无关:

$$\frac{1}{2}mv_{max}^2 = hv - W \tag{2-34}$$

式中,m 为光电子的质量;v_{max} 为出射光电子的最大速度;h 为普朗克常数;W 为电子从材料内部激发出来需要的最低能量,称为逸出功。

外光电效应中光电能量转换的基本关系为

$$hv = \frac{1}{2}mv_0^2 + E_{th} \tag{2-35}$$

式(2-35)表明,具有 hv 能量的光子被电子吸收后,只要光子的能量大于光电发射材

料的光电发射阈值 E_{th}，则质量为 m 的电子的初始动能便大于 0，即有电子飞出光电材料进入真空或溢出物质表面。

光电发射阈值 E_{th} 是建立在材料的能带结构基础上的，对于金属材料，由于它的能级结构如图 2.13 所示，导带与价带连在一起，因此，它的光电发射阈值 E_{th} 等于真空能级与费米能级之差

$$E_{th} = E_{vac} - E_F \qquad (2\text{-}36)$$

式中，E_{vac} 为真空能级，一般设为参考能级。因此，费米能级的 E_F 为负值，光电发射阈值 $E_{th} > 0$。

对于半导体，情况比较复杂。半导体分为本征半导体和杂质半导体，杂质半导体又分为 P 型与 N 型杂质半导体，其能级结构不同，光电发射阈值的定义也不同。图 2.14 所示为三种半导体的综合能级结构图，由能级结构图可得处于导带中电子的光电发射阈值为

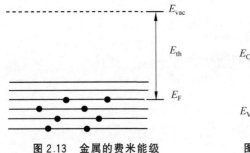

图 2.13　金属的费米能级　　　图 2.14　半导体光电发射阈值

$$E_{th} = E_A \qquad (2\text{-}37)$$

即导带中的电子接收能量大于电子亲和势为 E_A 的光子后就可以飞出半导体表面。而对于价带中的电子，其光电发射阈值 E_{th} 为

$$E_{th} = E_g + E_A \qquad (2\text{-}38)$$

说明电子由价带顶溢出物质表面所需要的最低能量即光电发射阈值，由此可得获得光电发射长波限为

$$\lambda_L \leqslant \frac{hc}{E_{th}} = \frac{1239}{E_{th}}(\text{nm}) \qquad (2\text{-}39)$$

利用具有光电发射效应的材料也可以制成各种光电探测器件，这些器件统称为光电发射器件。光电发射器件具有许多不同于内光电器件的特点：

（1）光电发射器件中的导电电子可以在真空中运动，因此可以通过电场加速电子动能，或提高光电探测灵敏度，使它能高速地探测极其微弱的光信号，成为像增强器与变相器技术的基本元件。

（2）在光电成像器件方面，人们很容易制造出均匀的大面积光电发射器件，一般真空光电成像器件的空间分辨率高于半导体光电图像传感器。

（3）光电发射器件需要高稳定的高压直流电源设备，使得整个探测器体积庞大，功率损耗大，不适用于野外操作，造价也昂贵。

（4）光电发射器件的光谱响应范围一般比半导体光电器件窄。

整体上，根据探测机制的不同，光电探测器可分为光电效应和光热效应两类，见

表 2.3，后面章节将会详细介绍表中的器件。

表 2.3 光电探测器的物理效应和对应的光电探测器

效 应			探测器
光电效应	外光电效应	光阴极发射电子	光电管
		光电子倍增 倍增级倍增	光电倍增管
		光电子倍增 通道电子倍增	像增强管
	内光电效应	光电导效应	光敏电阻
		光生伏特效应 零偏置的 PN 结	光电池
		光生伏特效应 反偏置的 PN 结	光电二极管
		光生伏特效应 雪崩效应	雪崩光电二极管
		光生伏特效应 PNP 结和 NPN 结	光电三极管
		光生伏特效应 肖特基势垒	肖特基势垒光电二极管
		光电磁效应	光电磁探测器
		光子牵引效应	光子牵引探测器
光热效应		温差电动势效应	热电偶、热电堆
		热释电效应	热释电探测器
		辐射热效应 负温度系数	热敏电阻测辐射热计
		辐射热效应 正温度系数	金属测辐射热计
		辐射热效应 超导	超导红外热探测器
		其他	液晶等

思考与习题 2

一、选择题

1. 黑体是指(   )。

    A. 反射为 1   B. 吸收为 1   C. 黑色的物质   D. 不发射电磁波

2. 当黑体的温度升高时，其峰值光谱辐射出射度对应的波长的移动方向为(   )。

    A. 向短波方向移动   B. 向长波方向移动

    C. 不移动   D. 均有可能

3. 光电技术中应用的半导体对光的吸收主要是本征吸收和(   )。

    A. 晶格吸收   B. 杂质吸收   C. 激子吸收   D. 自由载流子吸收

    4. 已知某 He-Ne 激光器的输出功率为 8mW，正常人眼的明视觉和暗视觉最大光谱光视效能分别为 683lm/W 和 1725lm/W，人眼明视觉光谱光视效率为 0.24，则该激光器发出的光通量为(   )。

A. 3.31lx   B. 1.31lx   C. 3.31lm   D. 1.31lm

5. 被光激发产生的电子溢出物质表面,形成真空中的电子的现象叫作( )。

A. 内光电效应   B. 外光电效应   C. 光生伏特效应   D. 丹培效应

二、填空题

1. 维恩位移定理的公式为_____。

2. 光通量的定义式是_____,单位是_____。

3. 为了描述显示器的每个局部面元在各个方向的辐射能力,最适合的辐射度量是_____。

4. 电磁波谱中可见光的波长范围为_____。

5. 某半导体光电器件的长波限为 $13\mu m$,其杂质电离能为_____。

三、计算与简答题

1. 简述电磁波谱各个波段产生的原理。

2. 试写出 θ_e、ϕ_e、M_e、I_e、L_e 等辐射度量参数之间的关系式,说明它们与辐射源的关系。

3. 若取 X 射线波长为 $10^{-4}\mu m$,分别计算 X 射线和太赫兹波长的能量范围,设想如果用太赫兹波进行人体透视检查,对人体有没有副作用? 为什么?

4. 一白炽灯,假设各向发光均匀,悬挂在离地面 1.5m 的高处,用照度计测得正下方地面上的照度为 30lx,求该白炽灯的光通量。

5. 飞机排气管尾部部分的温度为 650～800℃,若将它视为绝对黑体,其峰值辐射波长在红外区的哪个波段?

6. 由于背景温度辐射的干扰,光电技术在红外波段信号的探测受到了极限,称为红外背景极限,能够达到该极限的光子探测器称为背景限光子探测器,试用黑体辐射的有关定律解释为什么存在红外背景极限?

7. 在月球上测得太阳辐射的峰值光谱在 $0.465\mu m$,试计算太阳表面的温度及峰值光谱辐射出射度为多少?

8. 青少年正常体温下发出的峰值波长 λ_m 为多少微米? 发烧到 39.5℃ 时的峰值波长又为多少? 对应的峰值光谱辐射出射度 $M_{v\lambda mb}$ 又为多少?

9. 一只 100W 的标准钨丝灯在 0.2sr 范围内能发出多少流明的光通量? 它发出的总光通量又为多少?

10. 什么是内光电效应,什么是外光电效应? 为什么外光电效应的截止波长比较短?

11. 简述什么是半导体的导带、价带、禁带? 什么是费米能级?

12. 光电发射材料 K_2CsSb 的光电发射长波限为 680nm,该光电发射材料的光电发射阈值为多少电子伏特?

13. 已知某光电器件的本征吸收长波限为 $1.4\mu m$,该半导体材料的禁带宽度为多少电子伏特?

14. 试求一束功率为 3.0mW 的氦氖激光器发出的光通量为多少? 发出的光束的光子流速率 N 为多少?

第 3 章

光电发射器件

当物质中的电子吸收足够高的光子能量,电子将逸出物质表面成为真空中的自由电子,这种现象称为光电发射效应或外光电效应。发射出来的电子称为光电子,可以发出光电子的物体称为光电发射体,光电子形成的电流称为光电流。

利用外光电效应设计制作的器件称为光电发射器件,其主要包括光电管和光电倍增管两类。真空光电发射器件具有极高的灵敏度、快速响应等特点,它在微弱辐射的探测和快速弱辐射脉冲信息的捕捉等方面具有相当大的应用空间。

3.1 光电管

光电管分为真空光电管和充气光电管。真空光电管主要由光电阴极和阳极两部分组成,因管内常被抽成真空而被称为真空光电管,有时为了提高光电管的抗击穿能力,在管内部充入某些特定的惰性气体形成充气型光电管,无论哪种光电管,都是基于外光电效应工作,将光信号转换成电信号的二极管,可以说,它们基本上是结构最简单的一类光电发射型器件。

根据对照射光光谱响应区域的不同,光电管也可以分为紫外线管、可见光管及红外线管;而按入射光入射方式的不同,则可分为侧窗式和端窗式两类,前者是指入射光透过玻壳侧壁入射,而后者则是从玻壳顶端进入。光电管还可以根据光电阴极的工作模式分为反射式和透射式,反射式采用不透明的厚层阴极,光线从光电阴极正面入射,光电子也从光电阴极正面射出,但入射光线方向与光电子发射方向相反,所以也可以称为正面受光光电管。透射式则采用半透明的薄层阴极,光线入射方向与光电子发射方向一致,也就是说,光线从阴极背面入射,电子从阴极正面发射,所以就可以称为背面受光光电管。光电管所用光电阴极可以有许多种,所以也可以根据光电阴极材料的不同分成锑铯型、银氧铯型、锑钠钾铯型、碲铯型和镓砷铯型等。

1. 真空光电管

真空光电管的结构主要由光电阴极、阳极、玻壳和引出线组成。如图 3.1 所示,当入射的光线透过光窗照射到光电阴极上时,光电子从阴极发射到真空中,在电场的作用下,光电子在极间做加速运动,最后这些光电子被阳极(接收极)收集。在阳极外电路中,就可以测出光电流的数值,光电流的大小主要取决于阴极的灵敏度和光照的强度等因素。真空光电管的工作原理如图 3.2 所示。

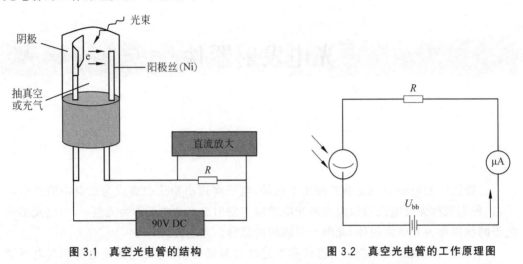

图 3.1 真空光电管的结构　　　　　　　图 3.2 真空光电管的工作原理图

2. 充气光电管

充气光电管的结构和真空光电管的结构相同,只是在真空管内部充满适当的惰性气体,利用气体的电离作用放大电流,以使灵敏度得到提高的光电管就是充气光电管。在光电管中通常充入几十至几百帕的低压惰性气体,光电阴极在入射光照射下所发射的光电子,在加速电场作用下向阳极运动的过程中,会与气体分子发生碰撞而引起分子电离,形成电子和正离子。电离产生的电子在电场作用下与光电子一起向阳极运动并再次使气体电离,如此不断繁衍的结果,使充气光电管的电流增加。同时,正离子也在同一电场作用下向阴极运动,构成离子流,它同样使光电管输出电流增加。因此,在阳极电路内就形成了数倍于真空光电管的光电流,这就是充气放电管的电离放大作用。

对充入充气光电管的气体性质主要要求:化学稳定性良好,不与阴极发生化学作用,也不被阴极吸收,原子量大小适当。原子量太大,正离子渡越时间增长,当频率提高时,惰性显著,输出电流减少,原子量太小,电离电位太高,在一定的阳极电压下电离得到的电子和正离子减少,同样导致输出电流降低。大多数充气管充以氩气,因为氩的原子量比较恰当,又是惰性气体。

光电管在国民经济各部门和国防工业、文化教育及科学研究等领域都有广泛的应用,尤其是自动化和电气化生产的控制中,光电管更是主要的器件。例如,利用光电管对不同波长和不同强度光的敏感特性,可辨别物体的颜色,测量物体的透明度和薄膜材料的厚度,可以测量 X 射线强度、溶液浓度和液体流速;光电管与光电控制线路相配合,可用于机械加工的安全装置,传送带上自动计数,门的自动开闭和种子、水果的检验分类。美国最近研发的一种新型透明光电管,可将普通的窗户玻璃直接改变成太阳能电池板,而且不影响光线通透。

3.2 光电倍增管

利用真空光电管探测微弱光辐射时,由于灵敏度较低,因此必须在其输出电路中接入放大器放大光电流,使得测量装置的性能往往受放大器性能的限制。而利用气体电离放大的充气光电管探测微光辐射时,虽然灵敏度有一定提高,但其他重要参数都不理想,因此,探测微弱光辐射最有效的方法是在真空光电管内增加二次电子倍增极,利用二次电子发射提高其灵敏度,这就是光电倍增管。

光电倍增管是现代精密微辐射探测仪中最关键的电子器件,也是在紫外、可见光和红外波段最灵敏的非成像型探测器,广泛用于光学测量、天文测量、核物理研究、频谱分析等领域。光电倍增管的突出优点是:放大倍数很高,一般可达几万倍到几百万倍,即灵敏度很高;光电特性的线性好,工作频率高;性能稳定,使用方便等。

3.2.1 光电倍增管的工作原理与结构

1. 工作原理

光电倍增管是光电阴极和二次电子倍增器相结合的一种真空光电器件,它的工作原理是建立在外光电效应、二次电子发射和电子光学的基础上的。它的工作过程是:入射光透过光窗照射到光电阴极上,引起阴极发射光电子,光电子在电子光学输入系统和第一倍增极加速电压作用下,被加速、聚焦并打上第一倍增极,倍增极产生几倍于入射光电子的二次电子,这些二次电子在相邻倍增电极间的电场作用下又被依次加速和聚焦,打上第二、第三级倍增极,分别产生第二、第三级二次电子,直到末级倍增极产生的二次电子被阳极所收集,输出被放大了数十万倍以上的电流,使原来十分微弱的光信号得到十分强烈的增强。

2. 结构

光电倍增管主要由光窗、光电阴极、电子输入系统、电子倍增系统、阳极和管壳组成,其工作原理示意图如图 3.3 所示。

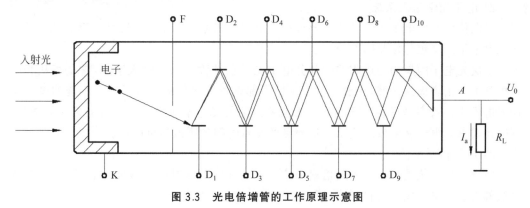

图 3.3 光电倍增管的工作原理示意图

为了满足各种不同的需要,光电倍增管的种类繁多,其分类方法也有多种。例如,按光电阴极材料的不同分为锑铯、银氧铅、双碱、多碱光电倍增管等;按光窗位置的不同分为端窗式和侧窗式;按光电阴极工作方式的不同分为透射式和反射式。这些分类与光电管的分类是相同的,由于光电倍增管自身的特点,还有一些分类方法,如按倍增极的数目多少分为单级和多级光电倍增管;按倍增系统的结构分为圆笼式(圆周式)、直列式(瓦片式)、盒子式和百叶窗式等;另外,还可按阴极面的形状分为凹镜窗式(包括球形、球冠形、柱面形)、平板镜窗式(包括正方形、长方形、六角形和圆形)及棱镜窗式三类;按管子的特点分为耐高温管、耐高压管、耐振管和高稳定管等。

1) 光电阴极和光窗

光电倍增管光谱响应的长波限制取决于光电阴极材料本身的性能,而短波限制则取决于光窗材料的透射性能,所以两者的选取要根据光电倍增管需要使用的光谱范围确定。

光电倍增管常用的光电阴极有以下几种:

(1) 银氧铯(Ag-O-Cs)阴极,主要用于对红外光的探测。

(2) 锑铯(Sb-Cs)阴极,近年来已逐渐被锑钾铯(Sb-K-Cs)阴极所取代。

(3) 双碱阴极,主要指锑钾铯(Sb-K-Cs)或锑铷铯(Sb-Rb-Cs)阴极,噪声较低,主要用于闪烁计数器中。

(4) 多碱阴极,指锑钾钠铯(Sb-K-Na-Cs)阴极,用于光谱仪与光子计数等方面,有很宽的光谱响应。

(5) 砷化镓(GaAs)阴极,同样有宽的光谱响应,而且灵敏度更高。

光窗指的是光电倍增管管壳上用以透过光辐射的部分。光窗通常分为端面窗与侧面窗两种,侧窗式使用反射型阴极,端窗式则与透射型阴极配合使用。目前常用的光窗材料有以下几种。

(1) 钠钙玻璃,它可以透过波长 3100Å 到红外的所有辐射。

(2) 硼硅玻璃,短波限约为 3000Å。

(3) 紫外玻璃,短波限约为 1900Å。

(4) 石英玻璃,短波限为 1700Å。

(5) 蓝宝石玻璃,它能透过短到 1450Å 的紫外辐射。

2) 电子光学输入系统

光电倍增管的电子光学系统主要包括光电子的聚焦与接收,以及相邻两个倍增极之间二次电子的聚焦与接收两部分。

解决光电子的聚焦与接收的这部分电子光学系统称为电子输入系统,它是指从光电阴极到第一倍增极的区域,一般在这个区域中都设置有聚焦极。电子输入系统的设计应使光电子收集效率尽可能达到 100%,即阴极发射的光电子应力求全部打上第一倍增极,同时还要求光电子从阴极到达第一倍增极的渡越时间的零散尽可能小。

3) 电子倍增系统

电子倍增系统是指由一系列倍增极按一定的几何位置排列构成的综合系统,每个倍增极都由二次电子发射材料制成,所以又称为二次电子发射极。

对倍增极的要求:作为实用的倍增极材料,首先,要求二次电子发射系数 δ 要大,特别是在低电压下要有较大的 δ 值。其次,要求热发射要小,以降低倍增管的噪声;还希望二次电子发射要稳定,要求在较高的环境温度和较大的一次电流长时间作用下,二次发射系数不下降。最后,要求倍增极容易制备。

倍增系统的结构形式:单级倍增极的倍增管结构简单,但放大倍数只比真空光电管高7～10倍,所以目前应用最普遍的还是多级光电倍增管,其中倍增极的结构形式主要有以下几种,如图3.4所示。

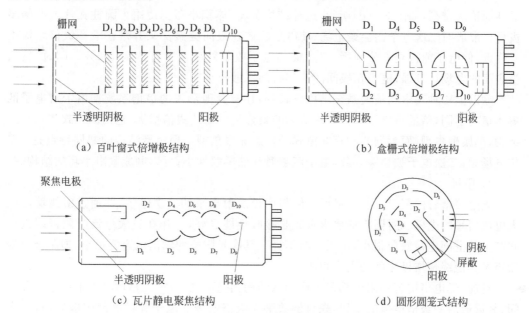

(a) 百叶窗式倍增极结构　　　　　　　　(b) 盒栅式倍增极结构

(c) 瓦片静电聚焦结构　　　　　　　　(d) 圆形圆笼式结构

图 3.4　光电倍增管系统的主要结构形式

(1) 百叶窗式。百叶窗式倍增极结构如图3.4(a)所示。它的每一个倍增极都由一组互相平行并与管轴成一定倾斜角(一般为45°)的同电位二次电子发射叶片组成,在叶片的电子入射方向上连接有金属网,下一级倍增极上的叶片倾斜方向与上一级倍增极上的叶片相反。叶片连接金属网可以屏蔽前一级减速电场的影响,提高电子的收集效率。百叶窗式倍增系统的特点是:有效工作面大,放大倍数就大,而且输出电流大而稳定。极间电场接近均匀一致,电压波动对放大倍数的影响不敏感。增、减倍增极级数灵活,制作简单;受磁场影响小。其缺点是:有部分二次电子可能未经倍增就穿过倍增极面打到下一级倍增极上,造成放大倍数降低,渡越时间零散增大,其电子收集效率经合理设计后可达88%。

(2) 盒栅式。盒栅式倍增极的形状是1/4圆柱面,并在两端加上盖板形成盒子形状,盖板可以屏蔽杂散电场对阴极工作表面的影响,而在阴极前加有栅网,所以又称盒栅式倍增系统,如图3.4(b)所示。图中,上、下两个盒栅电极连接在一起构成半圆柱形,左、右两行的电极相向排列,并在上、下方向错开(管轴方向错开)一个圆柱半径的距离。

栅网与盒栅(倍增极)具有相同电位,栅网的存在加强了倍增极对入射电子的吸引力,提高了电子的收集效率,防止了二次电子向入射方向发射。这种倍增系统具有收集效率高、可达95%,结构紧凑、牢固,倍增极尺寸形状一致、制作方便,均匀性与稳定性较好等优点。其不足是：电子在倍增极之间聚焦能力差,极间电子渡越时间零散也较大。

（3）瓦片静电聚焦式。在这种倍增管中,各个倍增极也是半圆柱瓦片形状,但它们沿着管子轴线直线依次排列,如图 3.4(c)所示。因为倍增极形状一样,所以它同样具有放大倍数高、极间渡越时间零散小的优点。

（4）圆形圆笼式。圆笼主倍增系统中各个倍增极的形状都类似于半圆柱状的瓦片,沿圆周依次排列,如图 3.4(d)所示,这种结构紧凑,体积小巧。使用半圆柱瓦片式的倍增极可以形成对二次电子的会聚电场,使电子轨迹在极间会聚交叉并落在下一级倍增极中心附近,使电子得到充分利用,倍增极的电子收集效率几乎可达到 100%。同时,倍增极表面的电场比较强,电子在极间的渡越时间零散较小。

除以上 4 种基本的倍增系统结构形式外,还有其他形式的倍增系统。由于对电子的聚焦情况不同,倍增系统可分为聚焦型和非聚焦型。瓦片式倍增极,包括圆笼式和瓦片式结构,都属聚焦型,而盒栅式和百叶窗式结构属非聚焦型。聚焦型结构的共同特点是：聚焦电场大；二次电子被会聚收敛,电子渡越时间的零散性小；可以制成紧凑小巧的结构。

4）阳极

光电倍增管的阳极是收集最后一级倍增极发射出来的二次电子,并通过引线输出放大电流信号的电极。对阳极的要求首先是接收性能良好,工作在较大电流时阳极附近空间产生的空间电荷效应很小,可以忽略不计。其次是阳极的输出电容要很小,即阳极对最后级及其他级倍增极之间的电容很小。

目前,光电倍增管的阳极都采用栅网状结构,它置于倒数第二倍增极与末级倍增极之间,靠近最后一级倍增极的位置,来自倒数第二级倍增极的电子穿过栅网阳极后,打上末级倍增极,末级倍增极上发射的二次电子被阳极收集。

图 3.5(a)、(b)分别为圆笼式、瓦片式光电倍增管的实物照片。

　　（a）圆笼式光电倍增管 　　　　（b）瓦片式光电倍增管

图 3.5　光电倍增管实物图

3.2.2　光电倍增管的基本特性

1. 光电阴极的灵敏度、量子效率

1）灵敏度

光电发射阴极的灵敏度主要包括光谱灵敏度与积分灵敏度两种。在单一波长辐射作用于光电阴极时,光电阴极输出电流 I_k 与单色辐射通量 $\Phi_{e\lambda}$ 之比称为光电阴极的光谱灵

敏度 $S_{k\lambda}$，即

$$S_{k\lambda} = I_k / \Phi_{e\lambda} \tag{3-1}$$

其单位是 $\mu A/W$ 或 A/W。

在某波长范围内的积分辐射作用于光电阴极时，光电阴极输出电流 I_k 与入射辐射通量 Φ_e 之比称为光电阴极的积分灵敏度 S_k，即

$$S_k = \frac{I_k}{\int_0^\infty \Phi_{e\lambda} \mathrm{d}\lambda} \tag{3-2}$$

其单位是 mA/W 或 A/W。

2）量子效率

在单色辐射作用于光电阴极时，光电发射阴极单位时间发射出去的光电子数 $N_{e\lambda}$ 与入射的光子数 $N_{p\lambda}$ 之比称为光电阴极的量子效率 η_λ（或称为量子产额），即

$$\eta_\lambda = \frac{N_{e\lambda}}{N_{p\lambda}} \tag{3-3}$$

量子效率和光谱灵敏度是一个问题的两种描述方法。它们之间的关系为

$$\eta_\lambda = \frac{I_k/q}{\Phi_{e\lambda}/h\nu} = \frac{S_{k\lambda} hc}{\lambda q} = \frac{1240 S_{k\lambda}}{\lambda} \tag{3-4}$$

式中，波长 λ 的单位为 nm。

2. 阳极光照灵敏度

当光电倍增管加上稳定电压，并工作在线性区域时，阳极输出电流 I_a 与入射在阴极面上的光通量 Φ_k 的比值

$$S_a = \frac{I_a}{\Phi_k} \tag{3-5}$$

称为阳极的光照灵敏度，单位为 A/lm。显然，阳极灵敏度是包括了倍增放大的贡献后，光电倍增管将光能转换成电信号的能力。

3. 电流增益（放大倍数）

在一定的入射光通量和一定的阳极电压下，光电倍增管的阳极输出信号电流与阴极信号电流的比值称为电流增益，也称为放大倍数，即

$$G = \frac{I_a}{I_k} \tag{3-6}$$

也可以用阳极光照灵敏度与阴极光照灵敏度的比值确定。

如果各级倍增极的二次电子发射系数 δ 均相等，则阴极光电流经过 n 级倍增后，电流增益也可以表示为

$$G = \delta^N \tag{3-7}$$

由于 δ 与工作电压有关，所以放大倍数也是工作电压的函数。

4. 光电特性

光电倍增管的阳极电流与光电阴极入射光通量之间的关系称为光电特性。光电倍增管处于正常工作状态时，光电特性应呈线性关系，即 S_a 为常数，比较好的光电倍增管应该

有宽的线性工作范围,如以偏离直线3%作为线性的界限,则满足线性要求的光通量范围可达。当光电倍增管接受强光照射时,光电特性就会出现非线性偏离,一般当光通量超过后,特性曲线就会明显偏离线性关系。光电倍增管工作时,光电阴极不能有强光照射,否则不仅会使光电特性偏离线性,甚至会损坏管子。

5. 暗电流

暗电流是在完全没有外界光辐射,而在规定的阳极电压下测得的输出电流。产生暗电流的原因主要有以下几种。

(1) 阴极和第一倍增极的热电子发射。因为光电阴极和倍增极都是低逸出功的发射体,它们在室温下就会有热电子发射,尤其是阴极和第一倍增极的热发射经过倍增放大后就成为暗电流的主要来源。

(2) 极间漏电。正常情况下,极间漏电造成的暗电流远小于热发射电流。

(3) 场致发射。当倍增管极间电压足够高时,电极上的尖端、棱角和零件边缘毛刺等都可能产生场致发射。

(4) 光反馈。玻璃外壳在散射电子轰击下产生荧光,外界的强辐射场也可能引发玻壳发光,这些光通过玻壳和倍增系统反馈到光电阴极,引起光电子发射。

(5) 离子反馈。热发射、场致发射和光反馈产生的电子都可能引起管内残余气体的电离,电离产生的电子和正离子最终都会形成暗电流。

(6) 其他原因。如放射性辐射和宇宙射线都可能作用于光电阴极而产生光电子。

6. 阳极特性(伏安特性)

光电倍增管的阳极特性是指在一定入射光通量,阳极电流与末级电压(最末一级倍增极与阳极之间的电压)之间的关系曲线,即伏安特性,如图3.6所示。

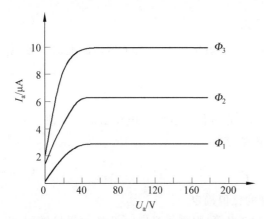

图3.6 光电倍增管阳极伏安特性曲线

阳极电流一开始随末级电压增加而迅速上升,并很快趋于饱和。阳极电流及其饱和值随入射光通量的增加而增大,达到饱和值所对应的末级电压也会提高。当末级电压进一步提高时,阳极电流又开始下降,这是因为来自倒数第二倍增极的电子在高压下直接打上阳极,减少了最末一级倍增,使放大倍数降低造成的。

7. 稳定性

在入射光通量、工作电压等条件不变的情况下,阳极电流随工作时间的变化程度称为光电倍增管的稳定性,它与管内残余气体等因素有关。光电倍增管的稳定性在闪烁计数和光度学测量中是一个很重要的参量。

8. 噪声和灵敏度极限

光电倍增管的噪声是指它的输出电流偏离平均值的起伏,噪声将掩盖输出的微弱交变信号本身的变化,因此,噪声的存在决定了光电倍增管可以探测到的交变光通量的最小值,这个最小值称为光电倍增管的灵敏度极限,或探测极限,或噪声等效功率。

光电倍增管中的噪声主要来自光电阴极的光电子发射和倍增极二次电子发射的统计特性而产生的散粒噪声。其次,一些外界干扰(如环境电磁场、背景漏光、电源电压波动等)和结构、工艺上的不完善等也会引发噪声的产生。

噪声常常是伴随着光电倍增管的暗电流考虑的,但两者又是有区别的,暗电流是一个直流成分,而噪声则为输出中引起的统计起伏,信号中的起伏为信号噪声,暗电流中的起伏为暗电流噪声。

3.2.3　光电倍增管的应用

光电倍增管作为灵敏的弱光探测器,在物理、化学、生物、医学、天文、气象、地质及国防事业上得到了十分广泛的应用。光电倍增管既可用于探测恒定的微辐射源,也可用于探测瞬变的微辐射源,可见光、红外光、紫外光、X 射线,以及其他短波辐射,直到 γ 射线都是它的探测范围。光电倍增管的主要应用领域如下。

1. 光谱测量

光电倍增管的光谱响应特性使它可以用来测量指定波长范围内的辐射光功率,应用于生产控制、元素鉴定、化学分析和冶金分析等部门。这些检测都是与分光光度计配合进行的,分光光度计就是利用系列分光装置获得的,或者由特殊光源提供特定波长的单色光,检测该单色光在通过测试样品后的光强度,或者比较透过测试样品和标准样品的光强度分析物质的成分,或者检测样品的吸光度,对物质进行定量分析的一种光谱仪器。

发射分光光度计。利用电火花、电弧或气体放电等方法激发物质中的元素发光,光电倍增管就可以测量元素的特征谱线的波长和强度,从而进行定性和定量的化学分析。例如,在钢铁生产中使用真空光量计就可对合金元素的成分做出快速分析。

吸收分光光度计。吸收分光光度计可用于测量气体、透明溶液、半透明悬浊液、乳浊液和生理组织切片等的透明度和光谱吸收区,也可用来确定不透明材料的反射性能。

2. 激光技术

作为激光光辐射的接收器,具有银氧铯、多碱或镓砷铯光电阴极的光电倍增管已广泛应用于激光技术,如激光雷达、激光准直器、卫星激光测距、激光通信及激光行扫描摄影等设备中。

3. 探测电离辐射

记录电离辐射最常用的设备是闪烁计数器。闪烁计数器由闪烁体和光电倍增管组成,它的工作原理是:利用射线引起闪烁体闪烁发光,利用光电倍增管接收闪烁光并输出一个电脉冲直接放大记录。因此,闪烁计数器就可以用来发现和记录由电离辐射引起的单个光闪烁。由于这种电离辐射通常由 α 粒子、β 粒子、γ 射线和中子流等射线激发,从而也就发现和记录了这些射线的存在和强弱。闪烁计数器的优点是:效率高,有很好的时间分辨率和空间分辨率,分别达到 10^{-9} s 和 10^{-3} m 量级。它不仅能探测各种带电粒子,还能探测各种不带电的核辐射,不仅能探测核辐射是否存在,还能鉴别它们的性质和种类,不但能计数,还能根据脉冲幅度确定辐射粒子的能量,因此在核物理和粒子物理实验中应用十分广泛。

4. 飞点扫描技术

飞点扫描是一种利用高亮度的细光束对图像进行扫描,然后将被扫描图像发出的光(反射光或透射光)经由光电倍增管放大输出,从而将图像上不同几何位置上的光信号转变成不同时间的电信号,达到析像目的的技术。飞点扫描所用光源是一种特殊的小型阴极射线管(实际上就是一种特殊显像管),称为投射管。投射管的工作原理与显像管一样,只是电子束能量是恒定的,所加电压极高(约 27kV),上屏后亮度非常大,荧光粉的余辉时间极短。另外,电子枪的聚焦质量很好,扫描电子束的分辨率高。因而,电子束在荧光屏上可形成非常明亮、聚焦很好的极小光点,从屏上发出的光束经过透镜照射到图像上,每一瞬间只照射到图像的一个像素,被照亮的像素发出的光(图像为透明,如幻灯片时,发出的是透射光,图像不透明,如进行摄像时,发出的是反射光)射到光电倍增管上,被光电倍增管放大后转换成电信号输出。投射管中的电子束在偏转线圈作用下在荧光屏上进行扫描,扫描方式与显像管中电子束的扫描方式一样,因而屏上发出的光束也就在图像上进行扫描,飞点扫描的名称即由此而来。由于图像上各像素的明暗不同,因而光点扫描时各像素发出的光也就受到图像明暗的调制,使得经光电倍增管输出的电信号也同样得到了图像内容的调制。

5. 光子计数器

当需要探测的光辐射功率低到 $10^{-15}\sim10^{-11}$ W 时,输出信号就可以以单个光电子的脉冲数计算。光电倍增管阴极每发射一个光电子,阳极电路就输出一个脉冲,阳极电荷脉冲经前级放大后就转变为电压脉冲。为了消除暗电流中的直流漏电分量和来源于阴极之外的其他暗电流分量,以避免计数差错,电压脉冲还应经过分析器,只有幅度大于某一预订数值并有一定上升时间特性的脉冲才能通过而被识别出来。

6. 过程控制与快速检验

在固体、液体或气体的自动化流水生产线上可用光电倍增管测量透射光或反射光的光强,用于精确控制成品或半成品的质量,并能检测出它们的缺陷、异常情况以及色泽和透光密度的变化。例如,在光学镀膜机上可对被镀膜层的厚度进行准确控制,对照相正片放大的曝光量进行自动控制等。如果把闪烁体、放射源与光电倍增管组合在一起,还可以控制不透明材料的重量和厚度,如轧钢机轧钢厚度的自动控制。光电控制法还可以用来检验各种物品的质量。例如,水果、种子、糖果、纸张、电阻、宝石、玻璃制品及其他产品的颜色、尺寸存在缺陷,当这些物品从一个或几个光电倍增管面前快速通过时,就可以利用鼓风或机械臂等办法把次品剔除出去。

7. 光密度测量与色度测量

胶片、滤光片、各种溶液的浊度、烟道中的烟量等,都可以利用由光电倍增管构成的光密度测量仪进行光密度测量;同样,由光电倍增管组成的色散测量仪则可以用来定量地比较物体表面的反射颜色和溶液的透射颜色,在造纸厂、墨水厂可以确定纸张、墨水的质量;

在油漆工业上可确定油漆的配料和表面光洁度;在医疗上可作血液分析和生理组织分析;在化学工业上则可用于观察化学过程中的颜色变化等。

8. 石油勘探

在石油勘探中普遍使用放射性测井仪了解地层内的岩性以发现石油,放射性测井实际上就是闪烁计数器的一种应用。放射性测井可分自然伽马与中子伽马两种,前者直接利用岩层(或含同位素的水源)中的 γ 射线进行探测,后者在探头前端要安装中子源,利用它对岩层散射回来的 γ 射线强度的差别判断岩性。

9. 医学应用

如同位素扫描机(黑白、彩色),使用前先给被检查人员体内注射某种同位素和标记化合物,然后利用光电倍增管、闪烁体和准直器等进行扫描探测,利用人体器官不同部位的正常组织病变区域对各种同位素吸收性能的不同,记录 γ 射线强度的差别进行诊断。宫颈癌荧光探测器利用紫外线激发荧光素,根据正常组织与病变区产生的荧光亮度的不同,光电倍增管探测到的信号就有差别,从而做出诊断。对于食道癌与胃癌,根据癌细胞对四环素吸取能力很强,而四环素又是一种荧光材料的特点,也可用荧光探测法进行检查。先让被检查者口服四环素 1.5g,然后抽血检查,用 365nm 的紫外线照射,如果血液中含有四环素成分,则将会发出波长 510nm 的荧光,用对波长 510nm 的可见光具有高灵敏度的光电倍增管就可检测到信号输出,证明被检查者未得癌症;反之,光电倍增管未检测到510nm 信号输出,被检查者就患有癌症。

10. 污染监控

用光电测量仪可以分析溶液、气体以及其他逸散物中沾污物的性质和污染程度,应用于工厂废品处理与环境卫生部门。

光电管和光电倍增管的应用例子还有很多,如测量 α 射线、γ 射线和 β 源的剂量,甚至可以用于普朗克常数的测定,它们是各种检测仪器中的关键器件,直接决定仪器的质量和水平。

思考与习题 3

一、选择题

1. 光电子发射探测器是基于( )的光电探测器。
    A. 内光电效应　　B. 外光电效应　　C. 光生伏特效应　　D. 光热效应
2. 在光电倍增管中,吸收光子能量发射光电子的部件是( )。
    A. 光入射窗　　　B. 光电阴极　　　C. 光电倍增极　　　D. 光电阳极
3. 光电倍增管的短波限和长波限的区别是( )。
    A. 光电阴极材料、倍增极材料和窗口材料
    B. 光电阴极材料和倍增极材料
    C. 窗口材料和倍增极材料
    D. 光电阴极材料和窗口材料

4. 下列选项中,符合光电倍增管电子光学系统作用的选项有(　　)。

　　A. 将光电阴极发射的光电子尽可能多地汇聚到第一倍增极

　　B. 使光电阴极发射的光电子到达第一倍增极的渡越时间零散最大

　　C. 使达到第一倍增极的光电子能多于光电阴极的发射光电子量

　　D. 使进入光电倍增管的光子数增加

5. 已知某光电倍增管的阳极灵敏度为 $100A/lm$,阴极灵敏度为 $2\mu A/lm$,要求阳极输出电流限制在 $100\mu A$ 范围内,则允许的最大入射光通量为(　　)。

　　A. $10^{-6}lm$　　　　B. $5\times10^{-6}lm$　　　　C. $10^{-7}lm$　　　　D. $5\times10^{-7}lm$

二、填空题

1. 光电倍增管是一种真空光电器件,主要由光入射窗口、光电阴极、_____、_____和阳极组成。

2. 一定波长的光子入射到光电阴极时,该阴极发射的光电子数与入射的光子数的比值称为_____。

3. 光电倍增管增益定义为_____。

4. 光电倍增管分压电阻通常要求流过电阻链的电流比阳极最大电流大_____倍以上。

5. 光电倍增管的倍增极主要结构有_____、_____、_____、_____。

三、简答与计算题

1. 何谓"光电发射阈值"? 它与"电子逸出功"有何区别?

2. 何谓光电倍增管的增益特性? 光电倍增管各倍增极发射系数 δ 与哪些因素有关?

3. 说明光电倍增管的短波限和长波限由什么因素决定。

4. 怎么理解光电倍增管的阴极灵敏度与阳极灵敏度? 两者有何区别? 两者有何关系?

5. 已知某光电倍增管的阳极灵敏度为 $100A/lm$,阴极灵敏度为 $2\mu A/lm$,需要阳极输出电流限制在 $100\mu A$ 范围内,求允许的最大入射光通量。

6. 光电倍增管 GDB44F 的阴极光照灵敏度为 $0.5\mu A/lm$,阳极光照灵敏度为 $50A/lm$,要求长期使用时阳极允许电流限制在 $2\mu A$ 以内,求:

(1) 阴极面上允许的最大光通量。

(2) 当阳极电阻为 $75k\Omega$ 时,求最大输出电压。

(3) 若已知阴极材料为 12 级的 Cs_3Sb 倍增极,倍增系数 $\delta=0.2(U_{DD})^{0.7}$,试计算它的供电电压。

7. 总结光电倍增管的基本结构与工作原理。

8. 调研资料,查阅光电倍增管在实际生活中的应用。

第 4 章

光电导器件

本章主要介绍光电检测技术中常用的内光电效应型器件——光电导器件,利用具有光电导效应的材料(如硅、锗等本征半导体与硫化镉、硒化镉、硫化铅等杂质半导体)可以制成电导随入射光度量变化的器件,通常称之为光电导器件或光敏电阻。光敏电阻具有体积小,坚固耐用,价格低廉,光谱响应范围宽等优点,广泛应用于微弱辐射信号的探测领域。本章通过对光敏电阻工作原理、特性及工作电路的介绍,使学生掌握光敏电阻的特性和使用方法,为实际应用光电器件打下良好的基础。

4.1　光敏电阻的原理与分类

光电导器件是利用内光电效应制成的光子型探测器,其材料通常是半导体,不用做成PN 结,因此也被称为无结型光电探测器。在入射光的作用下,物质吸收了光子的能量产生本征吸收或杂质吸收,激发出附加的自由电子或空穴,这些附加的载流子称为光生载流子,使材料的电导率发生变化,这种现象称为光电导效应。

图 4.1 所示为光敏电阻的原理、实物及符号图,在半导体材料的两端加上电极便构成光敏电阻。当光敏电阻的两端加上适当的偏置电压后(见图 4.1(a))后,便有电流流过,用检流计可以检测到该电流。改变照射到光敏电阻上的光度量(如照度),发现流过光敏电阻的电流将发生变化,说明光敏电阻的阻值随照度变化。在黑暗的情况下,它的电阻很高,当受到光照时,其电阻率减小,造成光敏电阻阻值的下降。光照越强,阻值越低。入射光消失后,由光子激发产生的电子-空穴对将逐渐复合,光敏电阻的阻值也就会逐渐恢复原值。

根据半导体材料的分类,光敏电阻有两大基本类型:本征半导体光敏电阻与杂质半导体光敏电阻。对于本征半导体,光子作用于满带(价带)中的电子,当其接收到的能量大于禁带宽度时,则跃迁到导带,这样导带中增加的电子和满带中留下的空穴均能参加导电,因而称为本征光电导;对于杂质半导体,光生载流子产生于杂质能级上的束缚载流子,对 N 型半导体是电子,对 P 型半导体是空穴,它们吸收光子后被激发并参加导电,改变了

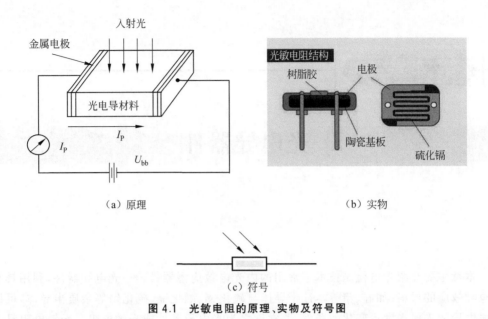

（a）原理 （b）实物

（c）符号

图 4.1　光敏电阻的原理、实物及符号图

电导率,因而称为杂质光电导。本征型半导体光敏电阻的长波限要短于杂质型半导体光敏电阻的长波限,因此,本征半导体光敏电阻常用于可见光波段的探测,而杂质半导体光敏电阻常用于红外波段,甚至远红外波段辐射的探测。

　　如果按照光敏电阻的光谱特性,光敏电阻可分为紫外光敏电阻、红外光敏电阻和可见光光敏电阻 3 种。

　　（1）紫外光敏电阻:对紫外线比较灵敏,如 CdS 光敏电阻（峰值响应波长为 $0.52\mu m$）、CdSe 光敏电阻（峰值响应波长为 $0.72\mu m$）等,用于探测紫外线。

　　（2）红外光敏电阻:主要有 PbS 光敏电阻（光谱响应范围为 $1\sim3.5\mu m$,峰值波长为 $2.4\mu m$）、InSb 光敏电阻（光谱范围为 $3\sim5\mu m$）、PbTe 光敏电阻等。InSb 光敏电阻器广泛应用于导弹制导、天文探测、非接触测量、人体病变探制、红外光谱、通信国防、科学研究和工农业生产中。

　　（3）可见光光敏电阻:包括 Se、CdS、CdSe、CdSb、GaAs、Si、Ge、ZnS 光敏电阻器等,主要用于各种光电控制系统,如光电自动门、航标灯、路灯等照明系统的自动亮灭,自动给水和停水装置,极薄零件的厚度探测,照相机自动曝光装置,光电计数器,烟雾报警器,光电跟踪系统等方面。

4.2　光敏电阻的灵敏度

　　通量为 $\Phi_{e\lambda}$ 的单色辐射入射到如图 4.2 所示的半导体上,波长 λ 的单色辐射全部被吸收,则光敏层单位时间所吸收的量子数密度 $N_{e\lambda}$ 应为

$$N_{e\lambda}=\frac{\Phi_{e\lambda}}{h\nu bdl} \tag{4-1}$$

光敏层每秒产生的电子数密度 G_e 为

$$G_e = \eta N_{e\lambda} \qquad (4\text{-}2)$$

式中，η 为半导体材料的量子效率。

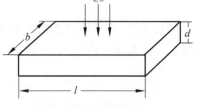

图 4.2 光敏电阻的外形

在热平衡状态下，半导体的热电子产生率 G_t 与热电子复合率 r_t 平衡。光敏层内电子总产生率应为热电子产生率 G_t 与光电子产生率 G_e 之和，即

$$G_e + G_t = \eta N_{e\lambda} + r_t \qquad (4\text{-}3)$$

在光敏层内除产生电子与空穴外，还有电子与空穴的复合。导带中的电子与价带中的空穴的总复合率 R 为

$$R = K_f(\Delta n + n_i)(\Delta p + p_i) \qquad (4\text{-}4)$$

式中，K_f 为载流子的复合概率，Δn 为导带中的光生电子浓度，Δp 为导带中的光生空穴浓度，n_i 与 p_i 分别为热激发电子与空穴的浓度。

同样，热电子复合率与导带内热电子浓度 n_i 及价带内空穴浓度 p_i 的乘积成正比，即

$$r_t = K_f n_i p_i \qquad (4\text{-}5)$$

在热平衡状态下，载流子的产生率应与复合率相等，即

$$\eta N_{e\lambda} + K_f n_i p_i = K_f(\Delta n + n_i)(\Delta p + p_i) \qquad (4\text{-}6)$$

在非平衡状态下，载流子的时间变化率应等于载流子的总产生率与总复合率的差，即

$$\frac{\mathrm{d}\Delta n}{\Delta t} = \eta N_{e\lambda} + K_f n_i p_i - K_f(\Delta n + n_i)(\Delta p + p_i)$$

$$= \eta N_{e\lambda} - K_f(\Delta n \Delta p + \Delta p n_i + \Delta n p_i) \qquad (4\text{-}7)$$

下面分两种情况讨论：

(1) 在微弱辐射作用下，光生载流子浓度 Δn 远小于热激发电子浓度 n_i，光生空穴浓度 Δp 远小于热激发空穴浓度 p_i，考虑到本征吸收的特点，$\Delta n = \Delta p$，式(4-7)可简化为

$$\frac{\mathrm{d}\Delta n}{\Delta t} = \eta N_{e\lambda} - K_f \Delta n(n_i + p_i) \qquad (4\text{-}8)$$

利用初始条件 $t = 0$ 时，$\Delta n = 0$，解微分方程得

$$\Delta n = \eta \tau N_{e\lambda}(1 - \mathrm{e}^{-t/\tau}) \qquad (4\text{-}9)$$

式中，$\tau = \dfrac{1}{K_f(n_i + p_i)}$，称为载流子的平均寿命。

由式(4-9)可见，光激发载流子浓度随时间按指数规律上升，当 $t \gg \tau$ 时，载流子浓度 Δn 达到稳态值 Δn_0，即达到动态平衡状态，

$$\Delta n_0 = \eta \tau N_{e\lambda} \qquad (4\text{-}10)$$

光激发载流子引起半导体电导率的变化 $\Delta\sigma$ 为

$$\Delta\sigma = \Delta n q\mu = \eta \tau q N_{e\lambda} \qquad (4\text{-}11)$$

式中，μ 为电子迁移率 μ_n 与空穴迁移率 μ_p 之和。

半导体材料的光电导为

$$g = \Delta\sigma \frac{bd}{l} = \frac{\eta \tau q \mu b d}{l} N_{e\lambda} \qquad (4\text{-}12)$$

将式(4-1)代入式(4-12)得

$$g = \Delta\sigma \frac{bd}{l} = \frac{\eta q\tau\mu}{h\nu l^2}\Phi_{e\lambda} \tag{4-13}$$

可以看出,在弱辐射作用下的半导体材料的电导与入射辐射通量 $\Phi_{e\lambda}$ 呈线性关系。对式(4-13)求导可得

$$\mathrm{d}g = \frac{\eta q\tau\mu}{h\nu l^2}\mathrm{d}\Phi_{e\lambda} \tag{4-14}$$

可见,在弱辐射作用下的半导体材料的光电导灵敏度为

$$S_g = \frac{\mathrm{d}g}{\mathrm{d}\Phi_{e\lambda}} = \frac{\eta q\tau\mu\lambda}{hcl^2} \tag{4-15}$$

可见,S_g 是与材料性质有关的常数,与光电导材料两电极间的长度 l 的平方成反比。

(2) 在强辐射情况下,$\Delta n \gg n_i$,$\Delta p \gg p_i$,式(4-7)简化为

$$\frac{\mathrm{d}\Delta n}{\Delta t} = \eta N_{e\lambda} - K_f\Delta n^2 \tag{4-16}$$

利用初始条件 $t = 0$ 时,$\Delta n = 0$,解微分方程得

$$\Delta n = \left(\frac{\eta N_{e\lambda}}{K_f}\right)^{1/2}\tanh\frac{t}{\tau} \tag{4-17}$$

式中,$\tau = \dfrac{1}{\sqrt{\eta K_f N_{e\lambda}}}$,为强辐射作用下载流子的平均寿命。

显然,强辐射情况下,半导体材料的光电导与入射辐射通量间的关系为抛物线关系。

$$g = q\mu\left(\frac{\eta bd}{h\nu K_f l^3}\right)^{1/2}\Phi_{e\lambda}^{1/2} \tag{4-18}$$

对式(4-18)进行微分得

$$S_g = \frac{\mathrm{d}g}{\mathrm{d}\Phi_{e\lambda}} = \frac{1}{2}q\mu\left(\frac{\eta bd}{h\nu K_f l^3}\right)^{1/2}\Phi_{e\lambda}^{-1/2} \tag{4-19}$$

式(4-19)表明,在强辐射作用的情况下半导体材料的光电导灵敏度 S_g 不仅与材料的性质有关,而且与入射辐射量有关,是非线性的。

综上所述,半导体的光电导效应与入射辐通量的关系为:在弱辐射的作用下是线性的,随着辐射的增强,线性关系变坏,当辐射很强时变为抛物线关系。

4.3 光敏电阻的结构

在上面讨论光电导效应时我们发现:光敏电阻在微弱辐射作用情况下的光电导灵敏度 S_g 与光敏电阻两电极间距离 l 的平方成反比,参见式(4-15),在强辐射作用的情况下光电导灵敏度 S_g 与光敏电阻两电极间距离 l 的 $\frac{3}{2}$ 次方成反比,参见式(4-19)。可见,S_g 与两电极间距离 l 有关。因此,为了提高光敏电阻的光电导灵敏度 S_g,要尽可能地缩短光敏电阻两电极间的距离 l,这就是光敏电阻结构设计的基本原则。

根据光敏电阻的设计原则可以设计出如图 4.3 所示的三种光敏电阻。图 4.3(a)所示光敏面为梳形结构。两个梳形电极之间为光敏电阻材料,由于两个梳形电极靠得很近,电

极间距很小,光敏电阻的灵敏度很高。图 4.3(b)所示为光敏面为蛇形的光敏电阻,光电导材料制成蛇形,光电导材料的两侧为金属导电材料,并在其上设置电极。显然,这种光敏电阻的电极间距(为蛇形光电导材料的宽度)也很小,提高了光敏电阻的灵敏度。图 4.3(c)所示为刻线式结构的光敏电阻侧向图,在制备好的光敏电阻衬底上刻出狭窄的光敏材料条,再蒸涂金属电极,构成刻线式结构的光敏电阻。

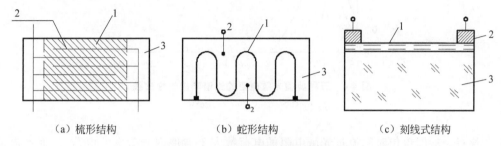

（a）梳形结构　　　　　　（b）蛇形结构　　　　　　（c）刻线式结构

图 4.3　光敏电阻结构示意图

1—光电导材料；2—电极；3—衬底材料

4.4　光敏电阻的特性参数

光敏电阻为多数载流子导电的光电敏感器件,它与其他光电器件特性的差别表现在它的基本特性参数上。光敏电阻的性能可依据其光谱响应特性、光电特性、频率特性、伏安特性、温度特性、噪声特性等判断,在实际应用中,通常根据这些特性有侧重地选择合适的光敏电阻。

1. 光谱响应

光敏电阻对光响应的灵敏度随着入射光波长的变化而变化的特性称为光谱响应度,通常用光谱响应曲线、光谱响应范围以及峰值波长描述。峰值波长取决于制作光敏电阻所用材料的禁带宽度。不同材料做成的光敏电阻,其光谱响应曲线有所不同。图 4.4 所示为三种典型光敏电阻的光谱响应特性曲线,显然,由 CdS 材料制成的光敏电阻的光谱响应很接近人眼的视觉响应,其峰值波长与人眼敏感的峰值波长(555nm)很接近,可运用在照相机、照度计、光度计等上。CdSe 材料的光谱响应较 CdS 材料的光谱响应范围宽,PbS 材料的光谱响应范围最宽,为 $0.4\sim2.8\mu m$,PbS 光敏电阻常用于着火点探测与火灾预警系统。

2. 光电特性

1）光电流及增益

无光照时流过光敏电阻的电流称为暗电流,由入射光引起的电流称为光电流。电子在外电场作用下向阳极漂移,设 τ 为器件的时间响应,τ_{dr} 为载流子在两极间的渡越时间。光电流的增益即光敏电阻中每产生一个光生载流子所构成的流入外电路的载流子数。

$$G = \frac{\tau}{\tau_{dr}} \qquad\qquad (4\text{-}20)$$

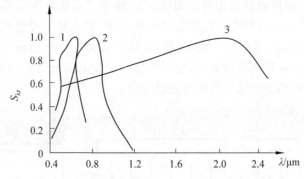

图 4.4　三种典型光敏电阻的光谱响应特性曲线

1—CdS；2—CdSe；3—PbSe

若 $G > 1$，即单位时间流过光敏电阻的电荷数大于器件内光激发的电荷，从而使电流得到放大。为提高载流子寿命，减小电极间的间距 l，适当提高工作电压，对提高 G 值有利。然而，如果 l 减得太小，使受光面太小，也是不利的，一般 G 值可达 10^3 数量级。一般电极做成梳状，既增大面积，又减小电极间距，从而减少渡越时间。

2）光敏电阻的灵敏度

光敏电阻的光电流与入射通量之间的关系为

$$I_P(\lambda) = q\,\frac{\eta \Phi_e(\lambda)}{h\nu} \cdot \frac{\tau}{\tau_{dr}} \tag{4-21}$$

当弱光照射时，τ 和 τ_{dr} 不变，I_P 与 $\Phi_e(\lambda)$ 成正比，即保持线性关系；当强光照射时，τ 与光电子浓度有关，τ_{dr} 也会随电子浓度变大，或出现温升而产生变化，故 I_P 与 λ 偏离线性而呈非线性。光敏电阻在弱辐射到强辐射的作用下，它的光电特性可用在"恒定电压"作用下流过光敏电阻的电流与作用到光敏电阻上的光照度的关系曲线描述。如图 4.5 所示的特性曲线反映了流过光敏电阻的电流与入射光照度间的变化关系，可见它由线性渐变到非线性。

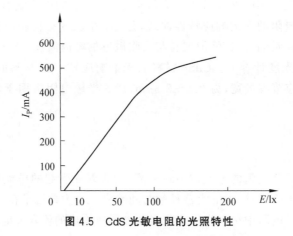

图 4.5　CdS 光敏电阻的光照特性

3）光电特性

光敏电阻在黑暗的室温条件下由于热激发产生的载流子使它具有一定的电导,该电导称为暗电导,其倒数为暗电阻。一般的暗电导很小(或暗电阻很大)。当有光照射在光敏电阻上时,它的电导将变大,这时的电导称为光电导。电导随光照量变化越大的光敏电阻越灵敏,这个特性称为光敏电阻的光电特性。

由前面讨论的光电导效应可知,光敏电阻在弱辐射和强辐射作用下表现出不同的光电特性(线性与非线性),式(4-13)与式(4-18)分别给出了它在弱辐射和强辐射作用下的光电导与辐射通量的关系。这是两种极端的情况,那么光敏电阻在一般辐射作用下的情况如何呢?

在恒定电压的作用下,流过光敏电阻的光电流 I_P 为

$$I_P = g_P U = U S_g E \tag{4-22}$$

式中,S_g 为光电导灵敏度,E 为光敏电阻的照度。显然,当照度很低时,曲线近似为线性,S_g 由式(4-15)描述;随照度的增高,线性关系变坏,当照度变得很高时,曲线近似为抛物线形,S_g 由式(4-19)描述。为此,光敏电阻的光电特性可用一个随光度量变化的指数 γ 描述,定义 γ 为光电转换因子,并将式(4-22)改为

$$I_P = g_P U = U S_g E^{\gamma} \tag{4-23}$$

光电转换因子在弱辐射作用的情况下为1($\gamma = 1$),随着入射辐射的增强,γ 值减小,当入射辐射很强时,γ 值降低到 0.5。

由图 4.6(a)所示的线性直角坐标系可见,光敏电阻的阻值 R 与入射照度 E 在光照很低时随光照度的增加迅速降低,表现为线性关系;当照度增加到一定程度后,阻值的变化变缓,然后逐渐趋向饱和。在实际使用时,常常将光敏电阻的光电特性曲线改为如图 4.6(b)所示的特性曲线。在如图 4.6(b)所示的对数坐标系中,光敏电阻的阻值 R 在某段照度 E 范围内的光电特性表现为线性,即式(4-23)中的 γ 保持不变。γ 值为对数坐标下特性曲线的斜率。即

$$\gamma = \frac{\lg R_1 - \lg R_2}{\lg E_2 - \lg E_1} \tag{4-24}$$

式中,R_1 与 R_2 分别是照度为 E_1 和 E_2 时光敏电阻的阻值。显然,光敏电阻的 γ 值反映了在照度范围变化不大或照度的绝对值较大,甚至光敏电阻接近饱和情况下的阻值与照

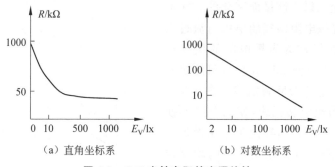

（a）直角坐标系　　　　（b）对数坐标系

图 4.6　CdS 光敏电阻的光照特性

度的关系。因此,定义光敏电阻 γ 值时必须说明其照度范围,否则 γ 值没有任何意义。

3. 时间响应

当用一个理想方波脉冲辐射照射光敏电阻时,光生电子要有产生的过程,光生电导率 $\Delta\sigma$ 要经过一定的时间才能达到稳定。当停止辐射时,复合光生载流子也需要时间,表现出光敏电阻具有较大的惯性。光敏电阻的响应时间由电流的上升时间 τ_r 和下降时间 τ_f 表示。光敏电阻的响应时间与入射光的照度、所加的电压、负载电阻及照度变化前电阻经历的时间(称为前例时间)等因素有关。光敏电阻的时间响应比其他光电器件要差,频率响应比其他光电器件要低,而且具有特殊性。

光敏电阻的响应时间决定了它的频率响应特性。图 4.7 所示为几种典型的光敏电阻的频率特性曲线。从曲线中不难看出硫化铅(PbS)光敏电阻的频率特性稍微好一些,但是它的频率响应也不超过 $10^4\,\mathrm{Hz}$。

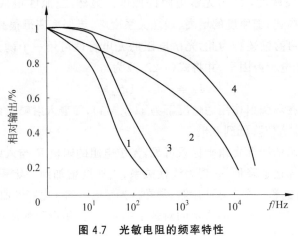

图 4.7 光敏电阻的频率特性

1—Se;2—CdS;3—TeS;4—PbS

4. 伏安特性

光敏电阻的本质是电阻,符合欧姆定律,因此具有与普通电阻相似的伏安特性,但是它的电阻值是随入射光度量而变化的。在不同光照下加在光敏电阻两端的电压与流过它的电流的关系曲线称为光敏电阻的伏安特性。图 4.8 所示为典型 CdS 光敏电阻的伏安特性曲线,显然,它符合欧姆定律。图 4.8 中的虚线为允许的额定功耗线,使用时应不使光敏电阻的实际功耗超过额定值。在设计光敏电阻变换电路时,应使光敏电阻的功率控制在额定功耗内。

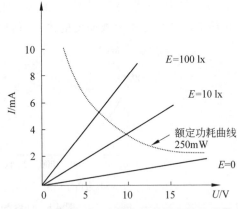

图 4.8 典型 CdS 光敏电阻的伏安特性曲线

5. 温度特性

光敏电阻为多数载流子导电的光电器件,具有复杂的温度特性。光敏电阻的温度特性与光电导材料有密切的关系,不同材料的光敏电阻有不同的温度特性。图 4.9 所示为典型 CdS(虚线)与 CdSe(实线)光敏电阻在不同照度下的温度特性曲线图。以室温(25 ℃)的相对光电导率为 100%,观测光敏电阻的相对光电导率随温度的变化关系,可以看出光敏电阻的相对光电导率随温度的升高而下降,光电响应特性随温度的变化较大。因此,在温度变化大的情况下应采取制冷措施,降低或控制光敏电阻的工作温度是提高光敏电阻工作稳定性的有效办法,尤其对长波长红外辐射的探测领域更为重要。

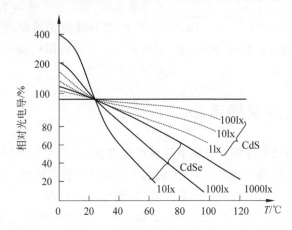

图 4.9　典型 CdS 与 CdSe 光敏电阻在不同照度下的温度特性曲线图

6. 噪声特性

光敏电阻的噪声主要有三个:热噪声、产生-复合噪声和低频噪声(或称 $1/f$ 噪声)。

1) 热噪声

光敏电阻内载流子的热运动产生的噪声称为热噪声,或称为约翰逊噪声。由热力学和统计物理可以推导出热噪声公式

$$I_{NJ}^2 = \frac{4KT\Delta f}{R_d(1+\omega^2\tau_0^2)} \tag{4-25}$$

式中,τ_0 为载流子的平均寿命,$\omega = 2\pi f$,为信号角频率。

2) 产生-复合噪声

光敏电阻的产生-复合噪声与其平均电流 $\bar{I}$ 有关,产生-复合噪声的数学表达式为

$$I_{ngr}^2 = 4q\bar{I}\frac{(\tau_0/\tau_1)\Delta f}{1+\omega^2\tau_0^2} \tag{4-26}$$

式中,τ_1 为载流子跨越电极需要的漂移时间。

3) 低频噪声(电流噪声)

光敏电阻在偏置电压作用下产生信号光电流,由于光敏层内微粒不均匀,或体内存在有杂质,因此会产生微火花放电现象。这种微火花放电引起低频噪声的经验公式为

$$I_{nf}^2 = \frac{c_1 I^2}{bdl} \cdot \frac{\Delta f}{f^b} \tag{4-27}$$

式中，c_1 是与材料有关的常数，I 为流过光敏电阻的电流，f 为光的调制频率，指数 b 为接近 1 的系数，Δf 为调制频率的带宽，l 和 d 分别为光敏电阻横截面的长和宽。显然，低频噪声与调制频率成反比，频率越低，噪声越大，故称低频噪声。

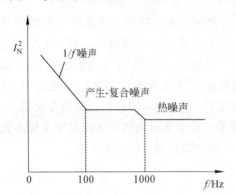

图 4.10 光敏电阻的噪声与调制频率的关系

因此，光敏电阻的噪声均方根值为

$$I_N^2 = (I_{NJ}^2 + I_{ngr}^2 + I_{nf}^2)^{1/2} \qquad (4\text{-}28)$$

对于不同的器件，三种噪声的影响不同：在几百赫兹以内以电流噪声为主；随着频率的升高，产生-复合噪声变得显著；频率很高时，以热噪声为主。光敏电阻的噪声与调制频率的关系如图 4.10 所示。

4.5 光敏电阻的变换电路

光敏电阻的阻值或电导随入射辐射量的变化而变化，因此可以用光敏电阻将光学信息变换为电学信息。但是，电阻（或电导）值的变化信息不能直接被人们所接受，需将电阻（或电导）值的变化转变为电流或电压信号输出，完成这个转换工作的电路称为光敏电阻的偏置电路或变换电路。在不同的工作场合需要配置不同的偏置电路，下面重点介绍几种常用的偏置电路。

1. 恒流偏置电路

在一定的光照下，光敏电阻产生的信号和噪声均与通过光敏电阻的电流大小有关，信号的信噪比有一极大值存在，从这一点出发，我们希望偏置电路器件电流稳定，并且取值在最佳区域中，按此要求设计的偏置电路如图 4.11 所示。电路中稳压管 D_w 用于稳定晶体三极管的基极电压，即 $U_B = U_w$，从而使三极管电流 I_b、I_c 恒定。于是光敏电阻在恒流 I_c 下工作。电路中的 C 是滤波电容，用于消除交流干扰。流过晶体三极管发射极的电流为 $I_e = \dfrac{U_w - U_{be}}{R_e}$，其中，$U_w$ 为稳压二极管的稳压值，U_{be} 为三极管发射结电压，在三极管处于放大状态时基本为恒定值，R_e 为固定电阻。因此，发射极的电流 I_e 为恒定电流。三极管在放大状态下集电极电流与发射极电流近似相等，所以流过光敏电阻的电流为恒流。

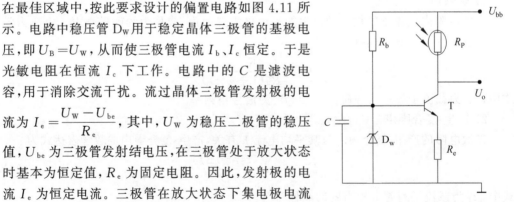

图 4.11 光敏电阻的恒流偏置电路

对于恒流偏置电路，输出电压为

$$U_o = U_{bb} - I_c R_p \qquad (4\text{-}29)$$

对式(4-29)求微分得

$$dU_o = -I_c dR_p \qquad (4\text{-}30)$$

按照光电导灵敏度的定义 $S_g = \dfrac{dg_p}{d\Phi}$

$$dg_p = d(1/R_p) = -(1/R_p^2)dR_p \qquad (4\text{-}31)$$

$$dR_p = -S_g R_p^2 d\Phi \qquad (4\text{-}32)$$

$$dU_o = \frac{U_w - U_{be}}{R_e} R_p^2 S_g d\Phi \qquad (4\text{-}33)$$

显然,恒流偏置电路的电压灵敏度为

$$S_V = \frac{dU}{d\Phi} \approx \frac{U_w}{R_e} R_p^2 S_g \qquad (4\text{-}34)$$

由式(4-34)可知,探测器的阻值越大,电压灵敏度越高,该电路常用于弱信号的探测。

2. 恒压偏置电路

将恒流偏置电路稍加改动,便可形成如图 4.12 所示的恒压偏置电路。在图 4.12 中,处于放大工作状态的三极管的基极电压被稳压二极管 D_w 稳定在稳定值 U_w,而三极管发射极的电位 $U_E = U_w - U_{be}$,处于放大状态的三极管的 U_{be} 近似于 $0.7V$。因此,当 $U_w \gg U_{be}$ 时,$U_E \approx U_w$,即加在光敏电阻 R_p 上的电压为恒定电压 U_w。在恒压偏置电路的情况下,电路输出的电流 I_P 与处于放大状态的三极管发射极电流 I_e 近似相等。因此,恒压偏置电路的输出电压为

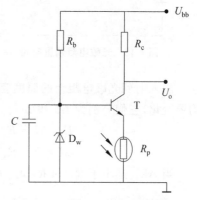

图 4.12 光敏电阻的恒压偏置电路

$$U_o \approx U_{bb} - I_c R_c \qquad (4\text{-}35)$$

对式(4-35)取微分,得到输出电压的变化量为

$$dU_o = -R_c dI_c = -R_c dI_e = R_c S_g U_w d\Phi \qquad (4\text{-}36)$$

式(4-36)说明恒压偏置电路的输出信号电压与光敏电阻的阻值 R 无关。当光敏电阻的光电导灵敏度 S_g 一定时,电压输出与光照成正比。也就是说,不会因为探测器阻值的变化而影响系统的标定值。这一特性在采用光敏电阻的测量仪器中特别重要,在更换光敏电阻时,只要使光敏电阻的光电导灵敏度保持不变,即可保持输出信号电压不变,所以在检测系统中常使用这种恒压偏置电路。

3. 最大输出及继电器工作的偏置电路

这类光敏电阻简单的偏置电路如图 4.13 所示。它由电源 E、光敏电阻 R_G 和负载电阻 $R_L = 1/G_L$ 串联组成。

电路中的电流 I 可由式(4-37)决定

$$I = E/(R_L + R_G) \qquad (4\text{-}37)$$

当入射光敏电阻上的照度不同时,可以画出不同的伏安特性曲线。图 4.14 所示是对应平均照度 E_0、最大照度 E'' 和最小照度 E' 的三条伏安特性曲线。按所选电源 E 和负载电阻 R_L 可画出负载线 $NBQAM$。对每一个具体的光敏电阻来说,以最大允许的耗散

功率 P_{max} 工作时不能超过这个范围,否则将损坏,即 $IU \leqslant P_{max}$,图中给出了这一界限。

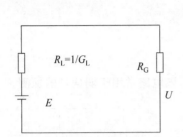

图 4.13　光敏电阻偏置电路

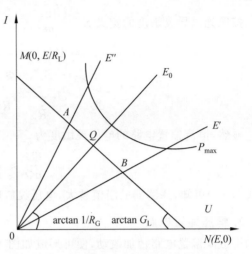

图 4.14　不同照度下光敏电阻的伏安特性

当入射到光敏电阻上的照度变化时,其电阻 R_G 变化为 ΔR_G,对应电路的电流和电压均要变化,它们分别为 ΔI 和 ΔU。 光照变化引起电流的变化

$$I + \Delta I = E/(R_L + R_G + \Delta R_G)$$

$$\Delta I = E/(R_L + R_G + \Delta R_G) - E/(R_L + R_G)$$

当 ΔR_G 远小于 R_L 和 R_G 时,有

$$\Delta I \approx - E\Delta R_G/(R_L + R_G)^2 \tag{4-38}$$

光照变化引起光敏电阻上的压降变化

$$U = E - IR_L$$

$$U + \Delta U = E - (I + \Delta I)R_L \tag{4-39}$$

$$u = \Delta U = - \Delta IR_L = [E\Delta R_G/(R_L + R_G)^2]R_L$$

光敏电阻的 R_G 和 ΔR_G 值可从实验中获得,也可从伏安特性曲线中通过计算找到。由式(4-38)和式(4-39)可知,入射光量相同时,ΔR_G 越大,其电流和电压的变化量也越大。下面讨论电路中各参量的选取方法。

(1) 检测光量时负载电阻 R_L 的确定。

选择原则是在给定 R_G、ΔR_G 和 E 的条件下,使信号电压 u 的输出最大。通过取极值 $\mathrm{d}u/\mathrm{d}R_L = 0$,有

$$\frac{E\Delta R_G}{(R_L + R_G)^2}\left[-\frac{2R_L}{R_L + R_G} + 1\right] = 0 \tag{4-40}$$

于是,有 $R_L = R_G$。

满足式(4-40)时,构成最大输出的偏置电路。如果从功率损耗看,$P = I^2 R_L = [E/(R_L + R_G)]^2 R_L$,按式(4-40)的条件,令 $R_L = R_G$,则有

$$P = E^2/4R_L \tag{4-41}$$

该电路又称为恒功率偏置电路。注意,上述电路中 R_G 是工作点或工作在平均照度

下光敏电阻的阻值。在高频工作时,R_L 不宜太大,有时选择在 $R_L < R_G$ 的失配条件下工作。

(2)在继电器形式工作时 R_L 的确定。

这时光敏电阻在两个工作状态下跳跃,对应的电阻值分别为 R_{G1} 和 R_{G2},对应的电流变化为

$$I_1 - I_2 = \frac{E}{R_L + R_{G1}} - \frac{E}{R_L + R_{G2}} = \frac{R_{G2} - R_{G1}}{(R_L + R_{G1})(R_L + R_{G2})}E \tag{4-42}$$

对应的电压变化为

$$U_1 - U_2 = (E - I_1 R_L) - (E - I_2 R_L) = ER_L \frac{R_{G1} - R_{G2}}{(R_L + R_{G1})(R_L + R_{G2})} \tag{4-43}$$

希望输出电压变化最大,所以取

$$\frac{\mathrm{d}(U_1 - U_2)}{\mathrm{d}R_L} = 0$$

则有

$$R_L = \sqrt{R_{G1} R_{G2}} \tag{4-44}$$

对应的最大电压变化为

$$(U_1 - U_2)_{\max} = E \frac{\sqrt{R_{G1}} - \sqrt{R_{G2}}}{\sqrt{R_{G1}} + \sqrt{R_{G2}}} \tag{4-45}$$

由式(4-42)可知,要使电流变化最大,应取 $R_L = 0$,这时对应的最大电流差值为
$$(I_1 - I_2) = E(R_{G2} - R_{G1})/(R_{G2} R_{G1}) \tag{4-46}$$

具体选哪一种工作方式,应依据实际要求确定。

(3)电源电压的选择。

从以上各式可以看到,选用较大的电源电压对产生信号十分有利,但又必须以保持长期正常工作,不损坏光敏电阻为原则。

4. 举例

例1 在图 4.11 所示的恒流偏置电路中,已知电源电压为 12V,R_b 为 820Ω,R_e 为 3.3kΩ,三极管的放大倍率不小于 80,稳压二极管的输出电压为 4V,光照度为 40lx 时输出电压为 6V,80lx 时为 8V(设光敏电阻在 30～100lx 的 γ 值不变)。试求:(1)输出电压为 7V 的照度(lx)?(2)该电路的电压灵敏度(V/lx)?

解:根据已知条件,流过稳压管 D_W 的电流

$$I_W = \frac{U_{bb} - U_W}{R_b} = \frac{8}{820} \approx 9.8\mathrm{mA}$$

满足稳压二极管的工作条件。

当 $U_W = 4$V,流过三极管发射集的电流为

$$I_e = \frac{U_W - U_{be}}{R_e} = 1\mathrm{mA}$$

满足恒流偏置电路的条件。

(1)根据题目给出的在不同光照情况下输出电压的条件,可以得到不同光照下光敏

电阻的阻值

$$R_{e1}=\frac{U_{bb}-6}{I_e}=6(k\Omega),R_{e2}=\frac{U_{bb}-8}{I_e}=4(k\Omega)$$

将 R_{e1} 与 R_{e2} 值代入 γ 值计算公式,得到光照度在 $40\sim80\text{lx}$ 的 γ 值

$$\gamma=\frac{\lg6-\lg4}{\lg80-\lg40}=0.59$$

输出电压为 7V 时光敏电阻的阻值应为

$$R_{e1}=\frac{U_{bb}-7}{I_e}=5(k\Omega)$$

此时的光照度 $\gamma=\dfrac{\lg6-\lg5}{\lg E_3-\lg40}=0.59$,可得

$$\lg E_3=\frac{\lg6-\lg5}{0.59}+\lg40=1.736$$

$$E_3=54.45(\text{lx})$$

(2) 电路的电压灵敏度

$$S_V=\frac{\Delta U}{\Delta E}=\frac{7-6}{54.45-40}=0.069(\text{V/lx})$$

例2 在如图 4.12 所示的恒压偏置电路中,已知 D_W 为 2CW12 型稳压二极管,其稳定电压值为 6V,设 $R_b=1k\Omega$,$R_c=510\Omega$,三极管的电流放大倍率不小于 80,电源电压 $U_{bb}=12\text{V}$,当 CdS 光敏电阻光敏面上的照度为 150lx 时恒压偏置电路的输出电压为 10V,照度为 450lx 时输出电压为 8V,试计算输出电压为 9V 时的照度(设光敏电阻在 $100\sim500\text{lx}$ 的 γ 值不变)为多少 lx?照度到 500lx 时的输出电压为多少?

解:经分析可知,流过稳压二极管的电流满足稳压管稳压工作的条件,三极管的基极电压稳定在 6V。

设光照度为 150lx 时的输出电流为 I_1,光敏电阻的阻值为 R_1,则

$$I_1=\frac{U_{bb}-10}{R_c}=\frac{12-10}{510}=3.92\text{mA},\quad R_1=\frac{U_W-0.7}{I_1}=\frac{6-0.7}{3.92}=1.4k\Omega$$

同样,照度为 450lx 时流过光敏电阻的电流 I_2 与电阻 R_2 为

$$I_2=\frac{U_{bb}-8}{R_c}=7.8\text{mA},\quad R_2=680\Omega$$

由于光敏电阻在 $500\sim100\text{lx}$ 的 γ 值不变,因此该光敏电阻的 γ 值应为

$$\gamma=\frac{\lg R_1-\lg R_2}{\lg E_2-\lg E_1}=0.66$$

当输出电压为 9V 时,设流过光敏电阻的电流为 I_3,阻值为 R_3,则

$$\gamma=\frac{\lg R_2-\lg R_3}{\lg E_3-\lg E_2}=0.66,\quad \lg E_3=\lg E_2+\frac{\lg R_2-\lg R_3}{0.66}=2.292,\quad E_3=196\text{lx}$$

由 γ 值的计算公式可以找到 500lx 时的阻值 $R_4=631\Omega$ 及三极管的输出电流 $I_4=8.4\text{mA}$

$$U_o=U_{bb}-I_4R_c=7.7\text{V}$$

即在 500lx 的照度下恒压偏置电路的输出电压为 7.7V。

4.6 光敏电阻的应用实例

与其他光敏器件不同,光敏电阻为无极性的器件,可直接在交流电路中作为光电传感器完成各种光电控制。但是,实际应用中,光敏电阻主要还是在直流电路中用作光电探测与控制。

1. 照明灯的光电控制电路

照明灯包括路灯、廊灯与院灯等公共场所的照明灯,它的开关自动控制。照明灯实现光电自动控制后,根据自然光的情况决定是否开灯,以便节约用电。图 4.15 所示为一种最简单的用光敏电阻作为光敏器件的照明灯自动控制电路。该电路由三部分构成:第一部分为由整流二极管 VD 和滤波电容 C 构成的半波整流滤波电路,它为光电控制电路提供直流电源;第二部分为由限流电阻 R、CdS 光敏电阻及继电器绕组构成的测光与控制电路;第三部分为由继电器的常闭触头构成的执行电路,它控制照明灯的开关。

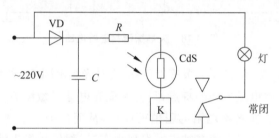

图 4.15　照明灯自动控制电路

当自然光较暗需要点灯时,CdS 光敏电阻的阻值很高,继电器 K 的绕组电流变得很小,不能维持工作而关闭,常闭触头使照明灯点亮;当自然光增强到一定的照度 E_V 时,光敏电阻的阻值减小到一定的值,流过继电器的电流使继电器 K 动作,常闭触头断开将照明灯熄灭。设使照明灯点亮的光照度为 E_V,继电器绕组的直流电阻为 R_k,使继电器吸合的最小电流为 I_{min},光敏电阻的灵敏度为 S_R,暗电阻 R_D 很大,则

$$E_V = \frac{\frac{U}{I_{min}} - (R + R_k)}{S_R}$$

显然,这种最简单的光电控制电路有很多缺点,需要改进。在实际应用中常常要附加其他电路,如楼道照明灯常配加声控开关,或者微波等接近开关,使照明灯在有人活动时才被点亮;而路灯光电控制则需要增强防止闪电光辐射或人为光源(如手电灯光等)对控制电路的干扰措施。

2. 火焰探测报警器

图 4.16 所示为采用光敏电阻为探测元件的火焰探测报警器电路图。PbS 光敏电阻的暗电阻的阻值为 1MΩ,亮电阻的阻值为 0.2MΩ(在辐照度 $1mW/cm^2$ 下测试),峰值响

应波长为 $2.2\mu m$,恰为火焰的峰值辐射光谱。

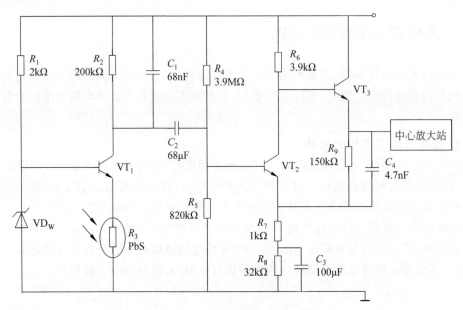

图 4.16　火焰探测报警器电路

由 VT_1、电阻 R_1、R_2 和稳压二极管 VD_W 构成对光敏电阻 R_3 的恒压偏置电路。恒压偏置电路具有更换光敏电阻方便的特点,只要保证光电导灵敏度 S_g 不变,输出电路的电压灵敏度就不会因为更换光敏电阻的阻值而改变,从而使前置放大器的输出信号稳定。当被探测器物体的温度高于燃点或被点燃发生火灾时,物体将发出波长接近 $2.2\mu m$ 的辐射(或"跳变"的火灾信号),该辐射光将被 PbS 光敏电阻 R_3 接收,使前置放大器的输出跟随火焰"跳变"的信号,并经电容 C_2 耦合,发送给由 VT_2、VT_3 组成的高输入阻抗放大器放大。火焰的"跳变"信号被放大后发送给中心站放大器,并由中心站放大器发出火灾警报信号或执行灭火动作(如喷淋出水或灭火泡沫)。

思考与习题 4

一、选择题

1. 光电导探测器的特性受工作温度影响(　　)。

　　A. 很小　　　　　　B. 很大　　　　　　C. 不受影响　　　　　D. 不可预知

2. (　　)不是光电导器件的噪声。

　　A. 热噪声　　　　　B. $1/f$ 噪声　　　　C. 产生-复合噪声　　D. 散粒噪声

3. 设某光敏电阻在 $100lx$ 光照下的阻值为 $2k\Omega$,且已知它在 $90\sim120lx$ 范围内的 $\gamma=0.9$,则该光敏电阻在 $110lx$ 光照下的阻值为(　　)。

　　A. 2224.6Ω　　　B. 1999.9Ω　　　C. $1873.8\ \Omega$　　　D. 935.2Ω

4. 假设某只 CdS 光敏电阻的最大功耗是 $30mW$,光电导灵敏度 $S_g=0.5\times10^{-6}S/lx$,

暗电导 $g_0=0$。CdS 光敏电阻上的偏置电压为 20V 时的极限照度为（　　）。

  A. 150lx   B. 22500lx   C. 2500lx   D. 150lx 和 22500lx

  5. 光敏电阻与入射光的关系有（　　）。

    A. 其响应取决于入射光辐射通量，与光照度无关

    B. 其响应取决于光照度，与入射光辐射通量无关

    C. 其响应取决于光照度，与入射光波长无关

    D. 其响应取决于入射光辐射通量，与入射光波长无关

二、填空题

  1. 由于电子的迁移率比空穴大，因此通常用_____型材料制成光电导器件。

  2. 在对数坐标系下，假设光敏电阻在某段照度范围内的光电特性表现为线性，光敏电阻的阻值和光照关系_____。

  3. 设某光敏电阻在 100lx 光照下的阻值为 2000Ω，且已知它在 90～120lx 范围内的光电转换因子为 0.9，则该光敏电阻在 110lx 光照下的阻值为_____。

  4. 光敏电阻常用的偏置电路有_____和_____。

  5. 弱辐射情况下，本征光电导与入射辐射通量成_____比。

  6. 光电导器件的时间响应比较_____，不适合于探测_____脉冲光信号。

  7. 光伏探测器的响应时间由_____、_____、_____决定。

  8. 光敏电阻的光敏面做成蛇形，是为了_____。半导体做成的光敏电阻随着光照的增加，光敏电阻的阻值逐渐_____。

三、简答与计算题

  1. 简述什么是 P 型半导体，什么是 N 型半导体，什么是 PN 结。

  2. 简述光电导效应和光生伏特效应，光电发射效应（分金属与半导体两种情况）。

  3. 简述光敏电阻的光电特性，并说明为什么做成蛇形。

  4. 某光敏电阻的暗电阻为 600kΩ，在 200lx 光照下亮暗电阻比为 1：100，求该电阻的光电导灵敏度。

  5. 已知 CdS 光敏电阻的最大功耗为 40mW，光电导灵敏度 $S_g=0.5\times10^{-6}$ S/lx，暗电导 $g_0=0$，若给其加偏置电压 20V，此时入射到光敏电阻上的极限照度为多少？

  6. 已知某光敏电阻在 500lx 光照下的阻值为 550Ω，而在 700lx 光照下的阻值为 450Ω，试求该光敏电阻在 550lx 和 600lx 光照下的阻值。

  7. 在如题 7 图所示的电路中，已知 $R_b=820$Ω，$R_e=3.3$kΩ，$U_W=4$V，$U_{bb}=12$V；光敏电阻为 R_p，当光照度为 40lx 时输出电压为 6V，80lx 时为 9V（设该光敏电阻在 30～100lx 的 γ 值不变），试求：

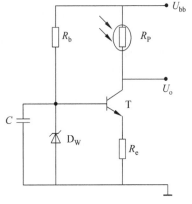

题 7 图　恒流偏置电路

(1) 该电路为哪种偏置电路?

(2) 输出电压为 8V 时的照度为多少?

(3) 若 R_e 增加到 6kΩ,输出电压仍为 8V,求此时的照度。

(4) 若光敏面上的照度为 70lx,求 R_e＝6kΩ 时的输出电压。

(5) 求该电路在输出电压为 8V 时的电压灵敏度。

第 5 章

光生伏特器件

    利用光生伏特效应制造的光电敏感器件称为光生伏特器件。光生伏特效应与光电导效应同属于内光电效应,然而两者的导电机理相差很大,光电导器件是多数载流子导电的光电效应,而光生伏特效应是少数载流子导电的光电效应,使得光生伏特器件在许多性能上与光电导器件有很大的差别。光电导器件对微弱辐射的探测能力和光谱响应范围是光生伏特器件望尘莫及的。而光生伏特器件的暗电流小、噪声低、响应速度快、光电特性的线性,以及受温度的影响小等特点又是光电导器件无法比拟的。

5.1 光生伏特效应

1. 光生伏特效应的产生

    当 P 型半导体和 N 型半导体直接接触时,P 区中的多数载流子——空穴向空穴密度低的 N 区扩散,同时 N 区中的多数载流子——电子向 P 区扩散。这一扩散在 P 区界面附近积累了负电荷,在 N 区界面附近积累了正电荷。正负电荷在两界面间形成内建电场,该电场的逐步形成和增加的同时,又促进了少数载流子的漂移运动。这一伴生的对立运动在一定温度条件和一定时间后达到动态平衡,形成稳定的内建电场,称为 PN 结,它能阻止载流子的通过,又称为阻挡层。从能带角度分析,半导体 PN 结的能带结构如图 5.1(a)所示。当 P 型与 N 型半导体形成 PN 结时,P 区和 N 区的多数载流子要进行相对的扩散运动,以便平衡它们的费米能级差,扩散运动平衡时,它们具有如图 5.1(a)所示的同一费米能级 E_F,并在结区形成由正负离子组成的空间电荷区或耗尽区。空间电荷形成如图 5.1(b)所示的内建电场,方向由 N 指向 P。

    光生伏特效应是基于半导体 PN 结基础上的一种将光能转换成电能的效应。当入射辐射作用在半导体 PN 结上时,只要入射光子的能量大于半导体的禁带宽度,就能产生本征吸收,激发电子空穴对。P 区的光生空穴和 N 区的光生电子在 PN 结阻挡作用下不能通过结区。结区产生的电子空穴对在 PN 结内建电场的作用下分开,电子驱向 N 区,空穴驱向 P 区,结果 P 区带正电,N 区带负电,形成伏特电压,如图 5.1(b)所示。

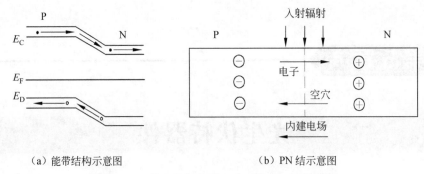

（a）能带结构示意图　　　　　　　　（b）PN 结示意图

图 5.1　半导体的能带结构示意图和 PN 结示意图

2. 光生伏特效应器件的伏安特性

光生伏特效应器件的等效电路图如图 5.2 所示，它与晶体二极管的作用类似，只是在光照下产生恒定的电动势，并在外电路中产生电流。因此，等效电路由一电流源 I_Φ 与二极管构成。U 是外电路对器件形成的电压，I 是外电路对器件形成的电流，箭头方向为正。

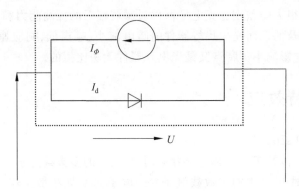

图 5.2　光生伏特效应器件的等效电路图

当设定图 5.2 所示箭头的方向为正方向时，将 PN 结两端接入适当的负载电阻 R_L，若入射辐射通量为 $\Phi_{e\lambda}$ 的辐射作用于 PN 结上，则有电流 I 流过负载电阻，并在负载电阻 R_L 的两端产生压降 U，流过负载电阻的电流应为

$$I = I_D(e^{\frac{qU}{kT}} - 1) - I_\Phi \tag{5-1}$$

式中，第一项为二极管的特性方程，I_D 为暗电流；$I_\Phi = \dfrac{\eta q \lambda}{hc}(1 - e^{-ad})$；$\Phi_{e\lambda}$ 为光生电流。由式(5-1)也可以获得另一个定义：$U = 0$（PN 被短路时）的短路电流 I_{SC} 为

$$I_{SC} = -I_\Phi = \frac{\eta q \lambda}{hc}(1 - e^{-ad})\Phi_{e\lambda} \tag{5-2}$$

同样，当 $I = 0$ 时（PN 结开路），PN 结两端的开路电压为

$$U_{oc} = \frac{kT}{q}\ln\left(\frac{I_\Phi}{I_D} + 1\right) \tag{5-3}$$

这类器件的伏安特性如图 5.3 所示,取 U、I 和坐标轴正方向一致。

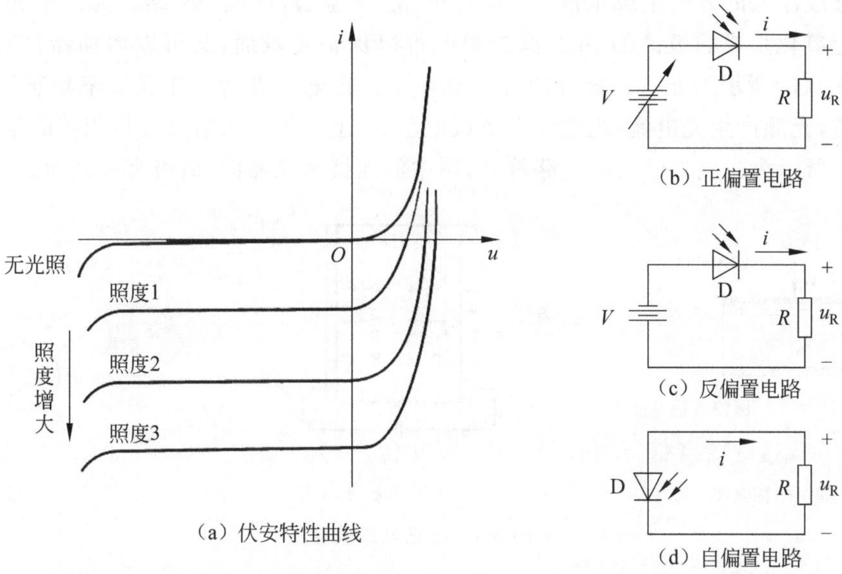

（b）正偏置电路

（c）反偏置电路

（d）自偏置电路

（a）伏安特性曲线

图 5.3 光生伏特效应器件的伏安特性曲线和正偏置、反偏置、自偏置电路

当光生伏特器件无光照时,光生电流源的值 $I_\Phi=0$,于是等效电路只是起到一个二极管的作用,伏安特性曲线和一般的二极管相同,即图 5.3 中最上面一条曲线,该曲线通过坐标原点,当 U 为正值并增加时,电流 I 迅速上升;当 U 为负值并其绝对值增加时,反向电流很快达到饱和值 $I_d=I_D$,且不随电压的变化而变化,直到击穿时电流再发生突变为止。

当有光照时,设入射的光照度 $1=\Phi_{e\lambda}$,对应的电流源产生的光电流为 I_Φ,使外电路电流变为 $I=I_d-I_\Phi$,对应的曲线下移一个距离 I_Φ。 当入射光照度增加时,如照度 $2=2\Phi_{e\lambda}$,照度 $3=3\Phi_{e\lambda}$,对应的伏安特性曲线等距或者按照对应的间距下降,从而形成按照入射光通量变化的曲线簇。通过曲线簇可以发现,曲线与坐标系形成三个象限的交集,第一象限为正向偏置模式,第三象限为反向偏置模式,第四象限为自偏置模式。其中常用的为第三象限和第四象限,第三象限为光电导工作模式,光电二极管、PIN 光电二极管、雪崩型光电二极管(APD)、光电三极管均工作在这个模式。第四象限为光伏工作模式,光电池就工作在这个模式。下面对这些器件进行介绍。

5.1.1 光电二极管

利用光生伏特效应最重要和最具代表性的光电器件就是光电二极管。光电二极管工作在第三象限,外电路的电压和电流均为负值,与图 5.2 所示等效电路中标注的方向相反,且工作在反偏状态下。目前最常用的光电二极管由硅或锗制成,硅材料暗电流小,温度系数小,制作工艺成熟,所以最常用的为硅光电二极管。

1. 光电二极管的基本结构
光电二极管可分为以 P 型硅为衬底的 2DU 型与以 N 型硅为衬底的 2CU 型两种结

构形式。图 5.4(a)所示为 2DU 型光电二极管的结构原理图。在高阻轻掺杂 P 型硅片上通过扩散或注入的方式生成很浅(约为 $1\mu m$)的 N 型层,形成 PN 结。为保护光敏面,在 N 型硅上氧化生成的极薄的 SiO_2 保护膜既可以保护光敏面,又可以增加器件对光的吸收。图 5.4(b)所示为光电二极管的工作原理图。光电二极管工作在反偏状态下,PN 结反向偏置,光照产生光电流,光电流在负载电阻 R_L 上产生与入射光度量相关的信号输出。图 5.4(c)所示为光电二极管的电路符号,图中的前极为光照面,后极为背光面。

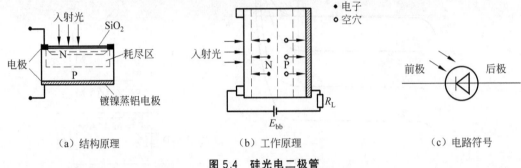

(a) 结构原理　　　　　　　(b) 工作原理　　　　　　　(c) 电路符号

图 5.4　硅光电二极管

2. 光电二极管的主要特性

1) 光特性

描述光电流 I 随入射光照照度或光通量的变化关系曲线,即 $I = f(\Phi)$ 或 $I = f(E)$。硅光电二极管的光特性曲线为直线,线性度好,适用于光度量测量,目前这种器件使用极广。

2) 光电二极管的灵敏度

当光辐射作用到如图 5.4(b)所示的光电二极管上时,光生电流为

$$I = -\frac{\eta q \lambda}{hc}(1 - e^{-ad})\Phi_{e\lambda} + I_D(e^{\frac{qU}{KT}} - 1) \tag{5-4}$$

式中,η 为光电材料的光电转换效率,α 为材料对光的吸收系数。

光电二极管的光电流灵敏度定义为入射到光敏面上辐射量的变化引起的电流变化 dI 与辐射量变化 $d\Phi$ 之比。通过对式(5-4)进行微分,可以得到

$$S_i = \frac{dI}{d\Phi} = \frac{\eta q \lambda}{hc}(1 - e^{-ad}) \tag{5-5}$$

显然,当某波长 λ 的辐射作用于光电二极管时,其电流灵敏度为与材料有关的常数,表明光电二极管的光电转换特性的线性关系。必须指出,电流灵敏度与入射辐射波长 λ 的关系很复杂,因此在定义光电二极管的电流灵敏度时,通常将其峰值响应波长的电流灵敏度作为光电二极管的电流灵敏度。在式(5-5)中,表面上看它与波长 λ 成正比,但是,材料的吸收系数 α 还隐含着与入射辐射波长的关系,因此常把光电二极管的电流灵敏度与波长的关系曲线称为光谱响应。

3) 光电二极管的光谱响应

以等功率的不同单色辐射波长的光作用于光电二极管时,其响应程度或电流灵敏度

与波长的关系称为其光谱响应。该特性通常由材料决定。图 5.5 所示为几种典型材料光电二极管的光谱响应曲线。由光谱响应曲线可以看出,典型硅光电二极管的光谱响应范围为 $0.4\sim1.1\mu m$,峰值响应波长约为 $0.9\mu m$。GaAs 材料的光谱响应范围小于硅材料的光谱响应范围,锗(Ge)的光谱响应范围较宽。通过图 5.5 还可以看出,几条曲线均呈现钟形分布,随着波长的增大,光子能量减小,直到红波限波长不足以激发电子-空穴对为止;反之,随着光波长的减小,光子能量增加,相同能量所含的光子数相对减少。此外,短波光子透入性差,只在表面激发载流子,这些载流子到达 PN 结的概率减小,所以光谱曲线在短波处下降。如果采用浅的 PN 结合表面处理,则可提高短波的光谱响应。其他器件光谱响应钟形分布与此类似。

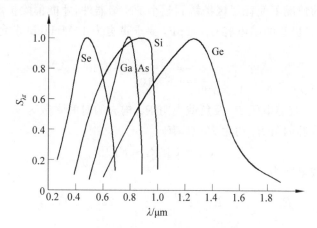

图 5.5 典型材料光电二极管的光谱响应曲线

4)时间响应

以频率 f 调制的辐射作用于 PN 结硅光电二极管光敏面时,PN 结硅光电二极管的电流产生要经过下面 3 个过程:

(1)在 PN 结区内产生的光生载流子渡越结区的时间 τ_{dr} 称为漂移时间。

(2)在 PN 结区外产生的光生载流子扩散到 PN 结区内需要的时间 τ_p 称为扩散时间。

(3)由 PN 结电容 C_j、管芯电阻 R_i 及负载电阻 R_L 构成的 RC 延迟时间记为 τ_{RC}。

设载流子在结区内的漂移速度为 v_d,PN 结区的宽度为 W,载流子在结区内的最长漂移时间为

$$\tau_{dr} = W/v_d \qquad (5\text{-}6)$$

一般的 PN 结硅光电二极管,内电场强度都在 $10^5\,V/cm$ 以上,载流子的平均漂移速度要高于 $10^7\,cm/s$,PN 结区的宽度常在 $100\mu m$ 左右,由式(5-6)可知漂移时间 $\tau_{dr} = 10^{-9}\,s$,为 ns 数量级。

对于 PN 结硅光电二极管,入射辐射在 PN 结势垒区以外激发的光生载流子必须经过扩散运动到势垒区内才能受内建电场作用,并分别拉向 P 区与 N 区。载流子的扩散运动往往很慢,因此,扩散时间 τ_p 很长,约为 100ns,它是限制 PN 结硅光电二极管时间响应的主要因素。

另一个因素是 PN 结电容 C_j、管芯电阻 R_i 及负载电阻 R_L 构成的时间常数,有

$$\tau_{RC} = C_j(R_i + R_L) \tag{5-7}$$

普通 PN 结硅光电二极管的管芯内阻 R_i 约为 250Ω,PN 结电容 C_j 常为几个 pF,在负载电阻 R_L 低于 500Ω 时,时间常数也在 ns 数量级。但是,当负载电阻 R_L 很大时,时间常数将成为影响硅光电二极管时间响应的一个重要因素,应用时必须注意。

由以上分析可见,影响 PN 结硅光电二极管时间响应的主要因素是 PN 结区外载流子的扩散时间 τ_p,如何扩展 PN 结区是提高硅光电二极管时间响应的重要措施。增高反向偏置电压会提高内建电场的强度,扩展 PN 结的耗尽区。但是,反向偏置电压的提高也会加大结电容,使 RC 时间常数 τ_{RC} 增大。因此,必须从 PN 结的结构设计方面考虑如何在不使偏压增大的情况下使耗尽区扩散到整个 PN 结器件,才能消除扩散时间。

例 1:某光电二极管的结电容 $C_j = 5\text{pF}$,要求带宽为 10MHz,试求允许大负载电阻为多少?

解:由 $\tau_{RC} = \dfrac{1}{2\pi f} = \dfrac{1}{2\pi \times 10 \times 10^6} = 1.6 \times 10^{-8}\text{s}$

PN 结电容 C_j、管芯电阻 R_i 及负载电阻 R_L 构成的时间常数为 τ_{RC}。其中,普通 PN 结光电二极管的管芯内阻 R_i 约为 250Ω,有

$$\tau_{RC} = C_j(R_i + R_L)$$

则允许的最大负载电阻为

$$R_L = \frac{\tau_{RC}}{C_j} - R_i = \frac{1.6 \times 10^{-8}}{5 \times 10^{-12}} - 250 = 2950(\Omega)$$

5)温度特性

光电二极管的光电流随温度的变化会产生较大变化,在精密的光电测量系统中需要消除这一影响。一是通过电路或者计算机系统对该特性进行温度修正;二是使探测器在恒温的状态下工作,这种方法效果好,但是会增加装置的复杂性。

6)噪声

与光敏电阻一样,光电二极管的噪声包含低频噪声 I_{nf}、散粒噪声 I_{ns} 和热噪声 I_{nT} 三种。其中,散粒噪声是光电二极管的主要噪声。散粒噪声是由于电流在半导体内的散粒效应引起的,它与电流的关系为

$$I_{ns}^2 = 2qI\Delta f \tag{5-8}$$

光电二极管的电流应包括暗电流 I_D、信号电流 I_S 和背景辐射引起的背景光电流 I_b,因此散粒噪声应为

$$I_{ns}^2 = 2q(I_D + I_S + I_b)\Delta f \tag{5-9}$$

根据电流方程,并考虑反向偏置情况,将光电二极管电流与入射辐射的关系,即式(5-4)代入式(5-9)得

$$I_{ns}^2 = \frac{2q^2 \eta\lambda(\Phi_S + \Phi_b)}{hc}\Delta f + 2qI_D\Delta f \tag{5-10}$$

5.1.2　PIN 型光电二极管

考虑到二极管的频率响应特性,为减小载流子的扩散时间和结电容,人们设计出一种

在 P 区和 N 区之间相隔一本征层(I 区)的 PIN 型光电二极管。其构成如图 5.6(a)所示。PIN 结构的光电二极管与 PN 结型的光电二极管在外形上没有什么区别,如图 5.6(b)所示。

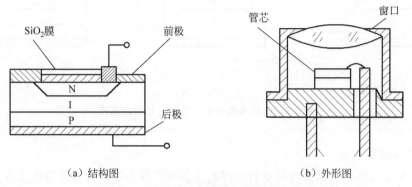

（a）结构图　　　　　　　　　　　　　（b）外形图

图 5.6　PIN 型光电二极管的结构图和外形图

PIN 型光敏二极管在反向电压作用下,耗尽区扩展到整个半导体,光生载流子在内建电场的作用下只产生漂移电流,因此,PIN 型光敏二极管在反向电压作用下的时间响应只取决于 τ_{dr} 与 τ_{RC},提高了时间响应。性能良好的 PIN 光电二极管,扩散和漂移时间一般在 10^{-10} s 量级,相当于千兆赫的频率响应。它在光通信、光雷达以及其他快速光电自动控制领域得到非常广泛的应用。

无光照时,PIN 作为一种 PN 结器件,在反向偏压下也有反向电流流过,这一电流称为 PIN 光电二极管的暗电流。它主要由 PN 结内热效应产生的电子-空穴对形成。当反向偏压增大时,暗电流增大。当反向偏压增大到一定值时,暗电流激增,产生了反向击穿(非破坏性的雪崩击穿,如果此时不能尽快散热,就会变为破坏性的齐纳击穿)。发生反向击穿的电压值称为反向击穿电压。Si-PIN 的典型击穿电压值为 100V 左右。PIN 工作时的反向偏置都远离击穿电压,一般为 10～30V。

5.1.3　雪崩型光电二极管

PIN 型光电二极管提高了 PN 结光电二极管的时间响应,但未能提高器件的光电灵敏度,为了提高光电二极管的灵敏度,人们设计了雪崩光电二极管,使光电二极管的光电灵敏度提高到需要的程度。

1. 结构

图 5.7 所示为三种雪崩光电二极管的结构示意图。图 5.7(a)所示为在 P 型硅基片上扩散杂质浓度大的 N^+ 层,制成 P 型 N 结构;图 5.7(b)所示为在 N 型硅基片上扩散杂质浓度大的 P^+ 层,制成 N 型 P 结构的雪崩光电二极管;由于 PIN 型光电二极管在较高的反向偏置电压的作用下耗尽区扩展到整个 PN 结区,形成自身保护(具有很强的抗击穿功能),如图 5.7(c)所示,因此雪崩光电二极管不必设置保护环。目前,市场上的雪崩光电二极管基本上都是 PIN 型的。

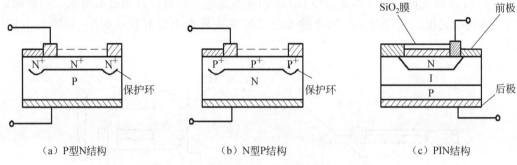

（a）P型N结构　　　　　　（b）N型P结构　　　　　　（c）PIN结构

图 5.7　三种雪崩光电二极管的结构示意图

2. 工作原理

雪崩光电二极管为具有内增益的一种光生伏特器件。它利用光生载流子在强电场内的定向运动,产生雪崩效应获得光电流增益,其原理如图 5.8 所示。

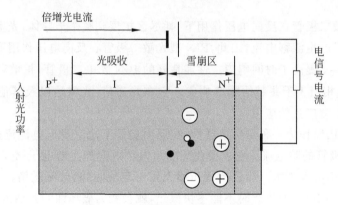

图 5.8　雪崩光电二极管的原理图

在雪崩过程中,光生载流子在强电场的作用下进行高速的定向运动,具有很高动能的光生电子或空穴与晶格原子碰撞,使晶格原子电离产生二次电子-空穴对;二次电子-空穴对在电场作用下获得足够的动能,又使晶格原子电离产生新的电子空穴对,此过程像"雪崩"一样继续下去。电离产生的载流子数远大于光激发产生的光生载流子,这时雪崩光电二极管的输出电流迅速增加。其电流倍增系数 M 定义为

$$M = I/I_0 \tag{5-11}$$

式中,I 为倍增输出的电流,I_0 为倍增前输出的电流。

适当调节雪崩光电二极管的工作偏压,可得到较大的倍数系数。目前,雪崩光电二极管的偏压分为低压和高压两种,低压在几十伏左右,高压达几百伏。雪崩光电二极管的倍增系数可达几百倍,甚至数千倍。

3. 噪声

由于雪崩光电二极管中载流子的碰撞电离是不规则的,碰撞后的运动方向更是随机的,所以它的噪声比一般光电二极管要大。在无倍增的情况下,其噪声电流主要为如

式(5-12)所示的散粒噪声。当雪崩倍增 M 倍后,雪崩光电二极管的噪声电流的均方根值可近似由式(5-12)计算。

$$I_n^2 = 2qIM^n \Delta f \tag{5-12}$$

式中,指数 n 与雪崩光电二极管的材料有关。对于锗管,$n=3$;对于硅管,$2.3 < n < 2.5$。

显然,由于信号电流按 M 倍增大,而噪声电流按 $M^{n/2}$ 倍增大。因此,随着 M 的增大,噪声电流比信号电流增大得更快。

雪崩光电二极管的最佳工作点位于雪崩击穿点附近,有时为了压低暗电流,会往小移动一些,虽然灵敏度有所降低,但是暗电流和噪声特性有所改善。雪崩击穿点附近电流随电压的变化比较明显,当反向偏压有较小变化时,光电流将有较大的变化。另外,在雪崩过程中 PN 结上的反向偏压容易产生波动,将影响增益的稳定性。因此,在确定工作点后,对偏压稳定性要求很高。

5.1.4 光电三极管

在光电二极管的基础上,为了获得内增益,可以利用三极管的电流放大原理,这就是光电三极管。

光电三极管与普通半导体三极管一样有两种基本结构,即 NPN 结构与 PNP 结构。用 N 型硅材料为衬底制作的光电三极管为 NPN 结构,称为 3DU 型;用 P 型硅材料为衬底制作的光电三极管称为 PNP 结构,也称为 3CU 型。图 5.9(a)所示为 3DU 型 NPN 光电三极管的工作原理结构,图 5.9(b)所示为光电三极管的电路符号,可以看出,它们虽然只有两个电极(集电极和发射极),常不把基极引出来,但仍然称为光电三极管,因为它们具有半导体三极管的两个 PN 结的结构和电流的放大功能。

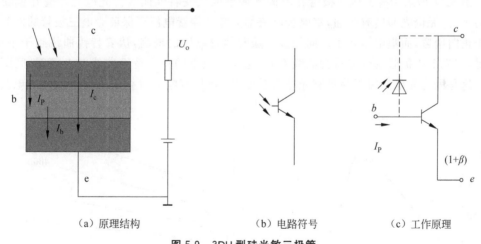

| (a) 原理结构 | (b) 电路符号 | (c) 工作原理 |

图 5.9 3DU 型硅光敏三极管

1. 工作原理

光电三极管的工作原理分为两个过程:一是将光信号转换成电信号,起到一个光电二极管的作用;二是起到一个三极管的作用,将光电流放大。下面以 NPN 型硅光电三极管为例,讨论其基本工作原理。光电转换过程与一般光电二极管相同,在集-基 PN 结区内进行。光激发产生的电子-空穴对在反向偏置的 PN 结内电场的作用下,电子流向集电区被集电极收集,而空穴流向基区与正向偏置的发射结发射的电子流复合,形成基极电流 I_P,基极电流将被集电结放大 β 倍,放大原理与一般半导体三极管相同。不同的是,一般三极管是由基极向发射结注入空穴载流子,控制发射极的扩散电流,而光电三极管是由注入发射结的光生电流控制的。集电极输出的电流为

$$I_c = \beta I_P = \beta \frac{\eta q}{h\nu}(1 - e^{-\alpha d})\Phi_{e\lambda} \qquad (5\text{-}13)$$

可以看出,光电三极管的电流灵敏度是光电二极管的 β 倍,相当于将光电二极管与三极管接成如图 5.9(c)所示的电路形式,光电二极管的电流 I_P 被三极管放大 β 倍。在实际的生产工艺中也常采用这种形式,以便获得更好的线性和更大的线性范围。光电三极管除了比光电二极管灵敏度高外,其他如暗电流、温度特性均比光电二极管性能差,所以主要用于脉冲控制电路中。为了提高光电三极管频率响应、增益,减少体积,常将光电二极管、光电三极管或三极管制作在同一个硅片上构成集成光电器件。

2. 光电三极管的特性

1)光谱响应

硅光电二极管与硅光电三极管具有相同的光谱响应,均有一个最佳灵敏度响应峰值波长。图 5.10 所示为典型的硅光电三极管 3DU3 的光谱响应特性曲线,它的响应范围为 $0.4 \sim 1.0\mu m$,峰值波长为 $0.85\mu m$。在可见光或探测炽热状态物体时,一般选用硅管;但对红外线探测时,采用锗管较合适。

2)伏安特性

图 5.11 所示为硅光电三极管在不同光照下的伏安特性曲线。光电三极管在偏置电压为零时,无论光照度有多强,集电极电流都为零。偏置电压要保证光电三极管的发射结处于正向偏置,而集电结处于反向偏置。随着偏置电压的增高,伏安特性曲线趋于平坦。但是,与光电二极管的伏安特性曲线不同,光电三极管的伏安特性曲线向上倾斜,间距增大。这是因为光电三极管除具有光电灵敏度外,还具有电流增益 β,并且 β 值随光电流的

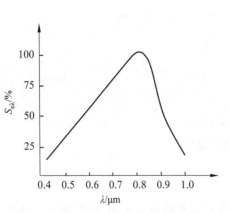

图 5.10 光电三极管的光谱特性曲线

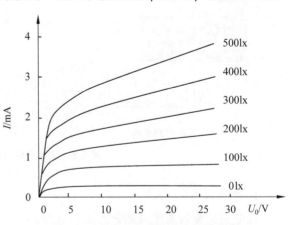

图 5.11 光电三极管的伏安特性曲线

增大而增大。

特性曲线的弯曲部分为饱和区,在饱和区光电三极管的偏置电压提供给集电结的反偏电压太低,集电极的收集能力低,造成三极管饱和。因此,应使光电三极管工作在偏置电压大于 5V 的线性区域。

3) 光照特性

图 5.12 给出了光敏三极管的输出电流 I 和照度 E 的关系。它们之间呈现了近似线性关系。当光照足够大(几千 lx)时,会出现饱和现象,从而使光电三极管既可作线性转换元件,也可作开关元件。

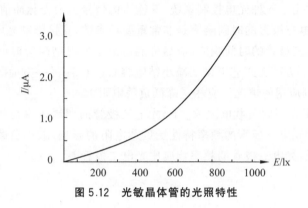

图 5.12 光敏晶体管的光照特性

4) 时间响应(频率特性)

光电三极管的时间响应常与 PN 结的结构及偏置电路等参数有关。为分析光电三极管的时间响应,首先画出光电三极管输出电路的微变等效电路。图 5.13(a)所示为光电三极管的输出电路,图 5.13(b)所示为其微变等效电路。分析等效电路图不难看出,由电流源 I_P、基-射结电阻 R_{be}、电容 C_{be} 和基-集结电容 C_{bc} 构成的等效电路为光电三极管的等效电路,表明光电三极管的等效电路是在光电二极管的等效电路基础上增加了电流源 I_c 和基射结电阻 R_{ce}、电容 C_{ce}、输出负载电阻 R_L。

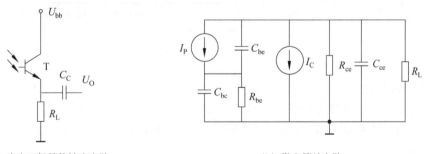

(a) 光电三极管的输出电路　　　　　　　　(b) 微变等效电路

图 5.13 光电三极管电路

选择适当的负载电阻,使其满足 $R_L < R_{ce}$,这时可以导出光电三极管电路的输出电压为

$$U_o = \frac{\beta R_L I_P}{(1 + \omega^2 r_{be}^2 C_{be}^2)^{1/2} (1 + \omega^2 R_L^2 C_{be}^2)^{1/2}} \tag{5-14}$$

可见,光电三极管的时间响应由以下四部分组成:

(1) 光生载流子对发射结电容 C_{be} 和集电结电容 C_{bc} 的充放电时间。

(2) 光生载流子渡越基区需要的时间。

(3) 光生载流子被收集到集电极的时间。

(4) 输出电路的等效负载电阻 R_{ce} 与等效电容 C_{ce} 构成的 RC 时间。

总时间常数为上述四项的和,因此它比光电二极管的响应时间要长得多。

光电三极管常用于各种光电控制系统,其输入的信号多为光脉冲信号,属于大信号或开关信号,因而光电三极管的时间响应是非常重要的参数,直接影响光电三极管的质量。

为了提高光电三极管的时间响应,应尽可能地减小发射结阻容时间常数 $R_{be}C_{be}$ 和时间常数 R_LC_{ce},即一方面在工艺上设法减小结电容 C_{be}、C_{ce};另一方面要合理选择负载电阻 R_L,尤其在高频应用的情况下应尽量降低负载电阻 R_L。

图 5.14 绘出了在不同负载电阻 R_L 下,光电三极管的调制频率与相对灵敏度的关系曲线。从曲线可知光电三极管的频率特性受负载电阻的影响,减小负载电阻可以提高频率响应。一般来说,光电三极管的频率响应比光电二极管差。

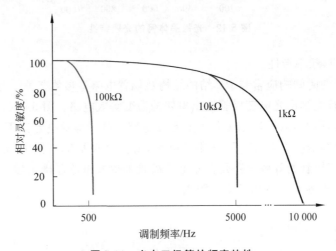

图 5.14　光电三极管的频率特性

5) 温度特性

光电二极管和光电三极管的暗电流 I_d 和光电流 I_L 均随温度而变化。由于光电三极管具有电流放大功能,所以光电三极管的暗电流 I_d 和亮电流 I_L 受温度的影响比光电二极管大得多。

图 5.15(a)所示为光电二极管与光电三极管暗电流 I_d 与温度的关系曲线,随着温度的升高,暗电流增长很快;图 5.15(b)所示为光电二极管与光电三极管亮电流 I_L 与温度的关系曲线,光电三极管亮电流 I_L 随温度的变化要比光电二极管快。暗电流的增加使输出的信噪比变差,不利于弱光信号的检测。在进行弱光信号的检测时,应考虑温度对光电器件输出的影响,必要时采取恒温或温度补偿措施。

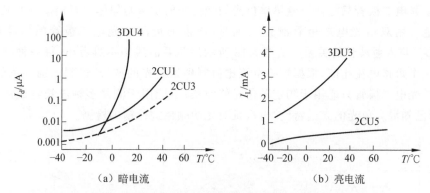

图 5.15　光电二极管和光电三极管的暗电流和亮电流的温度特性曲线

5.1.5　色敏光生伏特器件

色敏光生伏特器件是根据人眼视觉的三原色原理,利用不同结深 PN 结光电二极管对不同波长光谱灵敏度的差别,实现对彩色光源或物体进行颜色测量。色敏光生伏特器件具有结构简单、体积小、重量轻、变换电路易掌握、成本低等特点,广泛应用于颜色测量与颜色识别领域,是一种非常有发展前途的新型半导体光电器件。

1. 双色硅色敏器件的工作原理

双色硅色敏器件的结构和等效电路如图 5.16 所示。它由在同一硅片上制作两个深浅不同 PN 结的光电二极管 VLS_1 和 VLS_2 组成。根据半导体对光的吸收理论,PN 结深,对长波光谱辐射的吸收增加,长波光谱的响应增加,而 PN 结浅对短波长的响应较好。因此,具有浅 PN 结的 VLS_1 的光谱响应峰值在蓝光范围,深结 VLS_2 的光谱响应峰值在红光范围。这种双结光电二极管的光谱响应如图 5.17 所示,具有双峰效应,即 VLS_1 为蓝敏,VLS_2 为红敏。

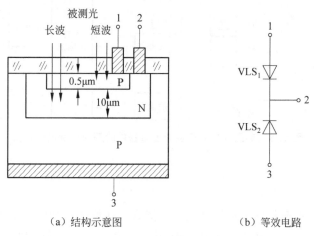

（a）结构示意图　　　　　　　　　（b）等效电路

图 5.16　双色硅色敏器件

双结光电二极管只能通过测量单色光的光谱辐射功率与黑体辐射相接近的光源色温确定颜色。用双结光电二极管测量颜色时,通常测量两个光电二极管的短路电流比(I_{SC2}/I_{SC1})与入射波长的关系。从图 5.18 所示的关系曲线中不难看出,每一种波长的光都对应一个短路电流比值,根据短路电流比值判别入射光的波长,达到识别颜色的目的。上述双结光电二极管只能用于测定单色光的波长,不能用于测量多种波长组成的混合色光,即便已知混合色光的光谱特性,也很难对光的颜色进行精确检测。

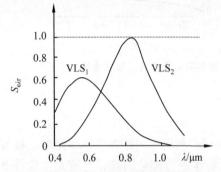

图 5.17　双结光电二极管的光谱响应

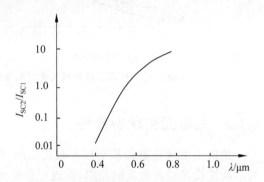

图 5.18　短路电流比与入射波长的关系

2. 三色硅色敏器件的工作原理

图 5.19 所示为一种典型硅集成三色硅色敏器件的颜色识别电路框图。从标准光源光发出的光经被测物反射,投射到色敏传感器后,R、G、B 三个敏感元件输出不同的光电流。经运算放大器放大、A/D 转换后,将变换后的数字信号输入微处理器中。微处理器进行颜色识别与判别,并在软件的支持下,在显示器上显示被测物的颜色。

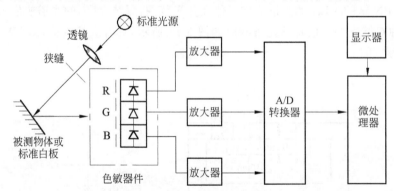

图 5.19　典型硅集成三色硅色敏器件的颜色识别电路框图

5.1.6　光电池

光电池是一种不需加偏置电压就能把光能直接转换成电能的 PN 结光电器件。按照材料分,有硅、硒、硫化镉、砷化镓光电池等;按照结构分,有同质结和异质结光电池等;按光电池的功用分,可分为太阳能光电池和测量光电池。光电池中最典型的是同质结太阳能硅光电池。太阳能硅光电池主要用作向负载提供电源,对它的要求主要是光电转换效率高、价格便宜。由于它具有结构简单、体积小、重量轻、稳定性好、寿命长、可在空间直接将太阳能转换成电能等特点,因此成为航天工业中的重要电源,而且还被广泛应用于供电困难的场所和一些日用便携电器中。

测量硅光电池的主要功能是光电探测,即在不加偏置的情况下将光信号转换成电信号,此时对它的要求是线性度好、灵敏度高、光谱响应合适、稳定性高、寿命长等。它常应用于近红外辐射范围的探测器。

1. 硅光电池的基本结构和工作原理

光电池本质就是大面积的 PN 结,硅光电池按衬底材料的不同可分为 2DR 型和 2CR 型。图 5.20(a)所示为 2DR 型硅光电池,它以 P 型硅为衬底,然后在衬底上扩散磷而形成 N 型层并将其作为受光面。2CR 型硅光电池则以 N 型硅作为衬底,然后在衬底上扩散硼而形成 P 型层并将其作为受光面,构成 PN 结,再经过各种工艺处理,分别在衬底和光敏面上制作输出电极,涂上二氧化硅作为保护膜,即形成硅光电池。

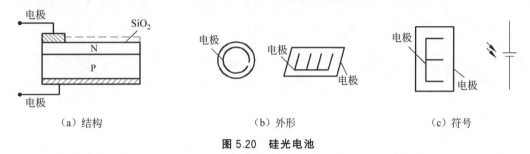

（a）结构　　　　　　　　　　（b）外形　　　　　　　　　　（c）符号

图 5.20　硅光电池

硅光电池受光面的输出电极多做成如图 5.20(b)所示的梳齿状或“E”字形电极,目的是减小硅光电池的内阻。另外,在光敏面上涂一层极薄的二氧化硅透明膜既可以起到防潮、防尘等保护作用,又可以减小硅光电池的表面对入射光的反射,增强对入射光的吸收。光电池符号如图 5.20(c)所示。

2. 硅光电池的工作原理

1）开路电压与短路电流

硅光电池的工作原理如图 5.21 所示,当光作用于 PN 结时,耗尽区内的光生电子与空穴在内建电场力的作用下分别向 N 区和 P 区运动,在闭合的电路中将产生如图 5.21 所示的输出电流 I_L,且负载电阻 R_L 上产生电压 U。

开路电压与短路电流是光电池非常重要的两个参数,它们分别对应 $R_L = 0$ 以及 $R_L = \infty$。图 5.22 所示为光电池的等效电路图,其中 I_L 为光电流,I_d 为二极管电流,I_{sh} 为 PN 结漏电流,R_{sh} 为等效漏电阻,C_j 为结电容,R_s 为引出电极-管芯接触电阻,R_L 为负载电阻。光电池工作时共有三股电流:光生电流 I_P;在光生电压 U_L 作用下的 PN 结正向电流 I_d;流经外电路的电流 I_L。I_P 和 I_d 都流经 PN 结内部,但方向相反。

根据 PN 结电流方程,在正向偏压 U_L 作用下通过结的正向电流为

$$I_d = I_D(e^{\frac{qU_L}{kT}} - 1) \tag{5-15}$$

其中,I_D 为反向饱和电流。

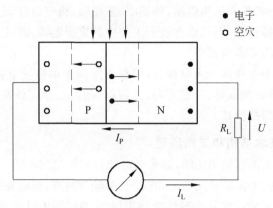

图 5.21　硅光电池的工作原理示意图

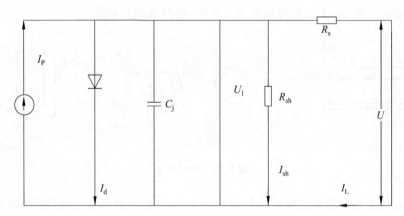

图 5.22　光电池的等效电路图

假设用一定强度的光照射光电池,因存在吸收而产生光生电流,光生电流 I_P 从 N 区流向 P 区,与 I_d 方向相反。如果光电池与负载电阻结成通路,流过负载的电流为

$$I_L = I_P - I_D(e^{\frac{qU_L}{kT}} - 1) \tag{5-16}$$

这就是负载电阻上电流和电压的关系,也就是光电流的伏安特性。由式(5-16)可得

$$U_L = \frac{kT}{q}\ln\left(\frac{I_P - I_L}{I_D} + 1\right) \tag{5-17}$$

在 PN 结开路的情况下($R_L = \infty$),两端的电压即开路电压 U_{oc}。这时流经负载电阻 R_L 的电流 I_L 为零,即 $I_P = I_d$。将 $I_L = 0$ 代入式(5-17)得

$$U_{oc} = \frac{kT}{q}\ln\left(\frac{I_P}{I_D} + 1\right) \tag{5-18}$$

如果将 PN 结短路($U_L = 0$),则 $I_d = 0$,这时得到的电流即短路电流 I_{SC}。显然,短路电流等于光生电流

$$I_{SC} = I_P \tag{5-19}$$

考虑到 R_s 和 R_{sh} 的影响,

$$I_{SC} = I_P - I_D(e^{\frac{qU_1}{kT}} - 1) + \frac{U_1}{R_{sh}} \tag{5-20}$$

$$U_{oc} = \frac{kT}{q}\ln\left(\frac{I_P - I_{sh}}{I_D} + 1\right) \tag{5-21}$$

可见,当光生电流 I_P 接近漏电流 $I_{sh}(I_P \approx U_{oc}/R_{sh})$ 时,开路电压将严重受到影响而大幅下降。因此,在需要利用开路电压的情况下,应尽量选用 I_{sh} 小的器件。U_{oc} 和 I_{SC} 随光照强度的变化如图 5.23 所示,随着光照强度的增加,I_{SC} 呈线性上升,U_{oc} 呈现对数式增大,但是 U_{oc} 不是随光照强度无限地增大,当 U_{oc} 增大到 PN 结势垒消失时,即得到最大光生电压 U_{max},U_{max} 等于 PN 结的势垒高度,与材料掺杂程度有关。实际情况下,U_{max} 与禁带宽度 E_g 相当。一般而言,单片硅光电池的开路电压为 $0.45\sim0.6V$,短路电流密度为 $150\sim300A/m^2$。

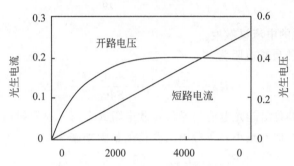

图 5.23　开路电压和短路电流随光照强度的变化

2) 硅光电池的输出特性

由图 5.21 可知,PN 结获得的偏置电压为

$$U = I_L R_L \tag{5-22}$$

当以 I_L 为电流和电压的正方向时,可以得到如图 5.24 所示的伏安特性曲线。从曲

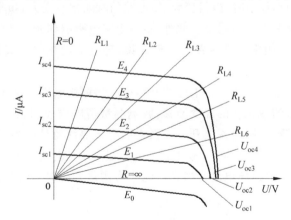

图 5.24　硅光电池的伏安特性曲线

线可以看出,负载电阻 R_L 获得的功率为

$$P_L = I_L U = I_L^2 R_L \tag{5-23}$$

因此,功率 P_L 与负载电阻的阻值有关,当 $R_L=0$(电路为短路)时,$U=0$,输出功率 $P_L=0$;当 $R_L=\infty$ 时,$I_L=0$,输出功率 $P_L=0$;当 $0<R_L<\infty$ 时,输出功率 $P_L>0$。显然,存在最佳负载电阻 R_{opt},在最佳负载电阻情况下负载可以获得最大的输出功率 P_{max}。通过对式(5-23)求关于 R_L 的一阶导数,令 $\frac{dP_L}{dR_L}\big|_{R_{opt}=R_L}=0$,求得最佳负载电阻 R_{opt} 的阻值。

在实际工程计算中,常通过分析图 5.24 所示的输出特性曲线得到经验公式,即当负载电阻为最佳负载电阻时,输出电压

$$U=U_m=(0.6\sim0.7)U_{oc} \tag{5-24}$$

而此时的输出电流近似等于光电流,即

$$I_m=I_P=\frac{\eta q\lambda}{hc}(1-e^{-\alpha d})\Phi_{e\lambda}=S\Phi_{e\lambda} \tag{5-25}$$

式中,S 为硅光电池的电流灵敏度。

硅光电池的最佳负载电阻为

$$R_{opt}=\frac{U_m}{I_m}=\frac{(0.6\sim0.7)U_{oc}}{S\Phi_{e\lambda}} \tag{5-26}$$

从式(5-26)可以看出硅光电池的最佳负载电阻 R_{opt} 与入射辐射通量 $\Phi_{e\lambda}$ 有关,它随入射辐射通量 $\Phi_{e\lambda}$ 的增加而减小。负载电阻获得的最大功率为

$$P_m=I_mU_m=(0.6\sim0.7)U_{oc}I_P \tag{5-27}$$

3) 硅光电池的频率响应及温度特性

光电池的频率特性是指输出电流和调制光频率之间的关系。频率特性与材料、结构尺寸、使用条件均有关。光电池的频率特性一般来说不是太好,主要是因为光电池光敏面比较大,结电容也比较大,且光电池工作在第四象限,有较小的正偏压存在,所以光电池内阻很低,且随着入射光功率变化而变化。例如,硅光电池在 $100\mathrm{mW/m^2}$ 照射下,内阻为 $15\sim20\Omega/\mathrm{cm^2}$。当功率很小时,内阻变大,使电路的时间常数变大,频率特性变差。例如,硅光电池的截止频率只有几万赫兹。此外,负载电阻也影响到光电池的频率特性,负载增大时响应时间也变大,频率特性变差。一般来说,硅电池的频率响应高于硒电池的频率响应。

光电池的温度特性用于描述光电池的开路电压和短路电流随温度变化的情况。它关系到应用光电池的仪器或设备的温度漂移,影响测量精度或控制精度等。随着温度的不断增加,开路电压下降,短路电流上升。在强光照射下要注意器件本身的温度,一般情况下,硒电池的结温度不应超过 $50℃$,硅光电池的结温度不应超过 $200℃$,否则,光电池的晶格结构会遭到破坏,从而毁坏电池。当光电池作为测量元件时,最好能保持温度恒定,或采取温度补偿措施。

5.1.7 其他类型的光生伏特器件

除了以上介绍的常用的光生伏特器件,还可以做成光生伏特器件组合件。光生伏特器件组合件是在一块硅片上制造出按一定方式排列的具有相同光电特性的光生伏特器件

阵列。它广泛应用于光电跟踪、光电准值、图像识别和光电编码等中。用光电组合器件代替由分立光生伏特器件组成的变换装置,不仅具有光敏点密集量大,结构紧凑,光电特性一致性好,调节方便等优点,而且它独特的结构设计可以完成分立元件无法完成的检测工作。

目前,市场上的光生伏特器件组合件主要有硅光电二极管组合件、硅光电三极管组合件和硅光电池组合件。它们可排列成象限式、阵列式、楔环式和按指定编码规则组成的列阵方式等,实现不同的检测功能。

5.1.8 光生伏特器件的偏置电路

PN 结型光生伏特器件一般有自偏置电路、反向偏置电路和零伏偏置电路三种。每种偏置电路使得 PN 结光生伏特器件工作在特性曲线的不同区域,表现出不同的特性,使变换电路的输出具有不同特征。为此,掌握光生伏特器件的偏置电路是非常重要的。

1. 自偏置电路

前面介绍硅光电池的光电特性时,已经讨论了自偏置电路。自偏置电路的特点是光生伏特器件在自偏置电路中具有输出功率,且当负载电阻为最佳负载电阻时具有最大的输出功率。但是,自偏置电路的输出电流或输出电压与入射辐射的线性关系很差,因此在测量电路中很少采用自偏置电路。关于自偏置电路的计算问题不再赘述。

2. 反向偏置电路

加在光生伏特器件上的偏置电压与内建电场的方向相同的偏置电路称为反向偏置电路。所有的光生伏特器件都可以进行反向偏置,尤其是光电三极管、光电场效应管、复合光电三极管等必须进行反向偏置。图 5.25 所示为光生伏特器件的反向偏置电路。光生伏特器件在反向偏置状态,PN 结势垒区加宽,有利于光生载流子的漂移运动,使光生伏特器件的线性范围和光电变换的动态范围加宽。因此,反向偏置电路被广泛应用到大范围的线性光电检测与变换中。

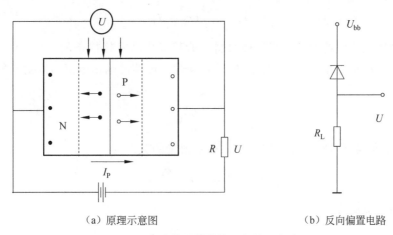

（a）原理示意图　　　　　　　（b）反向偏置电路

图 5.25 光生伏特器件的反向偏置电路

在如图 5.25 所示的反向偏置电路中，$U_{bb} \gg \dfrac{kT}{q}$ 时，流过负载电阻 R_L 的电路为

$$I_L = I_P + I_D \tag{5-28}$$

输出电压

$$U = U_{bb} - I_L R_L \tag{5-29}$$

光生伏特器件的反向偏置电路的输出特性曲线如图 5.26 所示。从特性曲线不难看出，反向偏置电路的输出电压的动态范围取决于电源电压 U_{bb} 与负载电阻 R_L，电流 I_L 的动态范围也与负载电阻 R_L 有关，适当地设计 R_L，可以获得所需要的电流、电压动态范围。图 5.26 所示的特性曲线中，静态工作点都为 Q 点。当负载电阻 $R_{L1} > R_{L2}$ 时，负载电阻 R_{L1} 对应的特性曲线 1 输出的电压动态范围要大于负载电阻 R_{L2} 对应的特性曲线 2 输出的电压动态范围。而特性曲线 1 输出的电流动态范围要小于特性曲线 2 输出的电流动态范围。应用时要选择适当的负载电阻。

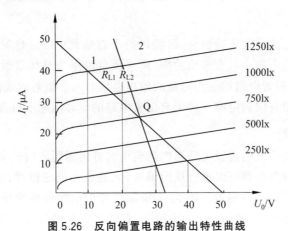

图 5.26　反向偏置电路的输出特性曲线

由式(5-29)可以求得反向偏置电路的输出电流与入射辐射量的关系

$$I_L = \frac{\eta q \lambda}{hc} \Phi_{e\lambda} + I_D \tag{5-30}$$

由于制造光生伏特器件的半导体材料一般都采用高阻轻掺杂的器件(太阳能电池除外)，因此暗电流都很小，可以忽略不计，即反向偏置电路的输出电流与入射辐射量的关系可简化为

$$I_L = \frac{\eta q \lambda}{hc} \Phi_{e\lambda} \tag{5-31}$$

同样，反向偏置电路的输出电压与入射辐射量的关系为

$$U_L = U_{bb} - R_L \frac{\eta q \lambda}{hc} \Phi_{e\lambda} \tag{5-32}$$

输出信号电压为

$$\Delta U = -R_L \frac{\eta q \lambda}{hc} \Delta \Phi_{e\lambda} \tag{5-33}$$

可见，反向偏置电路的输出电压 ΔU 与入射辐射量的变化 $\Delta \Phi_{e\lambda}$ 成正比，变化方向相

反,输出电压随入射辐射量增加而减小。

3. 零伏偏置电路

PN结光生伏特器件在自偏置的情况下,若负载电阻为零,则该偏置电路称为零伏偏置电路。光生伏特器件在零伏偏置下输出的短路电流与入射辐射量呈线性关系变化,因此,零伏偏置电路是理想的电流放大电路。

图5.27所示为由高输入阻抗放大器构成的近似零伏偏置电路。图中,I_{sc}为短路光电流,R_i为光生伏特器件的内阻,集成运算放大器的开环放大倍数A_0很高,使得放大器的等效输入电阻很低,光生伏特器件相当于被短路。有

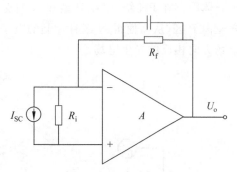

$$R_i \approx \frac{R_f}{1+A_0} \qquad (5\text{-}34)$$

图 5.27　零伏偏置电路

一般地,集成运算放大器的开环放大倍数A_0高于10^5,反馈电阻$R_f \leqslant 100\text{k}\Omega$,则放大器的等效输入电阻$R_i \leqslant 10\Omega$,因此可认为图5.27所示的电路为零伏偏置电路,放大器的输出电压U_o与入射辐射量呈线性关系:

$$U_o = -I_{sc}R_f \approx -R_f \frac{\eta q \lambda}{hc} \Phi_{e\lambda} \qquad (5\text{-}35)$$

反馈电阻很高,电路的放大倍率和灵敏度都很高。

5.2　太阳能光伏发电

随着经济的发展、社会的进步,人们对能源的需求量逐年猛增,寻找新的能源成为当前人类面临的迫切课题。新能源要同时符合两个条件:一是蕴藏丰富,不会枯竭;二是安全、干净,不会威胁人类生存及破坏环境。目前找到的新能源主要有两种:一是太阳能;二是燃料电池。另外,风力发电也算是辅助性的新能源。其中,最理想的新能源是太阳能,人们主要将其转换为电能再加以利用。太阳能转换为电能有两种基本途径:一种是把太阳辐射能转换为热能,再将热能转换为电能,即"太阳能光热发电";另一种是通过光电器件将太阳光直接转换为电能,即"太阳能光伏发电"。

入射到地球表面的太阳能是广泛而分散的,要充分收集并使之发挥热能效益,就必须设计一种能把太阳光汇聚起来再转换为电能的系统。一种方法是把太阳光集中并加热水,将其转换为高温水蒸气,再带动蒸汽涡轮机发电。也可以采用抛物面型的聚光镜将太阳热辐射集中,利用计算机令聚光镜追随太阳转动。后者的热效率很高,这种将引擎放置在焦点的技术,发展的可能性最大。这两种利用太阳能的方法均是太阳能热发电。

除了太阳热发电技术外,人们也致力于开发太阳光利用技术。太阳辐射的光子带有能量,当光子照射到半导体材料时,光能便转换为电能,这个现象叫"光生伏特效应",简称"光伏效应"。太阳能电池就是利用光生伏特效应制成的一种光电器件。太阳能电池与普

通的化学电池(干电池、蓄电池)完全不同,其与传统发电机发电有本质区别,既无环境污染,又无噪声污染,干净、安全。

如图 5.28 所示,当太阳光照射到半导体上时,其中一部分被表面反射,另一部分被半导体吸收或透射。被吸收的光,一部分变成热,另一部分与组成半导体材料原子的价电子碰撞,于是产生电子-空穴对。因此,光能就以产生电子-空穴对的形式转换为电能,如果半导体内存在 PN 结,则在 P 型和 N 型交界面两边形成势垒电场,能将电子驱向 N 区,空穴驱向 P 区,从而使得 N 区有过剩的电子,P 区有过剩的空穴,在 PN 结附近形成与势垒电场方向相反的光生电场。

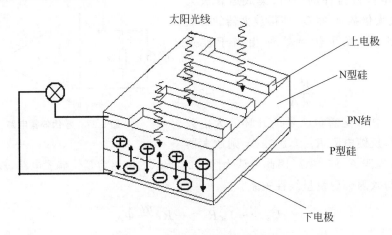

图 5.28　太阳能电池发电原理图

若分别在 P 型层和 N 型层焊接金属引线,接通负载,外电路便有电流通过。如此形成的一个个电池元件,把它们串联、并联起来,就能产生一定的电压和电流,输出功率。制造太阳能电池的半导体材料已有十几种,其中技术最为成熟是以硅作为半导体材料设计出的硅太阳能电池。

太阳光发电是指无须通过热过程而直接将光能转换为电能的发电方式。它包括光伏发电、光化学发电、光感应发电和光生物发电。人们通常所说的太阳光发电即太阳能光伏发电。

太阳能发电具有以下特点:无枯竭危险;干净(无公害);不受资源分布地域的限制;可在用电处就近发电;能源质量高;获取能源花费的时间少;结构简单、体积小且重量轻;易安装,易运输,建设周期短;容易启动,维护简单,随时使用,保证供应;可靠性高,寿命长;应用范围广。

不足之处:照射的能量分布密度小,能量分散,即占用巨大面积;获得的能源同四季、昼夜及阴晴等气象条件有关,间歇性大;小功率光伏发电系统可用蓄电池补充,大功率光伏电站的控制运行比常规火电厂、水电站、核电厂复杂;地域性强等。

但总的来说,瑕不掩瑜,作为新能源,太阳能具有极大的优点,因此受到世界各国的重视。要使太阳能发电真正达到实用水平,一是要提高太阳能光电变换效率并降低成本;二是要实现太阳能发电同已有电网联网。

5.2.1 光伏发电的历史及应用

1. 光伏发电的历史

自 1954 年第一块实用光伏电池问世以来,太阳光伏发电取得了长足进步,但比计算机和光纤通信的发展要慢得多。其原因是人们对信息的追求特别强烈,而常规能源存储量尚能满足人类对能源的需求。1973 年的石油危机和 20 世纪 90 年代的环境污染问题大大促进了太阳光伏发电的发展。其发展过程简列如下:

1839 年,法国科学家贝克勒尔发现"光生伏特效应",即"光伏效应"。

1876 年,亚当斯等在金属和硒片上发现固态光伏效应。

1883 年,制成第一个"硒光电池",用作敏感器件。

1930 年,肖特基提出 Cu_2O 势垒的"光伏效应"理论。同年,朗格首次提出用"光伏效应"制造"太阳能电池",使太阳能变成电能。

1941 年,奥尔在硅上发现光伏效应。

1954 年,恰宾和皮尔松在美国贝尔实验室首次制成了实用的单晶太阳能电池,效率为 6%。同年,韦克尔首次发现了砷化镓有光伏效应,并在玻璃上沉积硫化镉薄膜,制成第一块薄膜太阳能电池。

1955 年,吉尼和罗非斯基进行材料的光电转换效率优化设计。同年,第一个光电航标灯问世。

1957 年,硅太阳能电池效率达 8%。

1958 年,太阳能电池首次在空间应用,装备美国先锋 1 号卫星电源。

1959 年,第一个多晶硅太阳能电池问世,效率达 5%。

1972 年,罗非斯基研制出紫光电池,效率达 16%。

1975 年,非晶硅太阳能电池问世。同年,带硅电池效率达 6%。

1978 年,美国建成 100kW 的太阳能地面光伏电站。

1998 年,中国政府开始关注太阳能发电,建设第一套 3MW 多晶硅电池及应用系统示范项目。

2001 年,无锡尚德建立 10MW 太阳能光伏电池生产线获得成功。

2002 年 9 月,尚德第一条 10MW 太阳能光伏电池生产线正式投产,产能相当于此前四年全国太阳能光伏电池产量的总和,一举将我国与国际光伏产业的差距缩短了 15 年。

2003—2005 年,在欧洲特别是德国市场拉动下,国内多家企业纷纷建立太阳电池生产线,使我国太阳电池的生产迅速增长。2004 年,洛阳单晶硅厂与中国有色设计总院共同组建的中硅高科自主研发出了 12 对棒节能型多晶硅还原炉,以此为基础,2005 年,国内第一个 300t 多晶硅生产项目建成投产,从而拉开了中国多晶硅大发展的序幕。

2007,中国成为生产太阳能光伏电池最多的国家,产量从 2006 年的 400MW 一跃达到 1088MW。

2008 年,中国太阳能光伏电池的产量达到 2600MW。

2009 年,中国太阳能光伏电池的产量达到 4000MW。

2010 年,中国光伏电池的产量达到 8000MW,约占世界生产总量的 50%,居世界首位。

2015 年,中国光伏电池的产量为 58.63GW;2016 年产量达到 76.81GW;2017 年产量达 94.54GW。2018 年,中国太阳能电池的产量为 96.05GW。

太阳能发电占据世界能源消费的重要席位,已成为世界能源供应的主体。预计到 2030 年,可再生能源在总能源结构中将占到 30% 以上,而太阳能光伏发电在世界总电力供应中的占比也将达到 10% 以上;到 2040 年,可再生能源将占总能耗的 50% 以上,太阳能光伏发电将占总电力的 20% 以上;到 21 世纪末,可再生能源在能源结构中将占到 80% 以上,太阳能发电将占到 60% 以上。这些数字足以反映太阳能光伏产业的发展前景及其在能源领域重要的战略地位。

太阳能光伏发电是以半导体为载体,通过光伏效应产生电流的发电装置。20 世纪 80 年代以前,光伏发电价格昂贵,产量较少,全球每年的产量未超过 3MW,主要应用于空间站,据报道,全世界发射成功的人造卫星中,90% 以上都采用了太阳能电池供电。自 20 世纪 80 年代以来,光伏发电取得了快速发展,性能、规模和价格均有明显的进步,已经扩大到地面应用。从 20 世纪 90 年代以来,太阳能光伏发电的发展飞快,已广泛用于航天、通信、交通,以及偏远地区居民的供电等领域,近年来又开辟了太阳能路灯、草坪灯和屋顶太阳能光伏发电等新的应用领域。

太阳能作为一种可持续的洁净能源,已经在全球范围内得到广泛关注。光电转换器件是促进太阳能能源利用的有效方式之一。自 1954 年美国贝尔实验室研究出第一块晶体硅太阳能电池至今,太阳能电池技术发展大致经历了以下三个阶段:第一代单晶硅和多晶硅太阳能电池,其实验室转换效率分别达到 25% 和 20.4%;第二代薄膜电池主要有碲化镉($CdTe$)、铜铟镓硒($CuInGaSe$)、非晶硅和多晶硅等薄膜电池,薄膜电池主要通过化学气相沉积(CVD)和等离子体增强化学气相沉积(PECVD)技术,相比于第一代硅基的太阳能电池,主要优势是成本低,可适应于大规模生产,且电池的转换效率高;第三代新概念太阳能电池,主要指新出现的有机薄膜电池、染料敏化太阳能电池(DSSC)、量子点敏化太阳能电池(QDSSCs)和钙钛矿太阳能电池等。第三代太阳能电池可通过旋涂、刮涂、丝网印刷等溶液加工方法制备器件,工艺成本低且易于加工。

太阳能电池的发展经历了三代:第一代是指以单晶硅或多晶硅为代表的太阳能电池,已经完全产业化,成为太阳能电池的主力军,从发展趋势分析,预计在未来的 30～50 年,仍将以此为主体;第二代是指各种薄膜太阳能电池,其中以非晶硅、铜铟(镓)硒为代表;第三代是指转换效率更高、原材料资源更丰富、环境更友好、成本更低廉的新型太阳能电池,属于不断涌现的许多有关光伏转换的新概念、新结构、新材料和新理论等,如多结太阳能电池、热载流子光伏电池、中间带隙太阳能电池、染料敏化太阳能电池、钙钛矿太阳能电池、量子阱光伏电池等。表 5.1 展示了目前各种太阳能电池的最高效率。

2. 应用领域

光伏发电的主要应用领域如下:

1)通信和工业应用

微波中继站,光缆通信系统,通信基站,卫星通信和卫星电视接收系统,农村程控电话系统,部队通信系统,铁路和公路信号系统,灯塔和航标灯电源,气象、地震台站,水文观测

表 5.1 各种太阳能电池的最高效率

电池类型	电池材质	最高效率(%)
单结晶体电池	Si	19.8～20.8
	GaAs	25.1
	InP	21.9
多结晶体电池	Si	18.3～18.5
	GaInP/GaAs/Ge	32.0～33.0
	CdTe	17.5
薄膜电池	非晶硅薄膜电池	12.7
	SiGe(多结)	13.5
	铜铟镓硒(CIGS)薄膜	21.7
	CdTe	19.6
新型电池	染料敏化 TiO_2 电池	11.0
	有机太阳能电池	15.0
	钙钛矿太阳能电池	22.7

系统,水闸阴极保护和石油管道阴极保护。

2) 农村和边远地区应用

独立光伏电站(村庄供电系统),小型风光互补发电系统,太阳能户用系统,太阳能照明灯,太阳能水泵,农村地区(如学校、医院、饭馆、旅社、商店等)。

3) 光伏并网发电系统

随着近年来的发展,全国总装机容量逐年升高。2018 年,太阳能发电并网发电量达到 44.74GW。

4) 太阳能商品及其他

太阳帽,太阳能充电器,太阳能手表、计算器,太阳能路灯,太阳能钟,太阳能庭院,汽车换气扇,太阳能电动汽车,太阳能游艇,太阳能玩具等。

5.2.2 太阳能电池的分类和特性

一个完整的硅光伏组件一般由如下几大类材料组成:①主体材料,硅;②配套材料,银浆、铝浆、银铝浆、掺杂材料、靶材等;③封装材料,聚酯胶(EVA)、聚氟乙烯复合膜(TPT)、钢化玻璃、外框、接线盒等。这些材料的优劣直接影响电池的质量。硅是太阳能电池最主要的基础材料,占全部太阳能电池产量的 90%,也占到电池成本的 70%～80%。减少硅材料的消耗,或降低硅材料的成本,是太阳能电池大面积推广应用的关键。

最早问世的太阳能电池是单晶硅太阳能电池。硅是地球上极丰富的一种元素,几乎遍地都有硅的存在,可说是取之不尽。用硅制造太阳能电池,原料可谓不缺,但是提炼它却不容易,所以人们在生产单晶硅太阳能电池的同时,又研究了多晶硅太阳能电池和非晶硅太阳能电池。在光伏产业起步阶段,由于材料用量不大,仅依靠来自半导体电子工业用硅材料的头尾料、剩余产能和废料就能满足。然而,光伏市场的快速增长,使得硅材料的供应面临巨大的压力,因此,开发低成本太阳能级硅材料已成为各国共同关注的问题。

其实,可供制造太阳能电池的半导体材料很多,随着材料工业的发展,太阳能电池的品种将越来越多。太阳能电池主要品种有单晶硅、多晶硅、非晶硅等。单晶硅太阳能电池的光电转换效率最高可达 20％以上,用于宇宙空间站的还有高达 50％以上的太阳能电池板,但价格昂贵。非晶态硅太阳能电池变换效率较低,但价格相对便宜,一旦它的大面积组件光电变换效率达到 10％以上每瓦发电设备的价格降到 1～2 美元时,便足以同现在的发电方式竞争。当然,特殊用途和实验室中用的太阳能电池效率要高得多,如美国波音公司开发的由砷化镓半导体同锑化镓半导体重叠而成的太阳能电池,光电变换效率可达36％,快赶上了燃煤发电的效率。但由于它太贵,因此大多用于卫星等重要场合。

1. 太阳能电池的分类

已进行研究和试制的太阳能电池,除硅系列外,还有硫化镉、砷化镓、铜铟硒、叠层串联电池等许多类型的太阳能电池。对于太阳能电池串联,由于各种不同材料制成的太阳能电池所吸收的太阳光谱是不同的,将不同材料的电池串联起来,就可以充分利用太阳光谱的能量,大大提高太阳能电池的效率,因此,叠层串联电池的研究已引起世界各国的重视,成为有发展潜力的太阳能电池。常用的太阳能电池按其材料可分为:①硅太阳能电池;②以无机盐如砷化镓Ⅲ-Ⅴ化合物、硫化镉、铜铟硒等多元化合物为材料的电池;③有机薄膜太阳能电池;④染料敏化太阳能电池等。下面介绍几种较常见的太阳能电池及其主要性能参数。

1) 单晶硅太阳能电池

单晶硅太阳能电池是发展最快的一种太阳能电池,它的构成和生产工艺已定型,产品已广泛用于宇宙空间和地面设施。这种太阳能电池以高纯的单晶硅棒为原料,纯度要求99.999％。为了降低生产成本,现在地面应用的太阳能电池采用太阳能级的单晶硅棒,材料性能指标有所放宽。有的也可使用半导体器件加工的头尾料和废次单晶硅材料,经过复拉制成太阳能电池专用的单晶硅棒。将单晶硅棒切成片,一般片厚约 0.3mm。硅片经过成型、抛磨、清洗等工序,制成待加工的原料硅片。加工太阳能电池片,首先要在硅片上掺杂和扩散,一般掺杂物为微量的硼、磷、锑等。扩散在石英管制成的高温扩散炉中进行,这样就在硅片上形成 PN 结。然后采用丝网印刷法,将配好的银浆印在硅片上做成栅线,经过烧结,同时制成背电极,并在有栅线的面涂覆减反射源,以防大量的光子被光滑的硅片表面反射掉,至此,单晶硅太阳能电池的单体片就制成了。单体片经过抽查检验,即可按需要的规格组装成太阳能电池组件(太阳能电池板),用串联和并联的方法构成一定的输出电压和电流,最后用框架和封装材料进行封装。用户根据系统设计,可将太阳能电池组件组成各种大小不同的太阳能电池方阵,即太阳能电池阵列。

2) 多晶硅太阳能电池

单晶硅太阳能电池的生产需要消耗大量的高纯硅材料,而制造这些材料工艺复杂,电耗很大,在太阳能电池生产总成本中已超二分之一,加之拉制的单晶硅棒呈圆柱状,切片制作太阳能电池也是圆片,组成太阳能组件平面利用率低。因此,20 世纪 80 年代以来,欧美一些国家投入了多晶硅太阳能电池的研制。太阳能电池使用的多晶硅材料多半是含有大量单晶颗粒的集合体,或用废次单晶硅料和冶金级硅材料熔化浇铸而成。其工艺过程是:选择电阻率为 100～300(Ω·cm)的多晶块料或单晶硅头尾料,经破碎,用 1:5 的氢氟酸和硝酸混合液进行适当的腐蚀,然后用去离子水冲洗至中性,并烘干。用石英坩埚装好多晶硅料,加入适量硼硅,放入浇铸炉,在真空状态中加热熔化。熔化后应保温约20min,然后注入石墨铸模中,待慢慢凝固冷却后,即得多晶硅锭。这种硅锭可铸成立方体,以便切片加工成方形太阳能电池片,可提高材质的利用率,方便组装。多晶硅太阳能电池的制作工艺与单晶硅太阳能电池差不多,其光电转换效率低于单晶硅太阳能电池,但是材料制造简便,节约电耗,总的生产成本较低,因此得到很大发展。随着技术的提高,多晶硅的转换效率可以达到18%左右。

3) 非晶硅太阳能电池

非晶硅太阳能电池是1976年出现的新型薄膜式太阳能电池,它与单晶硅和多晶硅太阳能电池的制作方法完全不同,硅材料消耗很少,电耗更低,非常吸引人。制造非晶硅太阳能电池的方法有多种,最常见的是辉光放电法,还有反应溅射法、化学气相沉积法、电子束蒸发法和热分解硅烷法等。辉光放电法是将一石英容器抽成真空,充入氢气或氩气稀释的硅烷,用射频电源加热,使硅烷电离,形成等离子体。非晶硅膜就沉积在被加热的衬底上。若硅烷中掺入适量的氢化磷或氢化硼,即可得到N型或P型的非晶硅膜。衬底材料一般用玻璃或不锈钢板。这种制备非晶硅薄膜的工艺,主要取决于严格控制气压、流速和射频功率,对衬底的温度控制也很重要。

非晶硅太阳能电池的结构有不同形式,其中有一种较好的结构为PIN,它是在衬底上先沉积一层掺磷的N型非晶硅,再沉积一层未掺杂的I层,然后再沉积一层掺硼的P型非晶硅,最后用电子束蒸发一层减反射膜,并蒸镀银电极。此种制作工艺可以采用一连串沉积室,在生产中构成连续程序,以实现大批量生产。

同时,非晶硅太阳能电池很薄,可以制成叠层式,或采用集成电路的方法制造,在一个平面上,用适当的掩模工艺,一次制作多个串联电池,以获得较高的电压。因为普通晶体硅太阳能电池单个只有0.5V左右的电压,有的非晶硅串联太阳能电池可达2.4V。

非晶硅太阳能电池存在的问题是光电转换效率偏低,且不够稳定,常有转换效率衰降的现象,所以尚未大量用于大型太阳能电源,而多用于弱光电源,如袖珍式电子计算器、电子钟表及复印机等方面。由于其成本低,重量轻,应用更方便,因此可与房屋的屋面结合构成住户的独立电源,估计效率衰降问题克服后,非晶硅太阳能电池将促进太阳能利用的大发展。

4) 多元化合物太阳能电池

多元化合物太阳能电池是指不用单一元素半导体材料制成的太阳能电池。这里简要介绍几种:

① 硫化镉太阳能电池。早在1954年,雷诺兹就发现了硫化镉具有光伏效应。1960年采用真空蒸镀法制得硫化镉太阳能电池,光电转换效率为3.5%。到1964年,美国制成硫化镉太阳能电池,光电转换效率提高到4%~6%。后来欧洲掀起了硫化镉太阳能电池的研制高潮,把光电效率提高到9%,但是仍无法与多晶硅太阳能电池竞争。不过,人们始终没有放弃它,除了研究烧结型的块状硫化镉太阳能电池外,更着重研究薄膜型硫化镉太阳能电池。它用硫化亚铜为阻挡层,构成异质结,按硫化镉材料的理论计算,其光电转换效率可达16.4%。尽管非晶硅薄膜电池在国际上有较大影响,但是至今有些国家仍指望发展硫化镉太阳能电池,因为它在制造工艺上比较简单,设备问题容易解决。

② 砷化镓太阳能电池。砷化镓是一种很理想的太阳能电池材料,它与太阳光谱的匹配较适合,且能耐高温,在 250 ℃ 的条件下,光电转换性能仍良好,其最高光电转换效率约 30%,特别适合做高温聚光太阳能电池。已研究的砷化镓系列太阳能电池有单晶砷化镓、多晶砷化镓、镓铝砷-砷化镓异质结、金属-半导体砷化镓、金属-绝缘体-半导体砷化镓太阳能电池等。砷化镓材料的制备类似硅半导体材料的制备,有晶体生长法、直接拉制法、气相生长法、液相外延法等。由于镓比较稀缺,砷有毒,制造成本高,因此此种太阳能电池的发展受到影响。

③ 铜铟硒太阳能电池。以铜、铟、硒三元化合物为基本材料制成的太阳能电池是多晶薄膜结构,一般采用真空镀膜、电沉积、电泳法或化学气相沉积法等工艺制备。铜铟镓硒(CIGS)电池具有性能稳定、抗辐射能力强、光电转换效率高等特点,目前是各种薄膜太阳电池之首,接近市场主流产品晶体硅太阳电池的转换效率,成本却是其 1/3。正因为其性能优异,因此在国际上被称为下一代的廉价太阳电池,无论是在地面阳光发电,还是在空间微小卫星动力电源的应用上,都具有广阔的市场前景。CIGS 电池具有与多晶硅太阳能电池接近的效率,具有低成本和高稳定性的优势,并且产业化瓶颈已经突破,在晶体硅太阳能电池原材料短缺的不断加剧和价格的不断上涨背景下,很多公司投入巨资,CIGS 产业呈现出蓬勃发展的态势。

5) 有机太阳能电池

有机太阳能电池(Organic Solar Cells,OSCs)的研究始于 20 世纪 90 年代,它由电子受体(Electron-accepting)材料和电子给体(Electron-donating)材料结合成有机光伏活性层,使其结合在两个功函数不同的电极之间,阳极一般为透明的铟锡氧化物(ITO),阴极为金属(如常用钙、铝等),组成了新型有机太阳能电池。其具有一些独特的优势:①结构简单,易于制备,且成本低;②有机材料质量轻,柔韧性好,容易裁剪,可进行化学设计和合成;③易于制成大面积和柔性器件。构成理想电子给体的聚合物材料应具备宽的光吸收谱带以及非常高的吸光系数,理想的最高占据分子轨道(HOMO)和最低未占据分子轨道(LUMO)能级,聚合物膜具备高空穴迁移率、非常好的热稳定性和易于制备等优点。当前,共轭给体聚合物材料主要有聚苯乙烯撑(PPV)类、聚噻吩(PT)类和窄带系聚合物(如芳环并噻二唑等)等,电子受体材料主要有富勒烯衍生物(如 PCBM、PCBB 等)、苝二酰亚胺衍生物(如 PERI 等)、9,9-联亚芴类、吡咯并吡咯二酮(DDP)、聚合物受体材料和半导体纳米晶材料(如氧化锌、二氧化钛、硫化镉等)。

有机太阳能电池器件的工作原理是:光激发活性层分子使电子处于激发态,生成激子;当激子被传递转移至 D/A 交界处时,受到两个界面层电子不同的亲和力,使电荷发生分离,分离后的正负载流子通过各自的传输物质到达不同电极,形成光电效应。近年来,对这种电池的研究已经取得很大的进步,从几年前徘徊在 5% 到现在已经突破 10%。2012 年,日本三菱化学公司研发的有机薄膜太阳能电池转换效率为 11%。2018 年,南开大学陈永胜教授团队在有机太阳能电池领域研究中获突破性进展,设计和制备的具有高效、宽光谱吸收特性的叠层有机太阳能电池材料和器件,实现了 17.3% 的光电转化效率,刷新了目前文献报道的有机/高分子太阳能电池光电转化效率的世界最高纪录。

6）染料敏化太阳能电池

染料敏化太阳能电池（DSSC）由镀有透明导电膜的导电基片、多孔纳米晶半导体薄膜、染料光敏化剂电解质溶液及透明对电极等几部分构成，其工作原理如图 5.29 所示，其中，E_f 为半导体的费米能级，S^*、S^0 和 S^+ 分别为染料的激发态、基态和氧化态；Red 和 Ox 为电解质中的氧化还原电对。

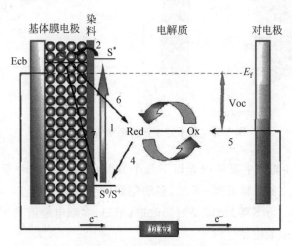

图 5.29　染料敏化太阳能电池结构示意图

经过短短十几年，染料敏化太阳电池研究在染料、电极、电解质等各方面取得了很大进展。同时，在高效率、稳定性、耐久性等方面还有很大的发展空间，但真正使之走向产业化，服务于人类，还需要全世界各国科研工作者的共同努力。这一新型太阳电池有比硅电池更广泛的用途：如可用塑料或金属薄板使之轻量化、薄膜化；可使用各种色彩鲜艳的染料使之多彩化；另外，还可设计成各种形状的太阳能电池使之多样化。总之，染料敏化纳米晶太阳能电池有十分广阔的产业化前景，是具有相当广泛应用前景的新型太阳电池。相信在不久的将来，染料敏化太阳电池将会走进我们的生活。

7）量子点敏化太阳能电池

量子点敏化太阳能电池（Quantum Dot Sensitized Solar Cells，QDSSCs）是在 DSSCs 的基础之上发展而来的，其组成结构和工作原理与 DSSCs 相似，只是电池的敏化剂由量子点取代了染料分子，电池结构如图 5.30 所示。量子点（QDs）又称为纳米晶，指的是半径小于或接近激子玻尔半径的准零维纳米晶粒，其尺寸一般小于 100nm。与常规的 DSSCs 相比，QDSSCs 具有：①制备工艺简单、成本低、吸光系数大、光稳定性好；②可以通过控制量子点尺寸调节带隙，从而改变电池对光谱的吸收范围；③QDs 具有多重激子效应（Multiple Exciton Generation，MEG），能打破 Shockley-Queisser 限制，使电池的理论能量转换效率达到 44%，因此 QDSSCs 将会对光伏行业产生巨大影响。量子点成功地集合了纳米技术和半导体物理性，成功地应用于光伏、光电子、高端电子、计算机和医疗卫生等领域。

使用半导体量子点作太阳能敏化剂始于 20 世纪 90 年代，经过 20 年的发展，量子点敏化太阳能电池的最高光电转换效率依然远远低于染料敏化太阳能电池。造成量子点敏

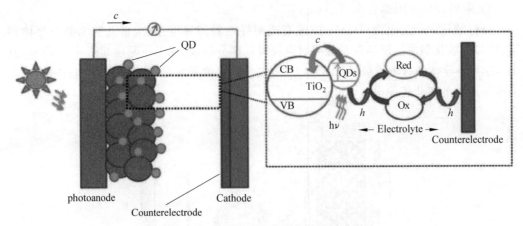

图 5.30　量子点太阳能电池结构示意图

化太阳能电池光电性能差主要原因有以下几个方面:第一,不能将量子点完全均匀地吸附在二氧化钛(TiO_2)多孔膜表面;第二,多硫电解液容易使传统 Pt 对电极失去活性,新对电极材料(如 CuS、Cu_2S 等)仍需要时间改进;第三,多硫电解液易挥发,不稳定。

8) 钙钛矿型太阳能电池

钙钛矿型太阳能电池(Perovskite Soalr Cells,PSCs)是以钙钛矿型的有机金属卤化物半导体为基础的新型太阳能电池,由 DSSCs 领域分化而来。经过这几年的发展,其表现出超高的光电转换效率,迅速吸引了光伏行业科研工作者的注意。

钙钛矿由德国矿物学家 Gustav Rose 于 1839 年发现,并由其分子式 $CaTiO_3$ 命名。钙钛矿吸收剂的晶体结构式为 ABX_3,A、B 为不同的阳离子,X 为阴离子(一般为氧、卤素和碱金属)。2006 年,T. Miyasaka 等首次将 $CH_3NH_3PbBr_3$ 用作敏化剂用在 DSSCs 上,光电效率为 2.2%。2009 年,他们用 CH_3NH_3PbI3 作敏化剂,光电效率达到 3.8%。2011年,N.G Park 等用钙钛矿纳米晶粒(直径约 2.5nm)取代染料覆盖于 TiO_2 薄膜表面,做成 DSSCs 器件,得到 6.5% 的电池效率。然而,这种电池易在 I^{3+}/I^- 氧化还原对电解液中分解,使电池效率在几分钟内下降明显。2012 年,他们用 Spiro-Me OTAD 做固态电解质,得到 9.7% 的电池效率并很大地提高了电池的稳定性。后来,Snaith 等报道了用惰性 Al_2O_3 薄层取代 n 型电子传导层 TiO_2,并使效率提高到 10.9%,证明了钙钛矿双官能团作用,进一步引导和鼓励更多的研究人员对 PSCs 的平面异质结构的探索。同时,Snaith等报道了用含氯的混合卤化物钙钛矿材料制作的电池,证明可以提高载流子传输速度,提高散射能力和电池稳定性。后来,证明钙钛矿中含有 Br 可以调节能带宽度,可以扩大钙钛矿型太阳能电池的吸收光谱,提高电池效率。这极大地推动了 $CH_3NH_3PbX_3$(X=I,Br,Cl)在太阳能电池中的应用,并在 5 年时间使电池效率达到 20.1%。近年来,科研人员采用有机-无机杂化钙钛矿材料作为光吸收层,在太阳能电池方面的研究取得了巨大成功,其光电转换效率从 2009 年的 3.8% 剧增到 2019 年的 25.4%(甚至达到实验室 28% 的转换效率),该效率已经超过目前所有薄膜太阳能电池效率。

钙钛矿型太阳能电池的结构和工作原理如图 5.31 所示。典型的钙钛矿型太阳能电池器件结构如图 5.31(a)所示,一般有透明导电(Transparent Conductive Oxide,TCO)玻璃,导电面覆盖了一层致密半导体层(如 TiO$_2$、ZnO 等)防止电池短路,一层多孔纳米晶半导体氧化物,一层有机金属卤化物钙钛矿光吸收材料,一层空穴传输材料(Hole-Transporting Material,HTM)和蒸镀一层金属电极(如 Au、Ag 等)。不同结构的钙钛矿型太阳能电池的工作原理不尽相同,但仍可通过典型的钙钛矿型太阳能电池说明:在光照下,钙钛矿被激发,产生了电子-空穴对,这些载流子传输到钙钛矿与其他材料界面处,使电子转移到半导体的导带上,空穴转移到 HTM 的价带上,使电子-空穴分离,最终传输到电极上。这一过程从热力学角度看,电子从半导体的高能级传输至低能级,空穴则从低能级传输至高能级。

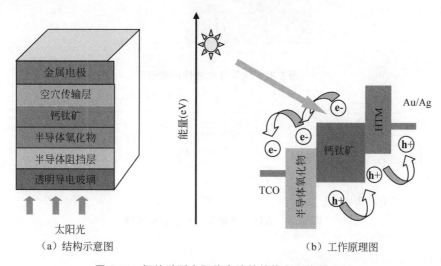

（a）结构示意图   （b）工作原理图

图 5.31　钙钛矿型太阳能电池的结构和工作原理图

近年来,钙钛矿太阳能电池光电转换效率从 3.8% 剧增到 25.4%,该效率已经超过目前所有薄膜太阳能电池效率。在薄膜钙钛矿太阳能电池如火如荼发展的同时,钙钛矿量子点因其发光波长可调、窄带发射、量子效率高等特点,也掀起了一股研究热潮。研究人员发现,通过控制钙钛矿纳米晶的形貌与尺寸,可调节其能级结构和光电性能。将钙钛矿量子点引入太阳能电池中,不仅可提高对太阳光的利用率,还能避免钙钛矿薄膜中通过混合卤化物调节带隙所引起的组分偏析和效率不稳定等问题。虽然钙钛矿太阳能电池的种种得天独厚的优势使其在基础研究和商业化领域成为一匹黑马,但由于钙钛矿材料在潮湿环境和光照条件下具有较差的环境稳定性,容易发生分解并造成电池效率降低或失效,钙钛矿太阳能电池的商业化道路进展依然任重而道远。

2. 太阳能电池的主要性能参数与特性

太阳能电池的输出特性一般用如图 5.32 所示的伏安特性曲线表示。太阳能电池工作特性可用图 5.33 所示的电路进行测量,可得到描述太阳能电池的主要性能参数。图 5.33(a)表示光照太阳能电池后产生的开路电压;图 5.33(b)表示无光照时外加电压,形成正向偏置,产生整流作用的正向电流;图 5.33(c)表示光照时太阳能电池的短路电流。

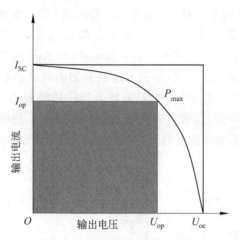

图 5.32　太阳能电池输出特性

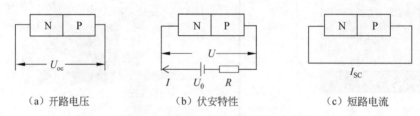

（a）开路电压　　　　　（b）伏安特性　　　　　（c）短路电流

图 5.33　太阳能电池工作特性测试电路

1）开路电压 U_{oc}

在 PN 结开路情况下（$R \to \infty$），PN 结两端的电压即开路电压 U_{oc}。这时 $I = 0$，即 $I_L = I_P$（即光生电流 I_P＝PN 结正向电流 I_L）。将 $I = 0$ 代入光电池的电流电压方程，可得开路电压为

$$U_{oc} = \frac{kT}{q} \ln\left(\frac{I_L}{I_D} + 1\right) \tag{5-36}$$

式中，k 为波尔兹曼常量，T 为绝对温度，I_D 为光电池的反向饱和电流，q 为电子电量。

2）短路电流 I_{sc}

如将 PN 结短路（$U = 0$），这时所得的电流为短路电流 I_{sc}。显然，短路电流等于光生电流，即

$$I_{sc} = I_L \tag{5-37}$$

3）填充因子 FF

在光电池的伏安特性曲线任一工作点上的输出功率等于该点对应的矩形面积，其中只有一点是输出最大功率，称为最佳工作点，该点的电压和电流分别称为最佳工作电压 U_{op} 和最佳工作电流 I_{op}。填充因子 FF 定义为

$$FF = \frac{U_{op} I_{op}}{U_{oc} I_{sc}} = \frac{P_{max}}{U_{oc} I_{sc}} \tag{5-38}$$

它表示了最大输出功率点所对应的矩形面积在U_{oc}和I_{SC}组成的矩形面积中所占的百分比。特性好的太阳能电池就是能获得较大功率输出的太阳能电池,也就是U_{oc}、I_{SC}和FF乘积较大的电池。FF值越高,表明光伏电池输出曲线越趋近于矩形,光伏电池的转换效率越高。填充因子随开路电压U_{oc}的提高而提高,所以禁带较宽的半导体材料可以得到较高的开路电压,因而具有较高的填充因子。对于有合适效率的电池,该值应在0.70~0.85范围。

4) 能量转换效率η

能量转换效率η表示入射的太阳光能量有多少能转换为有效的电能,即

$$\eta = \frac{太阳能电池的输出功率}{入射太阳光功率} \times 100\%$$

$$= \frac{U_{oc} \times I_{op}}{P_{in} \times S} \times 100\% = \frac{U_{oc} \times I_{SC} \times FF}{P_{in} \times S} \times 100\% \tag{5-39}$$

式中,P_{in}是入射光的能量密度,S为太阳能电池的面积。当S是整个太阳能电池的面积时,η称为实际转换效率;当S指电池中的有效发电面积时,η为本征转换效率。

5) 光谱特性

太阳能光伏电池的光谱特性(工作光谱范围和峰值波长)主要由其所用材料和制造工艺决定。不同的光照射时产生的电能是不同的,一般还可用光的波长与转换生成的电能的关系(即用分光感度特性)表示。

6) 峰值功率

工作点不一样,光伏电池的输出功率也不一样,I-U曲线上能使输出功率达到最大值的工作点称为最大功率点,其对应最大功率点电流I_{op}和最大功率点电压U_{op}。峰值功率是表征光伏电池输出能力和容量的一个重要参数。在标准测试条件下,光伏电池的结温为25 ℃时,测得光伏电池的最大输出功率称为该光伏电池的峰值功率,用符号W_p表示。

7) 照度特性

太阳能电池的输出随照度(光的强度)而变化。短路电流I_{SC}与照度成正比,开路电压U_{oc}随照度的增加而缓慢地增加,最大输出功率几乎与照度成比例增加。另外,填充因子FF几乎不受照度的影响,基本保持一定。因此,光的强度不同,太阳能电池的输出也不同。

8) 温度特性

太阳能电池的输出随温度的变化而变化。太阳能电池的特性随温度的上升,短路电流I_{SC}增加,温度再上升时,开路电压U_{oc}减少,转换效率(输出)变小。由于温度上升导致太阳能电池的输出下降,因此,有时需要用通风的方法降低太阳能电池板的温度,以便提高太阳能电池的转换效率,使输出增加。太阳能电池的温度特性一般用温度系数表示,温度系数小说明即使温度较高,输出的变化也较小。

3. 太阳能电池方阵

1) 太阳能电池组合板

目前太阳能光伏电池单体面积较小,最大者也不过$(150 \times 150) \, mm^2$,功率在1.5W左右,电压大约0.5V,必须根据不同的用途构成组合板,小组合板功率有10W、17W、70W、

100W 等多种。其组合用 EVA 等封装盖好保护玻璃和用玻璃或金属制作底板架。

2）太阳能电池方阵

由单体太阳能电池封装成一定电压和功率的小组合，根据需要可由小组合构成太阳能电池光伏发电系统方阵，阵列与支架组成一个整体，其力学性能一般应耐八级风，为避免腐蚀，要经过防腐处理，盖板保护玻璃宜采用钢化玻璃，应耐 50g 冰雹冲击。为保证最高输出电压，阵列的电阻压降设计为 $U<0.3V$，或为负载电压的 3%。为隔离蓄电池与方阵反向放电，需要加接阻塞二极管，压降 $U_D=0.7V$。

太阳能电池方阵的工作电压一般为负载工作电压的 1.4 倍。太阳能电池可以串联，为得到需要的方阵电压，可将太阳能电池组串联起来，串联后的电流取决于电流最小的组件，串联后输出电压 U 是单体电压 $U_i(i=1,2,\cdots,n)$ 之和，即

$$U=U_1+U_2+U_3+\cdots+U_n \qquad (5\text{-}40)$$

为获得较大的输出电流，可把太阳能电池组件并联，并联后的电流 I 是电池组件电流 $I_i(i=1,2,\cdots,n)$ 之和，即

$$I=I_1+I_2+I_3+\cdots+I_n \qquad (5\text{-}41)$$

太阳能电池方阵总功率的计算如下：

$$P=k\times\{负载工作电压(V)\times负载工作电流(A)\times日工作时数(h)\}/$$
$$年辐射总量(kcal/cm^2)$$

式中，k 为转换系数。

5.2.3　太阳能电池生产工艺流程

1. 硅材料制备

硅材料来源：硅材料来源于优质石英砂，也称硅砂，在我国山东、江苏、湖北、云南、内蒙古、海南等省区都有分布。

将硅砂转换成可用的硅材料的工艺流程为：硅砂→硅铁（冶金硅，含硅 97%～99%）→三氯氢硅→硅烷→多晶硅。

2. 生产工艺流程

太阳能电池生产工艺流程如图 5.34 所示。

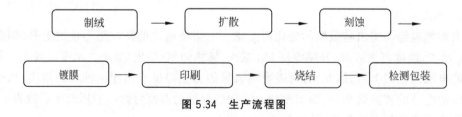

图 5.34　生产流程图

1）制绒

制绒目的：硅片表面处理，清除硅片表面的油污和金属杂质，去除硅片表面的机械损伤，在硅片表面形成不同类型的微观结构（绒面）。

作用：减少硅片表面复合，增加硅片表面积，增加光接收面积，减少光反射。

　　硅片在切割过程中表面留有 $10\sim20\mu m$ 的钜后损伤层,对制绒有很大的影响,因此在制绒前将其除去。对于单晶硅绒面的制备,是利用硅的各向异性腐蚀,在每平方厘米硅表面形成几百万个四面方锥体(即金字塔)结构。硅的各向异性腐蚀液通常用热的碱性溶液,可用的碱有氢氧化钠、氢氧化钾、氢氧化锂和乙二胺等。大多使用廉价的浓度约为 1% 的氢氧化钠稀溶液制备绒面硅,腐蚀温度为 $70\sim85\,°C$。为了获得均匀的绒面,还应在溶液中酌量添加醇类(如乙醇和异丙醇等)作为络合剂,以加快硅的腐蚀。制备绒面前,硅片须先进行初步表面腐蚀,用碱性或酸性腐蚀液蚀去 $20\sim25\mu m$,在腐蚀绒面后进行一般的化学清洗。经过表面准备的硅片都不宜在水中久存,以防沾污,应尽快扩散制结。

　　对于多晶硅制绒,目前广泛使用的各向同性的酸性腐蚀,酸对硅的腐蚀速度与晶粒取向无关。腐蚀溶液是以 HF、HNO_3 为基础的水溶液体系,其机理为 HNO_3 给硅表面提供空穴,打破了硅表面的 Si_2H 键,使 Si 氧化为 SiO_2,然后 HF 溶解 SiO_2,并生成络合物 $H_2[SiF_6]$,从而导致硅表面发生各向同性非均匀性腐蚀,形成粗糙的多空硅层,有利于减少光反射,增强光吸收表面。为了控制化学反应的剧烈程度,有时还加入一些其他的化学药品。

　　单晶硅腐蚀后的效果图如图 5.35(a)所示,多晶硅腐蚀后的效果图如图 5.35(b)所示。通过制绒增加入射光在表面的反射和折射次数,如图 5.36 所示,增加了光的吸收,提高了电池的短路电流和转换效率。经测试,单晶硅制绒后光的反射由 30% 下降到 13%,多晶硅制绒后光的反射由 30% 下降到 21%。

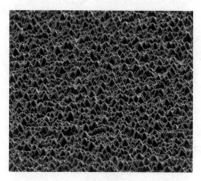 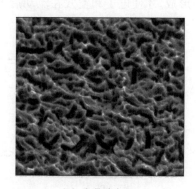

（a）单晶硅金字塔　　　　　　　　　　（b）多晶硅虫洞

图 5.35　太阳能电池片腐蚀制绒后外观图

2) 扩散

　　扩散目的:硅片前表面制备均匀的 PN 结,形成内建电场。

　　作用:分离光生载流子的原动力。

　　太阳能电池需要一个大面积的 PN 结以实现光能到电能的转换,而扩散炉即制造太阳能电池 PN 结的专用设备。管式扩散炉主要由石英舟的上下载部分、废气室、炉体部分和气柜部分组成。扩散一般用三氯氧磷液态源作为扩散源。把 P 型硅片放在管式扩散炉的石英容器内,在 $850\sim900°C$ 高温下使用氮气将三氯氧磷带入石英容器,通过三氯氧磷和硅片反应,得到磷原子。

　　化学总反应式:

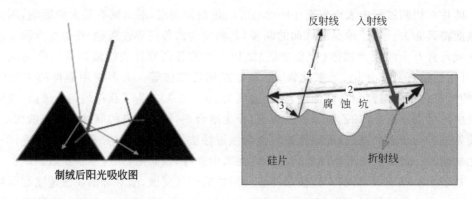

（a）单晶硅金字塔结构　　　　　　　　（b）多晶硅虫洞结构

图5.36　太阳能电池片的制绒光线传播

$$4POCl_3 + 3O_2 + 5Si \xrightarrow{\ >600℃\ } 5SiO_2 + 4P + 6Cl_2 \uparrow$$

经过一定时间，磷原子从四周进入硅片的表面层，并且通过硅原子之间的空隙向硅片内部渗透扩散，形成N型半导体和P型半导体的交界面，也就是PN结。这种方法制出的PN结均匀性好，方块电阻的不均匀性小于百分之十，少子寿命可大于10ms。扩散的流程如图5.37所示，制造PN结是太阳电池生产最基本，也是最关键的工序，因为正是PN结的形成，才使电子和空穴在流动后不再回到原处，这样就形成了电流。

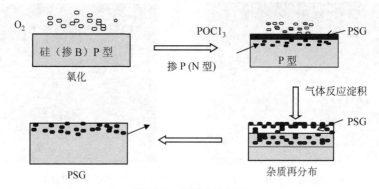

图5.37　扩散的流程图

3）刻蚀

刻蚀目的：去除硅片周边的PN结，减少边缘漏电；去除硅片表面的磷硅玻璃层；实现抗PID功能。

该工艺用于太阳能电池片生产制造过程中，通过化学腐蚀法，即把硅片放在氢氟酸溶液中浸泡，使其产生化学反应生成可溶性的络合物六氟硅酸，以去除扩散制结后在硅片表面形成的一层磷硅玻璃。在扩散过程中，$POCl_3$与O_2反应生成P_2O_5淀积在硅片表面。P_2O_5与Si反应又生成SiO_2和磷原子，这样就在硅片表面形成一层含有磷元素的SiO_2，通常称之为磷硅玻璃。去磷硅玻璃的设备一般由本体、清洗槽、伺服驱动系统、机械臂、电气控制系统和自动配酸系统等部分组成，主要动力源有氢氟酸、氮气、压缩空气、纯水、热排风和废水。氢氟酸能够溶解二氧化硅是因为氢氟酸与二氧化硅反应生成易挥发的四氟化硅气体。若氢氟酸过量,反应生成的四氟化硅会进一步与氢氟酸反应生成可溶性的络合物六氟硅酸。化学总反应式:

$$SiO_2 + 6HF \rightarrow H_2[SiF_6] + 2H_2O$$

从图 5.38 可以看出扩散刻蚀后的效果。

图 5.38　扩散刻蚀氧化的结构图

4)镀膜

镀膜目的:硅片表面处理,沉积氮化硅薄膜减少反射;实现表面 H 钝化,减少电池表面复合中心;阻挡离子,对碱离子(如 Na^+)的阻挡能力强;阻挡气体和水汽穿透。

为了进一步降低光的反射,还会在太阳能电池表面镀上一层减反射膜,通常使用的是氮化硅薄膜。常用的方法为 PECVD,即"等离子增强型化学气相沉积",是借助微波或射频等使气体电离,形成等离子体,等离子体的活性很强,很容易发生化学反应,在基片上沉积出所期望的薄膜。图 5.39 所示为镀膜前后太阳能电池表面的效果对比。

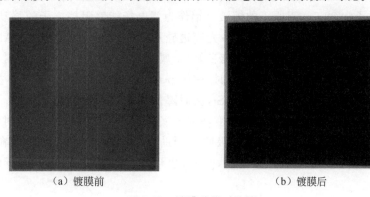

（a）镀膜前　　　　　　　　　　　　（b）镀膜后

图 5.39　镀膜前后对比图

5)印刷、烧结

印刷目的:太阳电池正面形成具有良好导电特性的细栅电极,同时具有较低的接触电阻;太阳电池背面形成具有良好导电特性的金属电极,同时形成良好背场。

作用:将内建电场分离出的载流子尽量多地收集,并导出。

丝网印刷主要应用于电池的电极成形,利用丝网图形部分网孔透浆料,非图文部分网孔不透浆料的基本原理进行印刷。印刷时在丝网一端倒入浆料,用刮刀在丝网的浆料部位施加一定压力,同时朝丝网另一端移动。浆料在移动中被刮板从图形部分的网孔中挤压到基片上。印刷过程中刮板始终与丝网印版和承印物呈线接触,接触线随刮刀移动而移动,而丝网其他部分与承印物为脱离状态,保证了印刷尺寸精度,避免蹭脏承印物。当刮板刮过整个印刷区域后抬起,同时丝网也脱离基片,并通过回墨刀将浆料轻刮回初始位置,工作台返回到上料位置,完成一次印刷过程。丝网印刷后的效果如图 5.40 所示。

(a) 丝网印刷背面　　　　(b) 丝网印刷正面

图 5.40　丝网印刷后的效果

烧结目的:干燥浆料,烧除有机溶剂和黏结剂。

铝在空气中表面会形成一层致密的氧化膜,使之不能与氧、水继续作用。铝背场是将印刷沉积好的硅片放进峰值温度超过 577 ℃(铝硅合金共熔温度)的链式烧结炉里进行烧结,当温度升到共晶温度 577℃时,在交界面处,铝原子和硅原子相互扩散,随着时间的增加和温度的升高,硅铝熔化速度加快,最后整个界面变成铝硅熔体,在交界面处形成组成为 11.3%硅原子和 88.7%铝原子的熔液。铝作为背电场能够阻挡电子的移动,减小了表面的复合率,有利于载流子的吸收;减少光穿透硅片,可增强对长波的吸收;Al 吸杂,形成重掺杂,可提高少子寿命;铝的导电性能良好,金属电阻小,而且铝的熔点相对其他的合适金属来说熔点低,有利于烧结。在烧结时,由于 p-type 的铝掺杂渗入,使原本掺杂硼的 p-type Si 变成一层数微米厚的 p+-type Si,从而降低了背表面复合速度,提高了电池的开路电压。因为硅片吸收系数差,当厚度变薄时衬底对入射光的吸收减少,此时背场的存在对可以抵达硅片深度较深的长波长光吸收有帮助,所以短路电流密度的影响就更明显。p 和 p+ 的能阶差也可以提升开路电压,p+ 可以形成低电阻的欧姆接触,所以填充因子 FF 也可改善。

6) 检测包装

目的:防止坏片、裂片,或不合格的电池片流入市场。

方法:机器检测加人工检测。

3. 太阳能电池组件的生产流程

该工艺为较简单组装工艺,主要把小的太阳能电池片进行连接,然后进行叠加、包框、封闭,以达到一个持久耐用的效果。其生产流程如图 5.41 所示。

其中 EL 测试又称电致发光测试,利用一种太阳能电池或电池组件内部检测设备——EL 测试仪检测。

目的:通过 EL 测试发现组件中隐裂、破片、黑芯片、混档、半图等不良,防止不良品流入客户端。

原理:场致发光测试,根据硅材料的电致发光原理对组件进行缺陷检测。利用机器

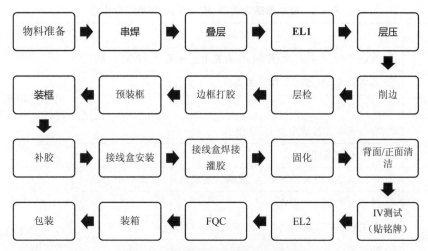

图 5.41　太阳能电池组件的生产流程

视觉检测方式对电池片表面进行检测成像分析,可以查看电池组件内部是否有裂片、隐裂、黑芯片、烧结断栅严重、虚焊、脱焊等情况。

5.2.4　太阳能光伏发电系统的组成

一套基本的太阳能发电系统主要由太阳能电池板、太阳能控制器、蓄电池和逆变器等构成。

1. 太阳能电池板

太阳能电池板是太阳能发电系统中的核心部分,也是太阳能发电系统中价值最高的部分。其作用是将太阳的辐射能转换为电能,或送往蓄电池中存储起来,或推动负载工作。一般根据用户需要,将若干太阳能电池板按一定方式连接,组成太阳能电池方阵,再配上适当的支架及接线盒。

2. 太阳能控制器

太阳能控制器的作用是控制整个系统的工作状态,并对蓄电池起到过充电保护、过放电保护的作用。在温差较大的地方,合格的控制器还应具备温度补偿的功能。其他附加功能如光控开关、时控开关等都应当是控制器的可选项。

1）控制器类型

太阳能专用控制器按其应用场合分为（见表 5.2）：①小型充电控制器；②多路控制器；③智能控制器。

光伏路灯照明系统中多采用智能控制器。

2）控制器性能

控制器的作用是控制太阳能照明系统的工作状态,如照明灯的光控或设置开关、调光、雷电保护、电路短路保护,对蓄电池进行过充电保护、反充电保护、过放电保护、温度补偿等。控制器是太阳能灯的"大脑"。有了合格的控制器,太阳能灯才能顺利工作,同时延长蓄电池等器件的寿命。

表 5.2 控制器基本类型、技术特点、应用场合比较

类　型	技术特点	应用场合
小型充电控制器	① 两点式(过充和过放)控制,也有充电过程采用 PWM 控制	用于太阳能户用电源(500W 以下)
	② 继电器或 MOSFET 作开关器件	
	③ 防反充电	
	④ 有过充电和过放电点 LED 指示	
	⑤ 一般不带温度补偿	
多路控制器	① 可接入 2-8 路太阳能电池,充满时逐路断开,电流渐小	较大型光伏系统和光伏电站
	② 过放电控制:一点式	
	③ 开关器件:继电器、MOSFET、IGBT、可控硅	
	④ 防反充电	
	⑤ LED 和表头指示	
	⑥ 普通型没有温度补偿功能	
智能控制器	① 采用单片机控制	主要用于通信系统(50~200A)
	② 充满断开:多路控制或 PWM 控制	
	③ 过放电控制:一点式	
	④ 开关器件:继电器、MOSFET、IGBT、可控硅	
	⑤ 防反充电	
	⑥ LED 和数字表头指示	
	⑦ 有温度补偿功能	
	⑧ 有运行数据采集和存储功能	
	⑨ 有远程通信和控制功能	

对负载供电时,也是让蓄电池的电流先流入太阳能控制器,经过它的调节后,再把电流送入负载。这样做的目的:一是为了稳定放电电流;二是为了保证蓄电池不被过放电;三是可对负载和蓄电池进行一系列的监测保护。

3. 蓄电池

其作用是在有光照时将太阳能电池板发出的电能存储起来,达到一定阈值,到需要的时候再释放出来。一般为铅酸电池,小微型系统中也可用镍氢电池、镍镉电池或锂电池。

1) 蓄电池的基本结构

常用蓄电池属于电化学电池,它把化学中的氧化还原所释放出的能量直接转变为直流电能。蓄电池内部基本结构如图 5.42 所示。

① 正极活性物质:蓄电池正极,蓄电池工作时进行结合电子的还原反应。

② 负极活性物质:蓄电池负极,蓄电池工作时进行氧化反应,给出电子,通过外电路传给正极。

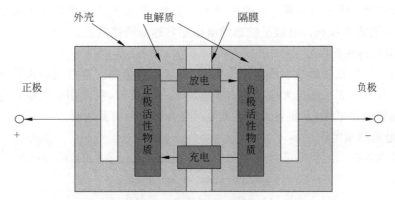

图 5.42　蓄电池内部基本结构

③ 电解质：提供蓄电池内部离子导电的介质。

④ 隔膜：保证正负极活性物质不因直接接触而短路，又使正负极之间保持最小距离。以减小蓄电池内阻而加的隔片一般为绝缘性良好的材料。

⑤ 外壳：能耐电解质的腐蚀，具有一定的机械强度。

蓄电池内部活性物质消耗尽后可利用充电的方法使之恢复，由此蓄电池得以再生，故也称之为充电电池。蓄电池内部自发反应，发生向蓄电池外部用电设备输出电流的过程称为放电；反之，外部向蓄电池内输入电流，形成与放电电流方向相反的电流，使蓄电池内部发生与放电反应相反的反应，此过程称为充电。

2）蓄电池的分类及特性

常用的蓄电池主要有四种，其特性如下：

① 铅酸蓄电池。

铅酸蓄电池为传统蓄电池，能量密度低，对环境污染较为严重，逐渐被淘汰。

② 镍镉蓄电池。

镍镉蓄电池性能较铅酸蓄电池优越，但能量密度不足，镉的污染严重，多数国家严格控制此类蓄电池的生产和使用。

③ 镍氢蓄电池。

镍氢蓄电池具有能量密度高、重量轻、寿命长、无污染等优点，各国正在积极开发，并逐步进入产业化阶段。

④ 锂电池。

锂电池为新型高能化学电源，具有高容量、高功率、小型化、无污染的特点，主要用于笔记本电脑和手机。

光伏路灯系统中主要应用免维护铅酸蓄电池和胶体蓄电池。

铅酸蓄电池：铅酸蓄电池的正极活性物质是二氧化铅，负极活性物质是海绵铅，电解液是稀硫酸溶液，其放电化学反应为二氧化铅、海绵铅与电解液反应生成硫酸铅和水。其充电反应为硫酸铅和水转化为二氧化铅、海绵铅与稀硫酸。铅酸蓄电池免维护主要通过抑制充电过程中气体的产生或通过电池内的特殊材料将气体吸收转化成水。单个铅酸蓄电池的额定电压为 2V，一般串联成 12V、24V 使用。

胶体蓄电池：属于铅酸蓄电池的一种发展分类，最简单的做法是在硫酸中添加胶凝剂，使硫酸电液变为胶态。电液呈胶态的电池通常称为胶体电池。

3）蓄电池的性能参数

蓄电池的特性直接影响系统的工作效率、可靠性和价格。蓄电池的失效和短寿命也是阻碍光伏发电独立系统扩大应用的主要原因之一。目前，我国用于光伏发电系统的蓄电池多数是铅酸蓄电池，下面对铅酸蓄电池的电参数进行简要说明。

① 蓄电池的端电压。

铅酸蓄电池的端电压是随着充电和放电过程的变化而变化的，可表示为

充电时：
$$U = E + \Delta\varphi_+ + \Delta\varphi_- + IR \tag{5-42}$$

放电时：
$$U = E - \Delta\varphi_+ + \Delta\varphi_- - IR \tag{5-43}$$

式中，U 为蓄电池端电压；$\Delta\varphi_+$ 为正极板的超电势；$\Delta\varphi_-$ 为负极板的超电势；I 为充、放电电流；R 为蓄电池内阻。

② 蓄电池容量。

蓄电池容量就是蓄电池的蓄电能力，通常以充足电后的蓄电池放电至其端电压到终止电压时电池放出的总电量表示。

$$Q = C \times 负载工作电流 \times 日工作时数 \times 最长连续阴雨天数 / CC \tag{5-44}$$

式中，C 为安全系数，$C = 1.2 \times 1.25 = 1.5$（碱性电池），$C = 1.2 \times 1.5 = 1.8$（酸性电池），若蓄电池放置地点的最低温度为 $-10\,℃$，则式(5-44)还要乘 1.1，最低温度为 $-20\,℃$ 时，则乘以 1.2。CC 为蓄电池放电深度，一般铅酸蓄电池取 0.75，碱性镍镉蓄电池取 0.85。

③ 蓄电池的荷电状态。

蓄电池的荷电状态 SOC 用来反映蓄电池的剩余容量。其定义为蓄电池剩余容量占总容量的百分比，即

$$SOC = \frac{Q_R}{Q_{sum}} \tag{5-45}$$

式中，Q_R 为电池在当前条件下还能输出的容量（剩余容量）；Q_{sum} 为电池在当前条件下所能放出的最大容量。

如果将电池充满电的状态定义为 $SOC = 1$，且有

$$Q_{sum} = Q + Q_R \tag{5-46}$$

式中，Q 为电池已放出的容量，则式(5-46)可表示为

$$SOC = 1 - \frac{Q}{Q_{sum}} \tag{5-47}$$

④ 放电深度（DOD）。

放电深度是指蓄电池放出的容量占其能输出总容量的百分比，即

$$DOD = \frac{Q}{Q_{sum}} \tag{5-48}$$

对照式(5-48)可以看出，它是荷电状态对 1 的补值。因此，式(5-48)也可以表示为

$$DOD = 1 - SOC \tag{5-49}$$

⑤ 放电速率。

放电速率简称放电率,常用时率和倍率表示。时率以放电电流的数值为额定容量数值的倍数表示。一般用符号 C 及其下标表示放电时率。在研究电池时,常常规定统一的放电时间,称为放电制。利用给出的放电制就能通过额定的容量求出放电电流。

$$放电电流(A)＝电池的额定容量(A·h)/放电制时间(h)$$

为了对容量不同的电池进行比较,放电电流不用绝对值(安培)表示,而用额定容量与放电时间的比表示,称作放电速率或放电倍率。

4. 逆变器

很多场合都需要提供 220V AC、110V AC 的电源。由于太阳能的直接输出一般都是 12V DC、24V DC、48V DC,为了能够向 220V AC 的电器提供电能,需要将太阳能发电系统发出的直流电能转换成交流电能,因此需要使用 DC-AC 逆变器。在某些场合需要使用多种电压的负载时,也要用到 DC-DC 逆变器,如将 24V DC 的电能转换成 5V DC 的电能。

5.2.5　太阳能供电系统的特点及类型

太阳能供电系统的特点:

不必铺设电线,不必挖开马路,安装使用方便;一次性投资,可保证 20 年不间断供电(蓄电池一般为 5 年需更换);免维护,无污染。

太阳能供电系统的类型:

按供电类型分,直流供电系统和交直流供电系统;

按供电特点分,独立光伏发电系统和并网光伏发电系统。

1. 独立光伏发电系统

独立光伏发电系统是指仅依靠太阳能电池供电的光伏发电系统或主要依靠太阳能电池供电的光伏发电系统。从电力系统来说,千瓦级以上的独立光伏发电系统也称为离网型光伏发电系统。

独立型太阳能光伏系统根据负载的种类、用途不同,系统的构成也不同。独立系统一般由太阳能电池、充放电控制器、蓄电池、逆变器以及负载(直流负载、交流负载)等构成。其工作原理是:如果为直流负载,太阳能电池的输出可直接供给直流负载;如果为交流负载,太阳能电池的输出则通过逆变器将直流变成交流后供给交流负载。蓄电池则用来存储电能,当夜间、阴雨天等太阳能电池无输出或输出不足时,则由蓄电池向负载供电。

独立系统由于负载只有太阳能光伏系统供电,且太阳能光伏系统的输出受诸如日照、温度等气象条件的影响,因此当供给负载的电力不足时,这时需要使用蓄电池解决这一问题。由于太阳能电池的输出为直流,一般可直接用于直流负载。当负载为交流时,还需要使用逆变器,将直流变成交流供给交流负载。由于蓄电池在充放电时会出现损失且维护检修成本高,因此,独立型太阳能光伏系统一般容量较小,主要用于时钟、无线机、路标、岛屿以及山区无电地区等领域。

1）独立系统的用途

独立系统一般适用于以下情况：需要自由携带的设备，如普通、便携型设备用电源；夜间、阴雨天等不需要电网供电；远离电网的边远地区；不需要并网；不采用电气配线施工；不需要备用电源。

一般来说，远离送、配电线而又必须电力的地方以及在如柴油发电需要运输燃料、发电成本较高的情况下使用独立系统比较经济，可优先考虑使用独立系统。

独立光伏发电系统，框图如图 5.43 所示。

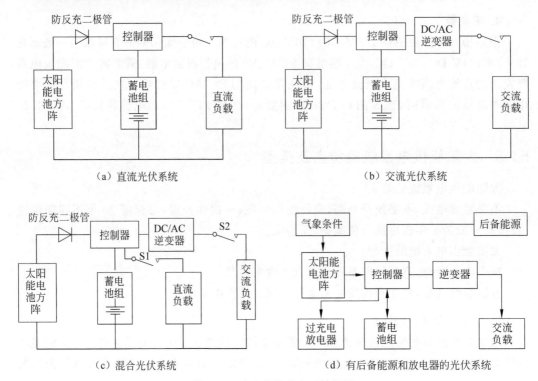

（a）直流光伏系统　　　　　　　　　　　（b）交流光伏系统

（c）混合光伏系统　　　　　　　（d）有后备能源和放电器的光伏系统

图 5.43　独立光伏发电系统框图

主要部件如下：

① 太阳能电池。由硅半导体材料制成的方片、圆片或薄膜，在阳光照射下产生电压和电流。

② 太阳能电池组件，也称为"光伏组件"。预先排列好的一组太阳能电池，被层压在超薄、透明、高强度玻璃和密封的封装底层之间。太阳能电池组件有各种各样的尺寸和形状，典型的组件是矩形平板。

③ 太阳能电池方阵，简称"方阵"，是在金属支架上用导线连在一起的多个光伏组件的组合体。太阳能电池方阵产生所需要的电压和电流。

④ 蓄电池组。提供存储直流电能的装置。

⑤ 控制器，系统控制装置。通过对系统输入输出功率的调节与分配，实现对蓄电池电压的调整，以及系统赋予的其他控制功能。

⑥ 逆变器。将直流电转变为交流电的电气设备。

⑦ 直流负载。以直流电供电的装置或设备。

⑧ 交流负载。以交流电供电的装置或设备。

2. 并网光伏发电系统

光伏发电系统的主流发展趋势是并网光伏发电系统。太阳能电池发的电是直流,必须通过逆变装置变换成交流,再同电网的交流电合起来使用,这种形态的光伏系统就是并网光伏系统。并网光伏系统可分为:住宅用并网光伏系统和集中式并网光伏系统(电站)两大类。前者的特点是:光伏系统发的电直接被分配到住宅内的用电负载上,多余或不足的电力通过连接电网调节;后者的特点是:光伏系统发的电直接被输送到电网上,由电网把电力统一分配到各个用电单位。

在并网光伏系统的设计里,不提供蓄电池存储单元,白天不用的多余电量,用户可以通过逆变器将这些电能出售给当地的公用电力网,该逆变器是为这类光伏系统专门设计的。当光伏系统产生的电能不够用户使用时,可从公共电力网补充用户需要的功率。

1)有逆潮流并网系统

有逆潮流并网系统如图 5.44 所示,太阳能的输出供给负载后,若有剩余电能且剩余电能流向电网的系统,则称之为有逆潮流并网系统。对于逆潮流并网系统来说,由于太阳能电池产生的剩余电能可以供给其他负载使用,因此可发挥太阳能电池的发电能力,使电能得到充分利用。当太阳能电池的输出不能满足负载的需要时,则从电力系统得到电能,这种系统可用于家庭的电源、工业用电源等场合。

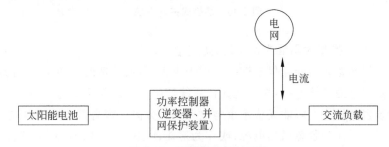

图 5.44 有逆潮流并网系统

2)无逆潮流并网系统

无逆潮流并网系统如图 5.45 所示,太阳能电池的输出供给负载,即使有剩余电能,但剩余电能并不流向电网,此系统称为无逆潮流并网系统。当太阳能电池的输出不能满足负载的需要时,则从电力系统得到电能。

并网式系统的最大优点是:可省去蓄电池。这不仅可以节省投资,使太阳能光伏系统的成本大大降低,有利于太阳能光伏系统的普及,而且可以省去蓄电池的维护、检修等费用,所以该系统是一种十分经济的系统。这种不带蓄电池、无逆潮流的并网式屋顶太阳能光伏系统正得到越来越广泛的应用。

3)切换式并网系统

切换式并网系统如图 5.46 所示,该系统主要由太阳能电池、蓄电池、逆变器、切换器

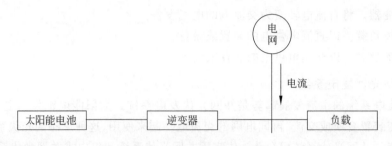

图 5.45　无逆潮流并网系统

以及负载等构成。正常情况下,太阳能光伏系统与电网分离,直接向负载供电。而当日照不足或连续雨天,太阳能光伏系统的输出不足时,切换器自动切向电网一边,由电网向负载供电。这种系统在设计蓄电池的容量时可选择较小容量的蓄电池,以节省投资。

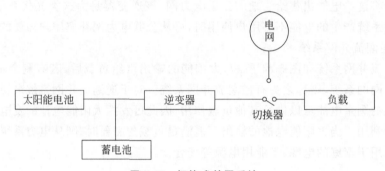

图 5.46　切换式并网系统

4) 自立运行切换型太阳能光伏系统(防灾型)

自立运行切换型太阳能光伏系统一般用于灾害、救灾等情况。通常,该系统通过系统并网保护装置与电力系统连接,太阳能光伏系统产生的电能供给负荷。当灾害发生时,系统并网保护装置动作使太阳能光伏系统与电力系统分离。带有蓄电池的自立运行切换型太阳能光伏系统可作为紧急通信电源,或作为避难所、医疗设备、加油站、道路指示、避难场所指示以及照明等的电源,当灾害发生时向灾区的紧急负荷供电。

5) 直、交流并网型太阳能光伏系统

图 5.47(a)所示为直流并网型太阳能光伏系统。情报通信用电源为直流电。

6) 地域并网型太阳能光伏系统

传统的太阳能光伏系统由太阳能电池、逆变器、控制器、自动保护系统、负荷等构成。其特点是太阳能光伏系统分别与电力系统的配电线相连。各太阳能光伏系统的剩余电能直接送往电力系统(称为卖电);各负荷的所需电能不足时,直接从电力系统得到电能(称为买电)。

3. 传统并网充电光伏系统存在的问题

1) 逆充电问题

所谓逆充电问题,是指当电力系统的某处出现事故时,尽管将此处与电力系统的其他

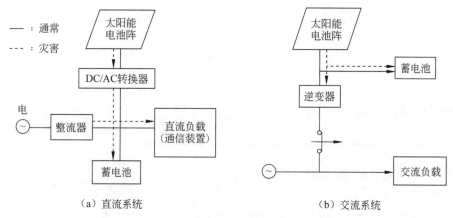

图 5.47　直、交流并网型太阳能光伏系统

线路断开,但此处如果有太阳能光伏系统,太阳能光伏系统的电能会流向该处,有可能导致事故处理人员触电,严重的会造成伤亡。

2) 电压上升问题

由于大量的太阳能光伏系统与电力系统并网,因此晴天时太阳能光伏系统的剩余电能会同时送往电力系统,使电力系统的电压上升,导致供电质量下降。

3) 太阳能发电成本的问题

太阳能发电的价格太高是制约太阳能发电普及的重要因素,如何降低成本是人们最关注的问题。

4) 负荷均衡的问题

为了满足最大负荷的需要,必须相应地增加发电设备的容量,但这样会使设备投资成本增加。为了解决上述问题,人们提出了地域并网型太阳能光伏系统。如图 5.48 所示,图中的虚线部分为地域并网太阳能光伏系统的核心部分。各负荷、太阳能发电站以及电能存储系统与地域配电线相连,然后与电力系统的高压配电线相连。

太阳能发电站可以在某地域建筑物的墙面、学校、住宅等的屋顶、空地等处,太阳能发电站、电能存储系统以及地域配电线等设备由独立于电力系统的第三者建造并经营。

该系统的特点是:

① 太阳能发电站发出的电能首先向地域内的负荷供电,有剩余电能时,电能存储系统先将其存储起来,若仍有剩余电能,则卖给电力系统;太阳能发电站的输出不能满足负荷的需要时,先由电能存储系统供电,仍不足时则从电力系统买电。这种并网系统与传统的并网系统相比,可以减少买卖电量。太阳能发电站发出的电能可以在地域内得到有效利用,可提高电能的利用率。

② 地域并网太阳能光伏系统通过系统的并网装置与电力系统相连。当电力系统的某处出现故障时,系统并网装置检测出故障,并自动断开开关,使太阳能光伏系统与电力系统脱离,防止太阳能光伏系统的电流流向电力系统,有利于检修与维护。因此,这种并网系统可以很好地解决逆充电问题。

③ 地域并网太阳能光伏系统通过系统并网装置与电力系统相连,所以只需在并网处

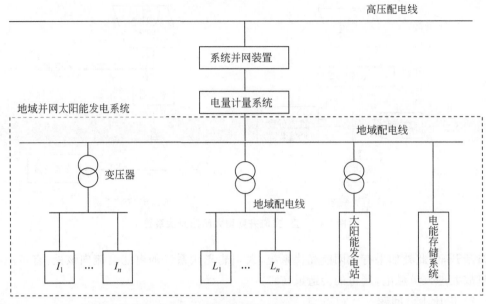

图 5.48　地域并网型太阳能光伏系统

安装电压调整装置或使用其他方法,就可解决由于太阳能光伏系统同时向电力系统送电时造成的系统电压上升的问题。

④ 由上述的特点①可知,与传统的并网系统相比,太阳能光伏系统的电能首先供给地域内的负荷,若仍有剩余电能,则由电能存储系统存储,因此,剩余电能可以得到有效利用,可以大大降低成本,有助于太阳能发电的应用与普及。

⑤ 由于设置了电能存储装置,可以将太阳能发电的剩余电能存储起来,可在最大负荷时向负荷提供电能,因此可以起到均衡负荷的作用,从而大大减少调峰设备,节约投资。

思考与习题 5

一、选择题

1. 若要检测脉宽为 10^{-7}s 的光脉冲,应选用( )为光电变换器件。

    A. PIN 型光电二极管　　　　　　　　　　B. 3DU 型光电三极管

    C. PN 结型光电二极管　　　　　　　　　　D. 硅光电池

2. 用光电法测量某高速转轴的转速时,最好选用( )为光电接收器件。

    A. PMT　　　　　　　　　　　　　　　　　B. CdS 光敏电阻

    C. 2CR42 硅光电池　　　　　　　　　　　　D. 3DU 型光电三极管

3. 硅光电池在( )偏置时,其光电流与入射辐射量有良好的线性关系,且动态范围较大。

    A. 恒流　　　　　　B. 自偏置　　　　　　C. 零伏偏置　　　　　　D. 反向偏置

4. 硅光电池在( )情况下有最大的输出功率。

A. 开路　　　　　　B. 自偏置　　　　　C. 零伏偏置　　　　D. 反向偏置

5. 硅光电池的受光面的输出多做成梳齿状或 E 字形电极,其目的是(　　)。

A. 增大内电阻　　B. 减小内电阻　　C. 简化制作工艺　　D. 约定俗成

6. 为了提高光电二极管短波段波长的光谱响应,可以采取的措施是(　　)。

A. 增强短波波长光谱的光照强度　　　　B. 增强长波波长光谱的光照强度

C. 增加 PN 节厚度　　　　　　　　　　D. 减薄 PN 节厚度

7. 用光电法测量某高速转轴(15000r/min)的转速时,最好选用(　　)为光电接收器件。

A. PMT　　　　　　　　　　　　　　　B. CdS 光敏电阻

C. 2CR42 硅光电池　　　　　　　　　　D. 3DU 型光电三极管

8. 当需要定量检测光源的发光强度时,应选用(　　)为光电变换器件。

A. 光电二极管　　B. 光电三极管　　C. 热敏电阻　　　　D. 硅光电池

9. 硅光电池在(　　)情况下有最大的电流输出。

A. 开路　　　　　　B. 自偏置　　　　　C. 零伏偏置　　　　D. 反向偏置

10. 光电子发射探测器是基于(　　)的光电探测器。

A. 内光电效应　　B. 外光电效应　　C. 光生伏特效应　　D. 光热效应

11. 给光电探测器加合适的偏置电路,下列说法不正确的是(　　)。

A. 可以扩大探测器光谱响应范围　　B. 可以提高探测器灵敏度

C. 可以降低探测器噪声　　　　　　D. 可以提高探测器响应速度

12. 光敏电阻是(　　)器件,属于(　　)。

A. 光电导器件,外光电效应　　　　B. 光电发射器件,外光电效应

C. 光生伏特器件,内光电效应　　　　D. 光电导器件,内光电效应

13. 如题 13 图所示为结型光电器件的伏安特性曲线,若结型光电器件工作在(　　)象限时,称之为(　　)模式,相应的探测器件被称为(　　)。正确的答案是(　　)。

A. 第一—光伏工作—光敏二极管

B. 第三—光电导工作—光敏二极管

C. 第三—光伏工作—光电池

D. 第四—光电导工作—光电池

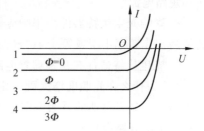

题 13 图　伏安特性曲线

14. 下列各图中,光伏探测器的电路工作模式是光伏模式($R_内 \ll R_L$ 相当恒压源)的是(　　)。

A.
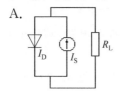

B.
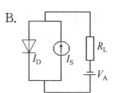

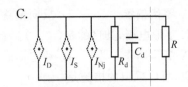
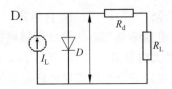

二、填空题

1. 光电效应分为光电导效应、_____、_____。

2. 光电倍增管分压电阻链上的电流值通常比阳极最大平均电流大_____倍以上。

3. 光电池的工作原理利用了 PN 结的_____效应，通常在_____偏置下工作。

4. 光电池的主要用途为_____光电池和_____光电池。

5. 用双结光电二极管作颜色测量时，可以测出其中两个硅光电二极管的_____的对数值与入射光波长的关系。

三、简答与计算题

1. 简述 PN 型光电二极管、PIN 型光电二极管、雪崩光电二极管的区别，并说明为什么它们的频率特性比普通光电二极管好。

2. 什么是内光电效应和外光电效应？并举例说明其应用。

3. 比较光敏电阻和光电二极管在电路应用中的区别。

4. 探测器噪声主要有哪几种？何谓"白噪声"？何谓"$1/f$ 噪声"？要降低电阻热噪声，应采取什么措施？

5. 说明光电导器件、PN 结光电器件的禁带宽度和截止波长之间的关系。

6. 写出硅光电二极管的全电流方程，说明各项的物理意义。

7. 如果硅光电池的负载为 R_L，画出其等效电路图，写出流过负载的电流方程开路电压和短路电流。

8. 影响光生伏特器件频率响应特性的主要因素有哪些？为什么 PN 结型硅光二极管的最高工作频率小于或等于 $10^7\,\mathrm{Hz}$？

9. 光生伏特器件有几种偏置电路？各有什么特点？

10. 为什么在光照度增大到一定程度后，硅光电池的开路电压不再随入射照度的增大而增大？硅光电池的最大开路电压为多少？为什么硅光电池的有载输出电压总小于相同照度下的开路电压？

11. 已知 2CR44 型硅光电池的光敏面积为 $10\,\mathrm{mm}\times10\,\mathrm{mm}$，在室温为 300K，辐照度为 $100\,\mathrm{W/cm^2}$ 时的开路电压 $U_{oc}=550\,\mathrm{mV}$，短路电流为 $I_{sc}=28\,\mathrm{mA}$，试求：

(1) 辐照度为 $200\,\mathrm{W/cm^2}$ 时的开路电压 U_{oc}、短路电流 I_{sc}。

(2) 求获得最大功率时对应的负载 R_L、最大输出功率 P_m 和转换效率。

12. 利用所学光电器件知识设计一汽车车库门的自动光控制电路，画出电路图并说明其工作原理。

13. 比较本章所学的光电检测器件的特点，并说明实际使用时的选择原则和注意事项。

14. 写出太阳能电池片的生产工艺流程。

15. 太阳能电池片的特征参数有哪些？写出其对应的公式。

16. 利用所学知识设计一具有蓄电功能的并网型交流光伏发电系统。

17. 太阳能光伏发电系统的运行方式有哪两种,选举其中一种运行方式,画出其组成框图。

18. 利用所学太阳能知识设计一离网型交流光伏发电系统,画出其设计框图及设计步骤。

19. 利用所学太阳能知识设计一混合光伏发电系统,画出设计框图及设计步骤。

第 6 章

热辐射探测器

热辐射探测器是不同于光子探测器的另一类光电探测器,它是基于光辐射与物质相互作用的热效应而制成的器件。热探测器在光电探测中有重要地位,如红外、激光功率和能量测量,都广泛使用热辐射探测器。热辐射探测器无须制冷,光谱响应无波长选择性等突出特点,至今在某些领域仍是光子探测器所无法取代的探测器件。尤其是热释电探测器,工作时无须制冷,也无须偏压电源,在较宽的频率和温度范围内有较高的探测度,结构简单,使用方便,因此有广阔的应用前景。

热辐射探测器的缺点是响应时间较长,灵敏度低。近年来,随着技术的提高,在响应速度、灵敏度与稳定性等方面得到不断的改进与提高。新型热辐射探测器不断涌现,正在为人类探索未知世界做重大贡献。本章重点介绍热敏电阻、热电偶、热电堆和热释电的探测原理、器件的性质及其工作电路。

6.1 热辐射的一般规律

热辐射探测的机理是:探测器将吸收的辐射能转化为热能,温度上升;温升的结果使得探测器的某些物理性质发生变化。检测某一物理性质的变化,就可探知光辐射的存在或其强弱程度。由于热探测器的温升是其吸收辐射能作用的总效果,各种波长的光辐射对它的响应率均有贡献,因此其光谱响应范围较宽。

1. 热流方程

为了研究热辐射探测规律,可建立如图 6.1 所示的热力学分析模型。设在无辐射作用的情况下,器件与环境温度处于平衡状态,其温度为 T,当辐射功率为 Φ_e 的热辐射入射到器件表面时,令表面的吸收系数为 α,则器件吸收的热辐射功率为 $\alpha\Phi_e$,其中一部分功率使器件的温度升高,另一部分用于补偿器件与环境热交换所损失的能量。设单位时间器件的内能增量为 $\Delta\Phi_i$,则有

$$\Delta\Phi_i = C_\theta \frac{\mathrm{d}(\Delta T)}{\mathrm{d}t} \tag{6-1}$$

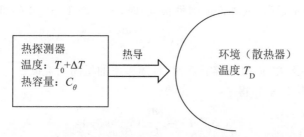

图 6.1　热辐射探测热力学分析模型

式中，C_θ 称为热容，表明内能的增量为温度变化的函数。热交换能量的方式有三种：传导、辐射和对流。设单位时间通过传导损失的能量为 $\Delta\Phi_\mathrm{i}=G\Delta T$，$G$ 为器件与环境的热传导系数。根据能量守恒原理，器件吸收的辐射功率应等于器件内能的增量与热交换能量之和，即

$$\alpha\Delta\Phi_\mathrm{e}=C_\theta\frac{\mathrm{d}(\Delta T)}{\mathrm{d}t}+G\Delta T \tag{6-2}$$

2. 热辐射探测器的温升

设入射辐射为正弦辐射量，$\Phi_\mathrm{e}=\Phi_0\mathrm{e}^{\mathrm{j}\omega t}$，则式(6-2)变为

$$C_\theta\frac{\mathrm{d}(\Delta T)}{\mathrm{d}t}+G\Delta T=\alpha\Phi_0\mathrm{e}^{\mathrm{j}\omega t} \tag{6-3}$$

若选取起始辐射的时间为初始时间，则此时器件与环境处于热平衡状态，即 $t=0$，$\Delta T=0$。将初始条件代入微分方程(式(6-3))，解此方程，得到热传导方程为

$$\Delta T(t)=-\frac{\alpha\Phi_0\mathrm{e}^{-\frac{G}{C_\theta}t}}{G+\mathrm{j}\omega C_\theta}+\frac{\alpha\Phi_0\mathrm{e}^{\mathrm{j}\omega t}}{G+\mathrm{j}\omega C_\theta} \tag{6-4}$$

设 $\tau_\mathrm{T}=\dfrac{C_\theta}{G}=C_\theta R_\theta$，称为热探测器的热时间常数；$R_\theta=\dfrac{1}{G}$ 称为热阻热探测器的热时间常数，一般为毫秒至秒的数量级，它与器件的大小、形状和颜色等参数有关。

当时间 $t\gg\tau_\mathrm{T}$ 时，式(6-4)中的第一项可以忽略，则有

$$\Delta T(t)=\frac{\alpha\Phi_0\tau_\mathrm{T}\mathrm{e}^{\mathrm{j}\omega t}}{C_\theta(1+\mathrm{j}\omega\tau_\mathrm{T})} \tag{6-5}$$

为正弦变化的函数，其幅值为

$$|\Delta T|=\frac{\alpha\Phi_0\tau_\mathrm{T}}{C_\theta(1+\omega^2\tau_\mathrm{T}^2)^{\frac{1}{2}}} \tag{6-6}$$

可见，热探测器吸收交变辐射能所引起的温升与吸收系数 α 成正比。因此，几乎所有的热探测器都被涂黑。另外，它又与工作频率有关，工作频率增高，其温升下降，在低频时（$\omega\tau_\mathrm{T}\ll1$），它与热导 G 成反比，因此式(6-6)可写为

$$|\Delta T|=\frac{\alpha\Phi_0}{G} \tag{6-7}$$

温升与热导 G 成反比，减小热导是增高温升及灵敏度的好方法。但是，热导与热时间常数成反比，提高温升将使器件的惯性增大，时间响应变坏。

式(6-5)中,当 α 很高(或器件的惯性很大)时, $\omega\tau_T \gg 1$,式(6-6)可近似为

$$|\Delta T| = \frac{\alpha\Phi_0}{\omega C_\theta} \qquad (6\text{-}8)$$

结果是温升与热导无关,而与热容成反比,且随频率的增高而衰减。

当 $\omega = 0$ 时,由式(6-4)得

$$\Delta T(t) = \frac{\alpha\Phi_0}{G}(1 - e^{-\frac{t}{\tau_T}}) \qquad (6\text{-}9)$$

$\Delta T(t)$ 由初始零值开始随时间 t 增加,当 $t \to \infty$ 时, ΔT 达到稳定值 $\alpha\Phi_0/G$; $t = \tau_T$ 时, $\Delta T(t)$ 上升到稳定值的 63% 。故 τ_T 被称为器件的热时间常数。

6.2 热敏电阻

1. 热敏电阻及其特点

吸收入射辐射后引起温升使电阻阻值改变,导致负载电阻两端的电压变化,并给出电信号的元器件,称为热敏电阻。

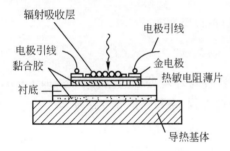

图 6.2 热敏电阻的典型结构

热敏电阻通常由负电阻系数很大的氧化物(如锰、镍、钴三种金属氧化物)的混合物经高温烧结而成。半导体热敏电阻一般具有负的温度系数,当温度升高时,其电阻值下降,同时灵敏度也下降。这个原因限制了它在高温情况下的使用,其典型结构如图 6.2 所示。它由涂黑的辐射吸收层、热敏电阻薄片、衬底、导热基体和电极引线等组成。采用不同衬底可以控制热敏电阻的响应时间和灵敏度。例如,加浸没透镜其响应度可提高三倍左右。

一般来说,由金属(如白金)制成的热敏电阻具有正的温度系数,其电阻随着温度的升高会有所增加;而对于半导体材料制成的热敏电阻,其阻值随着温度的升高会下降,温度系数为负。这是由于一般金属的能带结构外层无禁带,自由电子密度很大,以致外界光作用引起自由电子密度的相对变化较半导体而言可忽略不计。相反,吸收光以后,使晶格振动加剧,妨碍了自由电子做定向运动。因此,当光作用于金属元件使其温度升高的同时,其阻值还略有增加,即由金属材料组成的热敏电阻具有正温度系数。以氧化锰、氧化钴、氧化镍等金属氧化物为主要原料制造的热敏电阻,其金属氧化物材料具有半导体性质,类似于锗、硅晶体材料,体内的载流子(电子和空穴)数目少,电阻较大,温度升高,体内载流子的数目增加,电阻值减小。因此,半导体热敏电阻具有负温度系数。

热敏电阻的静态伏安特性曲线如图 6.3 所示。在低电压小电流时,因为热敏电阻消耗的功率小,不足以改变本身的温度,所以其动态电阻不变,热敏电阻此时表现为线性元件;当电流增大时,热敏电阻消耗的功率增大,焦耳热使温度升高,阻值下降,因而曲线逐渐弯曲,由于热敏电阻的阻值随消耗功率的增加而迅速减小,因此伏安特性出现电流增

大,电压反而减小的现象,使热敏电阻容易损坏。使用热敏电阻必须注意将工作点选在伏安特性曲线最高电压 U_P 的左边,取偏压在 $0.6U_P$ 处较为适宜。

2. 热敏电阻的特性参数

1) 电阻-温度特性

当热敏电阻吸收热辐射,温度发生变化时,热敏电阻的阻值发生改变,电阻随温度变化的规律为

$$\Delta R = R\alpha_T \Delta T \tag{6-10}$$

式中,$\alpha_T = \Delta R/(R\Delta T)$ 为热敏电阻的温度系数,$\alpha_T > 0$ 为正的温度系数,$\alpha_T < 0$ 为负的温度系数。

2) 热敏电阻的输出特性

热敏电阻探测的电路如图 6.4 所示。图中,$R_T = R'_T$,$R_{L1} = R_{L2}$。在热敏电阻上加上偏压 U_{bb} 之后,由于辐射的照射使热敏电阻值改变,因而负载电阻的电压增量为

$$\Delta U_L = \frac{U_{bb}\Delta R_T}{4R_T} = \frac{U_{bb}}{4}\alpha_T \Delta T \tag{6-11}$$

式(6-11)是在假定 $R_{L1} = R_T$,$\Delta R \ll R_{L1} + R_T$ 的条件下得到的。

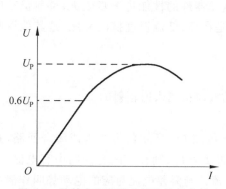

图 6.3 热敏电阻的静态伏安特性曲线

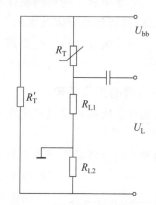

图 6.4 热敏电阻探测的电路

当入射辐射为交流正弦信号,$\phi = \phi_0 e^{j\omega t}$,由式(6-7)可知,光敏电阻温度的增量为

$$\left|\Delta T\right| = \frac{\alpha \Phi_0 \tau_T}{C_\theta(1+\omega^2\tau_T^2)^{\frac{1}{2}}} = \frac{\alpha \Phi_0 R_\theta}{(1+\omega^2\tau_T^2)^{\frac{1}{2}}} \tag{6-12}$$

输出电压的增量为

$$\Delta U_L = \frac{U_{bb}}{4}\frac{\alpha_T \alpha \varphi R_\theta}{\sqrt{1+\omega^2\tau_\theta^2}} \tag{6-13}$$

式中,τ_θ 为热敏电阻的热时间常数,$\tau_\theta = R_\theta C_\theta$;$R_\theta$、$C_\theta$ 为热阻和热容。由式(6-13)可见,随着辐照频率的增加,热敏电阻传给负载的电压增量减少。热敏电阻的时间常数为 $1\sim10\mu s$,因此,使用频率上限范围为 $20\sim2000kHz$。

3) 灵敏度(响应率)

将单位入射辐射功率下热敏电阻变换电路的输出信号电压称为灵敏度或响应率。它

常分为直流灵敏度 S_0 与交流灵敏度 S_s。

直流灵敏度
$$S_0 = \frac{U_{bb}}{4}\alpha_T\alpha R_\theta$$

交流灵敏度
$$S_s = \frac{U_{bb}}{4}\frac{\alpha_T\alpha R_\theta}{\sqrt{1+\omega^2\tau_\theta^2}}$$

可见,要提高热敏电阻的灵敏度,须采用以下措施:

① 增加电压 U_{bb}。但会受到热敏电阻噪声的限制,也会损坏元件。

② 把热敏电阻的接收面涂黑,以提高吸收效率。

③ 增大热敏电阻 R_θ。其办法是减小元件的接收面积及元件与外界对流造成的热量损失。常将元件装入真空壳内,但随着热敏电阻的增大,响应时间 τ_θ 也增大。为了减少响应时间,通常把热敏电阻贴在具有高热导的衬底上。

④ 选用 α_T 大的材料。还可使元件冷却工作,以增大 α_T 的值。

6.3 热电偶

热电偶是使用最早的热辐射探测器,在光谱、光度探测仪器中具有广泛的应用。近年来,随着真空薄膜和半导体技术的发展,这类器件的性能进一步改进,目前仍有广泛的应用场合。它的灵敏度比热敏电阻高,尤其是在高、低温温度探测领域,是其他探测器件无法取代的。

1. 热电偶的工作原理

热电偶是利用物质温差产生电动势的效应探测入射辐射的。

1) 塞贝克效应

当两种不同金属或半导体材料的细丝按图 6.5 所示的方式连成闭合回路,并使两结点温度不同,如 $T>T_0$,则在该闭合回路中有电流流过,该电流叫作温差电流。与温差电流对应的电动势叫作温差电动势 ε_{12}。该值的正负由两种材料和冷热结点位置不同而定,并有 $\varepsilon_{21}=-\varepsilon_{12}$,该电动势的大小随温差的变化关系,可用其微分系数表示

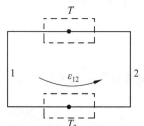

图 6.5 塞贝克效应

$$M_{12}=\frac{d\varepsilon_{12}}{dT}T_0(VK^{-1}) \tag{6-14}$$

式中,M_{12} 为塞贝克系数,它与温度 T_0 和两种材料的性质有关。

2) 珀尔贴效应

将两种不同金属或半导体材料的细丝连接,当有电流 I_{12} 从材料 Ⅰ 通过结点流向 Ⅱ 时,这时结点变冷(或变热),如图 6.6 所示,单位时间吸收的热量,即热功率与电流 I_{12} 成正比,

$$P_珀=\pi_{12}I_{12}(W) \tag{6-15}$$

π_{12} 为珀尔帖系数或珀尔帖电压,其值的正负由工作材料和条件决定。当 π_{12} 为正

时,电流 I_{12} 由 Ⅰ 流到 Ⅱ,结点放热;电流 I_{12} 由 Ⅱ 流到 Ⅰ,结点吸热。当 π_{12} 为负时,则有相反的结果。

以上两种温差效应是相互关联的,系数 M_{12}、π_{12} 之间的关系为

$$\pi_{12} = TM_{12} \tag{6-16}$$

$$M_{12} = M_1 - M_2 \tag{6-17}$$

若两种材料构成的两结点间无温差产生,则不产生温差电动势。不产生温差电动势,则无热电效应产生。图 6.7 所示为半导体辐射热电偶的结构示意图。用涂黑的金箔将 N 型半导体材料与 P 型半导体材料连接在一起构成热结。N 型半导体及 P 型半导体的另一端(冷端)将产生温差电动势,P 型半导体的冷端带正电,N 型半导体的冷端带负电。两端的开路电压 U_{oc} 与入射辐射使金箔产生

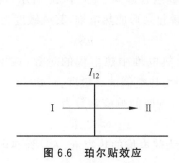

图 6.6 珀尔贴效应

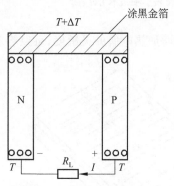

图 6.7 半导体辐射热电偶

$$U_{oc} = M_{12} \Delta T \tag{6-18}$$

式中,M_{12} 为塞贝克系数。辐射热电偶在恒定辐射作用下用负载电阻 R_L 将其构成回路,将有电流 I 流过负载电阻,并产生电压降 U_L,则

$$U_L = \frac{M_{12}}{R_i + R_L} R_L \Delta T = \frac{M_{12} R_L \alpha \varphi_0}{(R_i + R_L) G_Q} \tag{6-19}$$

式中,φ_0 为入射辐射通量(W);α 为金箔的吸收系数;R_L 为热电偶的电阻;M_{12} 为热电偶的温差电势率;G_Q 为热导。

若入射辐射为交流辐射信号 $\varphi = \varphi_0 e^{-j\omega t}$,则产生的交流信号电压为

$$U_L = \frac{M_{12} R_L \alpha \varphi_0}{(R_i + R_L) G_Q \sqrt{1 + \omega^2 \tau_T^2}} \tag{6-20}$$

其中,$\omega = 2\pi f$ 为交流辐射的调制频率,τ_T 为热电偶的时间常数,$\tau_T = R_Q C_Q = \dfrac{C_Q}{G_Q}$,$R_Q$、$C_Q$、$G_Q$ 分别为热电偶的热阻、热容和热导。热导与材料的性质及周围的环境有关,为使热导稳定,常将热电偶封装在真空管中,因此通常称其为真空热电偶。

2. 热电偶的输出灵敏度

在直流辐射作用下,热电偶的灵敏度为

$$S_0 = \frac{U_L}{\varphi_0} = \frac{M_{12} R_L \alpha}{(R_i + R_L) G_Q} \tag{6-21}$$

在交流辐射信号的作用下,热电偶的灵敏度为

$$S_0 = \frac{U_L}{\varphi_0} = \frac{M_{12} R_L \alpha}{(R_i + R_L) \sqrt{1 + \omega^2 \tau_T^2}} \tag{6-22}$$

由式(6-21)和式(6-22)可见,提高热电偶的灵敏度的办法,除选用塞贝克系数较大的材料外,增加辐射的吸收率 α,减小内阻 R_L,减小热导 G_Q 等措施也都是有效的。对于交流灵敏度,降低工作频率、减小时间常数 τ_T,也会使其有明显的提高。但是,热电偶的灵敏度与时间常数是一对矛盾,应用时不能兼顾。

6.4　热电堆探测器

为了增加热电偶的灵敏度,可以将若干个热电偶组合起来。如图 6.8 所示,将若干个

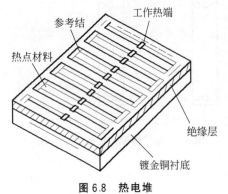

图 6.8　热电堆

热电偶串联起来形成热电堆,其灵敏度为

$$S = n S_0 \tag{6-23}$$

式中,n 为热电堆中热电偶的对数(或 PN 结的个数),S_0 为热电偶的灵敏度。

热电堆的时间响应常数为

$$\tau_{th} \propto C_{th} R_{th} \tag{6-24}$$

式中,C_{th} 为热电堆的热容量,R_{th} 为热电堆的热阻抗。

由式(6-23)和式(6-24)可以看出,要想使高速化和高灵敏度并存,就要在不改变 R_{th} 的情况下减小热容量 C_{th},热阻抗 R_{th} 由导热通路长度、热电堆数目及膜片的剖面面积决定。因而,要想使探测器实现高性能,就要减小热电堆的多晶硅间隔,减小构成膜片的材料厚度,以减小热容量。

6.5　热释电器件

热释电探测器是利用热释电效应制成的探测器,是热辐射探测器中最常用的类型之一。热释电器件可应用于从可见光到红外波段的探测,尤其在亚毫米波段更加受到重视,因为热释电器件对工作温度要求低,在常温和高温下均可以工作,而其他亚毫米波段的探测器则需要在液氦温度下才能工作。常用的热释电材料:硫酸三甘肽(TGS)、铌酸锶钡(SBN)、钽酸锂(LT)、钛酸铅陶瓷(PT)、钛酸锆酸铅陶瓷(PZT)等。

1. 热释电效应

热释电效应的原理可简述如下:在非中心对称结构的极性晶体中,即使在无外电场和应力的条件下,本身也会产生自发电极化。而自发电极化强度 P_S 是温度 T 的函数,如图 6.9 所示。随着温度的升高,极化强度将下降。当温度高于某一温度 T_0 时,$P_S = 0$,自

发电极化效应消失。通常把温度 T_0 称为"居里温度"或"居里点"。不同的材料有不同的居里温度，而热释电器件只能工作在居里温度以下。温度在居里点以下时，极化强度 P_S 为温度 T 的函数。利用这一关系制造的热辐射探测器称为热释电器件。

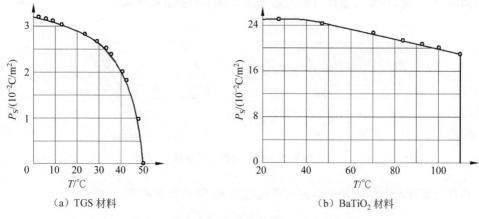

（a）TGS 材料　　　　　　　　　　（b）BaTiO$_2$ 材料

图 6.9　自发极化强度随温度变化的关系曲线

当红外辐射照射到已经极化的铁电体薄片上时，引起薄片温度升高，表面电荷减少，相当于释放了部分电荷，释放的电荷可用放大器转变成电压输出。如果辐射持续作用，表面电荷将达到新的平衡，不再释放电荷，也不再有电压信号输出。因此，热释电器件不同于其他光电器件，在恒定辐射的作用下其输出的信号电压为零。只有在交变辐射的作用下才有信号输出。

2. 热释电器件的工作原理

设晶体的自发极化矢量为 P_S，P_S 的方向垂直于电容器的极板平面。接收辐射的极板和另一极板的重叠面积为 A_d。由此引起表面上的束缚极化电荷为

$$Q = A_d \Delta\sigma = A_d P_S \tag{6-25}$$

若辐射引起的晶体温度变化为 ΔT，则相应的束缚电荷变化为

$$\Delta Q = A_d (\Delta P_S / \Delta T) \Delta T = A_d \gamma \Delta T \tag{6-26}$$

式中，γ 称为热释电系数，$\gamma = \Delta P_S / \Delta T$，是与材料本身的特性有关的物理量，表示自发极化强度随温度的变化率 $[C/(cm^2 \cdot K)]$。

若在晶体两个相对的极板上敷上电极，在两电极间接上负载 R，则负载上就有电流通过。温度变化在负载上产生的电流可表示为

$$i_s = \frac{dQ}{dt} = A_d \gamma \frac{dT}{dt} \tag{6-27}$$

式中，dT/dt 为热释电晶体的温度随时间的变化率，它与材料的吸收率和热容有关，吸收率大，热容小，则温度变化率大。

按照性能的不同要求，通常将热释电器件的电极做成如图 6.10 所示的面电极和边电极两种结构。在图 6.10(a) 所示的面电极结构中，电极置于热释电晶体的前后表面上，其中一个电极位于光敏面内。这种电极结构的电极面积较大，极间距离较短，因而极间电容

较大,不适于高频使用。此外,由于辐射要通过电极层才能到达晶体,所以电极对于待测的辐射波必须透明。图 6.10(b)所示的边电极结构中,电极所在的平面与光敏面互相垂直,电极间距较大,电极面积较小,因此极间电容较小,由于热释电器件的响应速度受极间电容的限制,因此,在高频使用时应采用极间电容小的边电极结构。

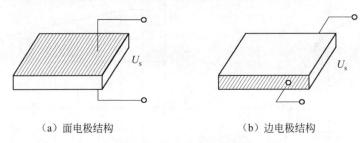

（a）面电极结构　　　　　　　　　（b）边电极结构

图 6.10　热释电的电极结构

热释电器件产生的热释电电流在负载电阻 R_L 上产生的电压为

$$U = i_k R_L = \left(A_d \gamma \frac{\mathrm{d}T}{\mathrm{d}t}\right) R_L \tag{6-28}$$

可见,热释电器件的电压响应正比于热释电系数和温度的变化率 $\mathrm{d}T/\mathrm{d}t$,与晶体和入射辐射达到平衡的时间无关。

热释电器件的图形符号如图 6.11(a)所示,如果将热释电器件跨接到放大器的输入端,其等效电路如图 6.11(b)所示。图中,I_S 为恒流源,R_S 和 C_S 为晶体内部介电损耗的等效阻性和容性负载,R_L 和 C_L 为外接放大器的负载电阻和电容。由等效电路可得热释电器件的等效负载电阻为

$$R_L = \frac{I}{\frac{I}{R} + \mathrm{j}\omega C} \tag{6-29}$$

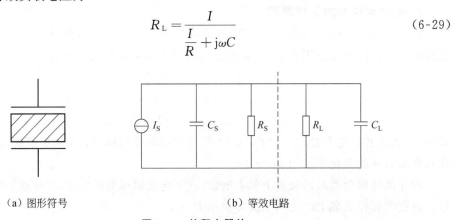

（a）图形符号　　　　　　　　　（b）等效电路

图 6.11　热释电器件

式中,R 为热释电器件的等效电阻,$R = \dfrac{R_S \cdot R_L}{R_S + R_L}$;$C$ 为放大器的等效电容,$C = C_S + C_L$。

$$|R_L| = \left|\frac{1}{1/R + \mathrm{j}\omega C}\right| = \frac{R}{(1 + \omega^2 R^2 C^2)^{1/2}} \tag{6-30}$$

对于热释电系数为 γ,电极面积为 A 的热释电器件,其在以调制频率为 ω 的交变辐

射照射下的温度可以表示为

$$T = |\Delta T_\omega| e^{j\omega t} + T_0 + \Delta T_0 \qquad (6\text{-}31)$$

式中，T_0 为环境温度；ΔT_0 表示热释电器件接收光辐射后的平均温升；$|\Delta T_\omega| e^{j\omega t}$ 表示与时间有关的温度变化。

于是，热释电器件的温度变化率为

$$\frac{dT}{dt} = \omega |\Delta T_\omega| e^{j\omega t} \qquad (6\text{-}32)$$

将式(6-30)和式(6-32)代入式(6-28)，可得输入到放大器的电压为

$$U = \gamma A_d \omega |\Delta T_\omega| \frac{R}{(1 + \omega^2 R^2 C^2)^{1/2}} e^{j\omega t} \qquad (6\text{-}33)$$

由热平衡温度方程，可知

$$|\Delta T_\omega| = \frac{\alpha \Phi_\omega}{G(1 + \omega^2 \tau_T^2)^{1/2}} \qquad (6\text{-}34)$$

式中，τ_T 为热释电器件的热时间常数，$\tau_T = C/G$。

将式(6-34)代入式(6-33)，可得热释电器件的输出电压的幅值解析表达式为

$$|U| = \frac{\alpha \gamma \omega A_d R}{G(1 + \omega^2 \tau_e^2)^{\frac{1}{2}} (1 + \omega^2 \tau_T^2)^{1/2}} \Phi_\omega \qquad (6\text{-}35)$$

式中，τ_e 为热释电器件的电路时间常数，$\tau_e = RC$，$R = \dfrac{R_S \cdot R_L}{R_S + R_L}$，$C = C_S + C_L$；$\tau_T$ 为热时间常数，τ_e、τ_T 的数值均为 $0.1 \sim 10\mathrm{s}$；A_d 为光敏面的面积；α 为吸收系数；ω 为入射辐射的调制频率。

3. 热释电器件的电压灵敏度

热释电器件的电压灵敏度 S_V 为热释电器件输出电压的幅值 $|U|$ 与入射光功率之比。由式(6-35)可得热释电器件的电压灵敏度为

$$S_V = \frac{\alpha \gamma \omega A_d R}{G(1 + \omega^2 \tau_T^2)^{\frac{1}{2}} (1 + \omega^2 \tau_e^2)^{\frac{1}{2}}} \qquad (6\text{-}36)$$

可以看出：

(1) 当入射辐射为恒定辐射，即 $\omega = 0$ 时，$S_V = 0$，这说明热释电器件对恒定辐射不灵敏。

(2) 在低频段（$\omega < 1/\tau_e$ 或 $\omega < 1/\tau_T$）时，灵敏度 S_V 与 ω 成正比，这正是热释电器件交流灵敏的体现。

(3) 当 $\tau_T \neq \tau_e$ 时，通常 $\tau_e < \tau_T$，在 $\omega = 1/\tau_T \sim 1/\tau_e$ 范围，S_V 为一个与 ω 无关的常数。

(4) 在高频段（$\omega > 1/\tau_T$ 或 $\omega > 1/\tau_e$）时，S_V 则随 ω^{-1} 变化。所以，在许多应用中，式(6-36)的高频近似式为

$$S_V = \frac{\alpha \gamma A_d}{\omega C_0 C} \qquad (6\text{-}37)$$

即灵敏度与信号的调制频率成反比。式(6-37)表明，减小热释电器件的等效电容和热容

有利于提高高频段的灵敏度。

4. 热释电器件的响应时间和阻抗特性

热释电探测器的响应时间可由式(6-36)求出。热释电探测器在低频段的电压灵敏度与调制频率成正比,在高频段则与调制频率成反比,仅在 $1/\tau_T \sim 1/\tau_e$ 范围,S_V 与 ω 无关。电压灵敏度高端半功率点取决于 $1/\tau_T$ 或 $1/\tau_e$ 中较大的一个,因而按通常的响应时间定义,τ_T 和 τ_e 中较小的一个为热释电探测器的响应时间。通常 τ_T 较大,而 τ_e 与负载电阻大小有关,多在几秒到几微秒之间。随着负载的减小,τ_e 变小,灵敏度也相应减小。

5. 阻抗特性

热释电探测器是一种高阻抗低噪声的电容性器件,其电容量很小,阻抗很高,因此要求跟随它的前置放大器应具有高输入阻抗。结型场效应晶体管(JFET)的输入阻抗高,噪声小,所以常用 JFET 器件作为热释电探测器的前置放大器。

热释电器件是一种利用热释电效应制成的热探测器。与其他热探测器相比,热释电器件具有以下优点:

(1) 具有较宽的频率响应,工作频率接近兆赫兹,远远超过其他热探测器的工作频率。一般热探测器的时间常数典型值为 $0.01 \sim 1\mathrm{s}$,而热释电器件的有效时间常数可低至 $10^{-4} \sim 3 \times 10^{-5}\mathrm{s}$。

(2) 热释电器件可以有均匀的大面积敏感面,工作时可以不必外加偏置电压。

(3) 与热敏电阻相比,它受环境温度变化的影响更小。

(4) 热释电器件的强度和可靠性比其他多数热探测器都好,制造比较容易。

(5) 热释电器件的探测率高,在热探测器中只有气动探测器的探测率比热释电器件稍高,且这一差距还在不断减小。

热释电器件的缺点是只对入射的交变辐射有响应,对入射的恒定辐射没有响应;热释电材料具有压电特性,对微振等应变十分敏感,因此使用时应注意防振。

思考与习题 6

一、选择题

1. (   )不是常用的热辐射探测器。

    A. 热电偶   B. 测辐射热计   C. 热释电探测器   D. 红外焦平面阵列

2. 有关热电探测器,下面的说法不正确的是(   )。

    A. 光谱响应范围从紫外到红外几乎都有相同的响应

    B. 响应时间为毫秒级

    C. 器件吸收光子的能量,使其中的非传导电子变为传导电子

    D. 各种波长的辐射对器件的响应都有贡献

3. 关于辐射热电偶,下列说法正确的是(   )。

    A. 保存时应使输出端开路   B. 可以测量较强的辐射通量

    C. 可用万用表欧姆挡检测好坏   D. 使用时应避免振动

4. 要使热电探测器温度升高,对入射辐射的要求是（ ）。

    A. 功率要大,调制频率要大   B. 功率要小,调制频率要小

    C. 功率要大,调制频率要小   D. 功率要小,调制频率要大

二、填空题

1. 热辐射探测通常分为以下两个阶段：一是 _____；二是 _____。其中第 _____ 阶段能产生热电效应。

2. 热电偶是利用物质 _____ 的效应探测入射辐射的。

3. 热释电器件是利用 _____ 制成的热探测器。

4. 半导体热敏电阻的阻值随着温度的升高而逐渐 _____。

5. 对于铁电体介质,当外加电场去除后,仍能保持单畴极化的状态,称为 _____。

6. 热释电器件只能用来探测 _____ 辐射信号。

7. 热电探测器的特点是工作不需要制冷,光谱响应 _____,缺点是探测率较低,响应时间 _____。

8. 热电探测器大致可分为 _____ 及热电堆、热敏电阻、_____ 等。

三、简答与计算题

1. 热电探测器与光电探测器比较,在原理上有何区别？

2. 热电探测器与普通温度计有何区别？

3. 为什么由半导体材料制成的热敏电阻温度系数是负的,由金属材料制成的热敏电阻温度系数是正的？

4. 简述热释电探测器的工作原理。与其他热探测器相比,它有何优点？

5. 热敏电阻的灵敏度和哪些因素有关？

6. 热释电器件为什么不能工作在直流状态？工作频率等于何值时热释电电压的灵敏度达到最大？

7. 为什么热释电器件的工作温度不能在居里点？当工作温度远离居里点时,电压灵敏度会怎样？工作温度接近居里点时又会怎样？

8. 利用所学热释电知识设计一热释电自动感应门。

第 7 章

图像传感器件

可视信息日趋重要,随着多媒体系统的发展,图像传感器成为人们关注的焦点。眼睛是人类和动物的图像接收器,而图像传感器则是电子设备的图像接收器。图像传感器属于光电产业里的光电元件类,随着数码技术、半导体制造技术以及网络的迅速发展,目前市场和业界都面临着跨越各平台的视讯、影音、通信大整合时代的到来,勾划着未来人类日常生活的美景。

图像传感器按其工作方式可分为扫描型和直视型两类。扫描型图像传感器通过电子束扫描或数字电路的自扫描方式将二维光学图像转换成一维时序信号输出。这种代表图像信息的一维信号称为视频信号。视频信号经过信号的放大和同步处理后,经过相应的显示设备如监视器还原成二维光学图像信号,或者将视频信号通过 A/D 转换器输出具有某种规范的数字图像信号,经数字传输后,通过显示设备如数字电视还原成二维光学图像。视频信号的产生、传输与还原过程都要遵守一定的规则,才能保证图像信息不产生失真,这种规范称为制式。例如,广播电视系统遵循的规则称为电视制式。

直视型图像传感器用于图像的转换和增强。它的工作方式是将入射辐射图像通过外光电转换为电子图像,再由电场或电磁场的加速与聚焦进行能量的增强,并利用二次电子的发射作用进行电子倍增,最后将增强的电子图像激发荧光屏产生可见光图像。因此,直视型图像传感器基本由光电发射体、电子光学系统、微通道板、荧光屏及管壳等构成,通常称为像管。这类器件应用技术广泛,如夜视技术、精密零件的微小尺寸测量、产品外观检测、应变力场分析、机器人视觉以及目标的定位和跟踪。

扫描型图像传感器输出的视频信号经过 A/D 转换器转换成数字图像信号,存入计算机系统,并在软件的支持下完成图像的处理、存储、传输、显示及分析功能,因此,扫描型图像传感器的应用范围远远超过直视型图像传感器。

本章主要介绍从光学图像到视频信号的转换原理,即图像传感器的基本工作原理,主要介绍摄像管、CCD 和 CMOS 图像传感器。

7.1 光电成像原理与电视制式

7.1.1 光电成像原理

图 7.1 所示为光电成像系统的基本原理框图。可以看出,光电成像系统常分成光电成像部分(摄像系统)与图像显示系统部分。摄像系统由光学成像系统(成像物镜)、光电变换系统、同步扫描和图像编码等部分构成,输出全电视视频信号。

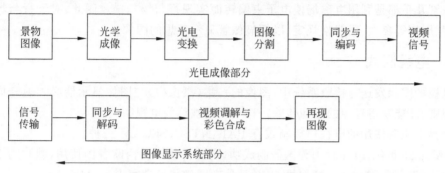

图 7.1 光电成像系统的基本原理框图

图像显示系统由信号接收部分(对于电视接收机为高频头,而对于监视器则直接接收全电视视频信号)、锁相器及同步控制系统、图像解码系统和荧光显示系统等构成。

光学成像系统主要由各种成像物镜构成,其中包括光圈、焦距等的调整系统。光电变换系统包含光电变换器、像束分割器与信号放大等电路。同步扫描和同步控制系统包括光电信号的行、场同步扫描,同步合成与分离等技术环节。图像编码、解码系统是形成各种彩色图像所必备的系统,内容非常丰富。荧光显示系统为输出光学图像的系统,它能够完成图像的灰度显示、彩色显示与显示余晖的调整功能,以便获得理想的光学图像,即构成监视器或电视接收机。

1. 摄像机的基本原理

在外界照明光照射下或自身发光的景物经成像物镜成像在物镜的像面(光电图像传感器的像面)上,形成二维空间光强分布的光学图像。光电图像传感器完成将光学图像转变成二维"电气"图像的工作。这里的二维"电气"图像由所用的光电图像传感器的性质决定,超正析像管为电子图像,摄像管为电阻图像,面阵 CCD 为电荷图像。"电气"图像在二维空间分布与光学图像的二维光强分布具有线性关系。组成一幅图像的最小单元称为像素或像元,像元的大小或一幅图像所包含的像元数决定了图像的分辨率,分辨率越高,图像的细节信息越丰富,图像越清晰,图像质量越高,即将图像分割得越细,图像质量越高。像元单元的大小直接影响它的灵敏度,通常像元尺寸越大,灵敏度越高,动态范围也会提高。因此,有时候为了提高灵敏度,提高动态范围不得不以牺牲分辨率或增大像元尺寸为代价。

2. 图像分割与扫描

将一幅图像分割成若干像素的方法有很多,超正析像管利用电子束扫描光电阴极的方法分割像素;视像管由电阻海颗粒分割;面阵 CCD、CMOS 图像传感器用光敏单元分割。被分割后的电气图像经扫描才能输出一维时序信号,扫描的方式也与图像传感器的性质有关。面阵 CCD 采用转移脉冲方式将电荷包(像素信号)输出一维时序信号;CMOS 图像传感器采用顺序开通行、列开关的方式完成像素信号的一维输出。因此,有时也称面阵 CCD、CMOS 图像传感器以自扫描的方式输出一维时序电信号。监视器或电视接收机的显像管几乎都是利用电磁场使电子束偏转而实现行与场扫描。因此,对于行与场扫描的速度、周期等参数,要严格规定,以便显像管显示理想的图像。

7.1.2 电视制式

电视的图像发送与接收系统中,图像的采集(摄像机)与图像显示器必须遵守同样的分割规则,才能获得理想的图像传输。这个规则被称为电视制式。

世界上主要使用的电视广播制式有 PAL、NTSC、SECAM 三种。

PAL:20 世纪 60 年代由德国研制成功,主要在我国及西欧各国使用,帧频为 25Hz,场频为 50Hz,隔行扫描,每帧扫描 625 行、伴音图像载频带宽为 6.5MHz。

NTSC:20 世纪 50 年代由美国研制成功,美国、日本、加拿大等国和地区采用,场频为 60Hz,隔行扫描,每帧扫描 525 行、伴音图像载频带宽为 4.5MHz。

SECAM:法文的缩写,意为顺序传送彩色信号与存储恢复彩色信号制,是由法国在 1956 年提出,1966 年制定的一种新的彩色电视制式。它也克服了 NTSC 制式相位失真的缺点。使用 SECAM 制的国家主要集中在法国、东欧和中东一带。场频为 50Hz,隔行扫描,每帧扫描 625 行。

7.2 摄像管

摄像管的作用是将景物图像各部分的亮图依次转变成随时间变化的电信号,也就是说,把光学图像转变为电视信号,其功能与显像管刚好相反。因此,摄像管是电视传像系统始端的关键元件。

除作为真空电子器件的摄像管外,自 20 世纪 70 年代开始固体摄像器件得到飞速发展,使电视摄像技术产生了质的飞跃。目前电荷耦合摄像器件(Charge Coupled Devices,CCD)特别是近年来发展的互补金属氧化物半导体摄像器(Complementary Metal-Oxide-Semiconductor,CMOS)大有完全取代真空摄像管的趋势。

7.2.1 摄像管的工作原理

1. 摄像管工作的基本物理过程

摄像管把光学信号转变为电信号的基本物理过程包括两个主要步骤,即信号的记录和信号的阅读。

(1)信号的记录。当被摄景物的光学图像通过物镜投射到摄像管上时,由于摄像管的受照靶面是由具有光电发射或光电导作用的材料做成的,因此在靶面上就建立起与图像亮度分布 $B(x,y)$ 对应的电位分布 $U(x,y)$。由景物亮度分布变为靶面电位起伏分布的过程称为信号的记录。

(2) 信号的阅读。从电子枪发射出的电子束一行行依次扫描靶面时,将靶面的电位起伏顺序转变为视频电流 $I_s(t)$,在负载上产生视频电压阵 $U_s(t)$ 并输出,从靶面电位起伏变成视频信号的过程称为信号的阅读。

由于输出的视频信号 $U_s(t)$ 是完全根据靶面上的电位起伏 $U(x,y)$ 得到的,而 $U(x,y)$ 又与图像的亮度分布 $B(x,y)$ 对应,因此,$U_s(t)$ 就代表了原景物的亮度分布。在这一过程中,由于电子束按时间的顺序扫描,也就把本来按空间位置 x,y 分布的光亮度信号随电子束的扫描顺序变成了按时间顺序 t 变化的电信号。而且,在摄像管中,信号的记录和阅读是同时进行的,是连续不断的,电子束阅读到什么位置,就自动把靶面该位置上原有的记录擦除,并马上记录新的信号,所以才能看到连续活动的图像。

2. 摄像管的主要组成部分

在摄像管中,首先利用光电转换器将输入的光学图像转变为电荷图像,然后通过电荷的积累和存储形成电位图像,最后在电子束扫描时把电位起伏的空间分布变成随时间变化的视频信号输出。由此可见,光电转换器、实现电荷积累和存储的靶及电子阅读器是组成摄像管的最主要的三大部件。

(1) 光电转换器。有两种类型,即光电导型和光电发射型,摄像管也可以根据光电转换器的不同而分成两类。

第一类是光电导型。在光电导式摄像管中,靶面由输入窗片上的透明导电膜和覆盖在膜上的光电导材料层构成,导电膜就是信号板(输出极),导电膜上加有正电位,被电子束扫描后,光电导层表面将处于阴极零位(见图 7.2)。

这种光电导材料的特性是:在靶面的横向有很高的电阻,而且这种特性即使经光照,也不改变,因此可以将靶面分为无数个独立的像素;而靶面在厚度方向的电阻则随光照强度的变化而改变,光照越强,电阻越小。其原因是光电导材料中的电子吸收光子能量后,被激发到导带而成为自由电子,同时留下一个可移动带正电荷的空穴,它们都是由光电效应产生的载流子,都导致材料的电阻下降。在信号板正电位作用下,电子向信号板移动并被导走,而空穴则向光电导层表面移动并使靶面出现正电荷积累,电位因此从阴极电位开始升高。由于光学图像各像素点的光强是不同的,从而在靶面上就积累起与光学图像光强分布对应的电荷积累分布,即正电位分布,这一正电位起伏图像的产生过程就是光学图像被摄像管记录的过程。

这种光电导材料产生正电荷积累的现象被称为内光电效应。利用内光电效应做成的摄像管习惯上称为视像管。视像管主要有硫化锑视像管、氧化铅视像管和硅靶视像管等。

第二类是光电发射型。光电发射型摄像管中的光电发射体是覆盖在摄像管玻璃面板内表面的半导体薄膜,受光照后能发射光电子,因此该薄膜也就是一种光电阴极。光电阴极发射的光电子数与入射光强度成正比,因此当入射光学图像照射到光电阴极上时,阴极面上光电子发射密度分布就对应光学图像的光强分布,该光电子发射密度分布经移像区加速后被转移到存储靶上,利用存储靶的二次电子发射转变成正电位起伏分布(见图 7.3)。

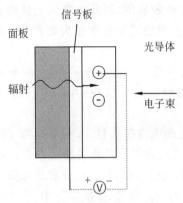

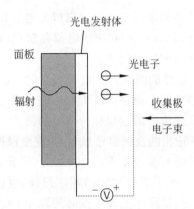

图 7.2　光电导型光电转换器　　　　图 7.3　光电发射型光电转换器

　　光电发射是一种外光电效应,采用外光电效应做成的摄像管主要有超正析像管、二次电子导电摄像管(Secondary Electron Conduction Camera Tube,SEC 管)、硅靶电子倍增摄像管(Silicon Electron Multiplier Camera Tube,SEM 管)和分流管,它们都是微光摄像管。

　　(2) 电荷积累和存储靶。不论是光电导型,还是光电发射型光电转换器,在产生电荷图像的过程中,只要电子束还没有对该图像进行阅读,电荷就会不断被积累和被靶面存储,电位也就不断被提高。由于电子束的扫描以一帧图像为一个周期不断重复进行,因此每个像素点的电荷积累过程也将持续电子扫描一帧图像的时间,直至电子束扫描到该像素点时被擦除,回复到阴极电位。这种电荷积累作用也提高了摄像管的灵敏度,因此它相当于一级信号放大。

　　积累和存储电荷的介质靶,在光电导型光电转换器中是光电导层本身,而在光电发射型光电转换器中则是分开的单独的电荷存储靶。但在视像管中,光电导层属半导体材料,存储电荷时间不能太长,否则像素点之间的电位起伏会逐渐拉平,当需要较长时间存储电荷时,可在光电导层上再紧贴一层高绝缘介质膜。

　　(3) 电子阅读器。电荷图像在存储介质靶上变成了电位图像,经扫描电子束阅读就可以转变成视频信号输出。

　　阅读有两种方式:一种是快电子束阅读。这种管子工作电压高,容易产生寄生信号,但分辨率高,目前只在少数摄像管中采用;另一种是慢电子束阅读,绝大部分摄像管都采用这种方式,灵敏度高,适宜在低亮度的电视中应用。

7.2.2　真空摄像管的分类

1. 光电导型摄像管——视像管

　　利用内光电效应实现光电转换,使光电导材料产生正电荷积累为基础制成的摄像管称为视像管。视像管是整个摄像管家族中应用最多的一类,主要包括硫化锑(Sb_2S_3)视像管、氧化铅(PbO)视像管和硅靶(Si)视像管。图 7.4 是 Sb_2S_3 视像管的典型结构。

　　Sb_2S_3 视像管灵敏度较低,但结构简单、体积小、使用方便、制作容易、成品率高,因此在图像变化缓慢的工业闭路电视和照明较强的电影电视中都有一定应用。

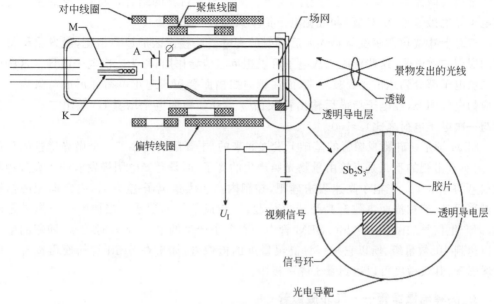

图 7.4 Sb_2S_3 视像管的典型结构

PbO 视像管灵敏度高,惰性小,因此是一种高性能摄像管,特别适宜彩色电视广播应用。

硅靶摄像管的寿命长,灵敏度高,光谱响应范围宽,但分辨率较差。其结构与 Sb_2S_3 视像管类似,只是用硅靶代替了 Sb_2S_3 靶。

2. 光电发射型摄像管——微光视像管

光电发射型摄像管是利用外光电效应实现光电转换的摄像管,这类摄像管具有两个特点:一是光电转换利用光电阴极进行;二是光电转换与信号存储是分开的,因而在管子结构中必须设置一个移像区,通过移像区将光电子图像移到存储靶上,以靶面电位起伏的形式存储起来。

移像区的作用是对由于受景物光照而从光电阴极发射出的光电子进行加速,高速轰击靶面,从而使靶内产生大量二次电子,使图像信号得到增强,本来一幅很暗的图像在监视器上可以得到十分清晰、明亮的图像。

在广播电视里,如果摄像管的灵敏度不足,则摄像就必须在强光照射下进行,在阴天、晨晚和夜间就无法工作。更重要的是,在军事、公安、科学研究和工业生产上,常常会要求在尽可能低的照度下进行电视摄像,如夜间监视和侦缉、深海观察、宇航摄像等,类似的各种场合都要求有微光摄像管,光电发射型摄像管主要作为微光摄像管应用。

微光电视与夜视仪是不同的,夜视仪只能供操作者个人在夜间直接观察景物,而微光电视则可以利用微光摄像管在夜间将景物的视频信号传送到任何地点的监视器或电视机上,供大家观看。

微光摄像管在理想状态下,在黑夜拍摄景物的分辨率完全可以达到甚至超过人眼在白天观看景物的分辨率,其灵敏度在全黑的背景下比人眼在同样背景下高 100 倍。

常用的微光摄像管是光电发射阴极与二次电子发射靶的结合,应用广泛的主要有二次电子导电摄像管(SEC 管)和硅靶电子倍增摄像管(SEM 管)。

SEC 管中光电阴极受景物光照后发射的光电子经移像区加速轰击靶,激发出靶材料层的层内二次电子,这些低能二次电子可以担负起传导作用,称为二次电子电导。这些层内二次电子部分到达信号板被导走,而在靶的扫描面会积累起正电荷并形成与景物明暗对应的电位图像,经电子扫描后输出视频信号。SEC 靶的电子增益 G(输出二次电子电荷与一次电子电荷之比)$\geqslant 100$。

SEM 管是在硅靶视像管的基础上发展起来的,主要区别是多了一个微光增强的移像区,因而轰击靶的不再是直接由景物光照产生的光子,而是经光电阴极发射的代表景物图像信息的光电子。光电子高速轰击硅靶,在靶内产生大量电子-空穴时,空穴向靶的扫描面漂移运动,使扫描面电位升高形成电位起伏,构成信号的记录。当慢电子束扫描靶面时,即产生信号的阅读和输出。SEM 管中一次电子产生的电子-空穴对数量,即靶的增益可以达到 10^3 数量级,所以它是一种高灵敏度的摄像管,如果在 SEM 管前面再耦合一级像增强管,其灵敏度可以达到量子噪声极限。

3. 热释电摄像管——红外摄像管

热释电摄像管是利用热释电材料作为靶材的摄像管,它是一种可以工作在红外光频谱区的热成像器件,所以是一种红外摄像管,其工作波段为 $8 \sim 14 \mu m$,也称为热电视像管。

在实际应用中,往往要求观测景物的热图像,如集成电路和电缆接头的局部过热,机械转动装置、粮食仓库等的发热情况等;在军事上,敌人的飞机、军舰和任何机动装置的发动机都是热源,由此可以观察敌情;在医学上,利用热图像可以观测人体表面温度的微小差异,进行癌变诊断;在科学研究上进行激光、微波模式测量等。推广来说,在自然界中,常温状态下景物都会产生红外辐射,因此利用红外摄像管拍摄图像时不论白天还是黑夜,都不需要任何照明,它是一种全被动式的摄像方式,具有全天候工作的特点。

热释电效应是少数介质晶体所特有的一种性质:这种晶体在没有外加电场和应力的情况下,具有自发的或永久的极化强度,而且这种极化强度随晶体温度的变化而变化,温度升高时极化强度降低,温度降低时极化强度反而升高,这种变化导致在垂直于极化强度方向(极化轴)的晶体外表面上极化电荷的变化,其结果是在晶体两端出现随温度变化的开路电压。这种现象称为热释电效应,是热电效应的一种,这种极性晶体称为热电体。

热电体产生的电压只与材料温度的变化有关,与材料本身的温度高低无关,而热敏材料如热电偶、热敏电阻等的特性则取决于材料本身温度的高低。热电探测器主要用于红外线、软 X 射线和激光的测量,红外摄像管是其重要应用之一。目前最常用的适合红外摄像管的热释电材料主要有硫酸三甘肽(TGS)、钽酸锂(LT)和铌酸锶钡(SBN)3 种。

如果以热释电材料作靶材,摄像管的信号板和扫描靶面正好处于热电晶体极化轴的两个垂直晶面上,当有强度变化的红外辐射图像入射靶面时,在靶的扫描面上就会积累电荷,产生电位起伏,而且该电位高低与入射图像的红外辐射强度的变化,即靶材的温度变化成正比,在电子束扫描靶面时,把靶电位降到阴极电位,同时从信号板产生热图像的视频信号输出。

热释电摄像管与光电导视像管在结构上类似,只是以热释电靶代替了光电导靶(见图 7.5),所以它也可以称作热释电视像管。

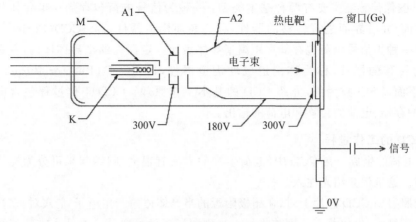

图 7.5 热释电摄像管结构示意图

热释电摄像管的靶一般厚为 $30\sim50\mu m$,它的极化轴垂直于表面,表面经抛光后蒸镀金属(镍、铬或金)透明导电层作为信号板,信号板面对一般由锗制成的红外光输入窗,靶的另一面作为扫描面,并镀有保护层。

热释电摄像管的工作过程与光电导视像管有根本的区别,主要表现在以下两个方面。

(1)靶面电荷图像的阅读。由于热释电效应产生的电荷是可正可负的,这取决于靶面温度是升高,还是降低,而扫描电子束中的电子只带有负电荷。这样,如果靶面上积累的是负电荷,再加上电子束扫描时上靶的电子,就有可能使靶面电位下降到低于阴极电位,电子就不再继续上靶,也就无法产生信号输出。因此,必须有一个正的偏压作为基底,使得靶面温度不论是上升,还是下降,靶面电位不论如何变动,始终是正电位。

(2)入射热图像的调制。前面已指出,热释电靶的电荷积累是靠靶的温度变化产生的,如果温度不变,则电子扫描过后原来积累的电荷图像被擦除后,就不能再产生新的图像了,这是热释电摄像管的另一个特殊问题。为了能获得连续的图像输出,必须对热释电摄像管的入射图像进行调制,使其红外辐射不断发生变化,从而靶温也不断变化,使图像得以不断再生。

7.3 固体摄像器件

20 世纪 70 年代出现的固体摄像器件,由于其体积小、重量轻、工作电压低、几乎没有失真、寿命长等突出优点,以惊人的速度得到发展,很快在电视系统和各种摄像领域取得了突破和发展,目前已有几乎完全取代真空摄像管的趋势。

目前普遍采用的固体摄像管器件最主要的是 CCD 和 CMOS,这两者都是利用感光二极管进行光电转换,将图像转换成信号的。

7.3.1　CCD

CCD 图像传感器主要有两种基本类型：一种为信号电荷包存储在半导体与绝缘体之间的界面，并沿界面进行转移的器件，称为表面沟道器件，即 SCCD（Surface Channel CDD）；另一种为信号电荷包存储在距离半导体表面一定深度的半导体体内，并在体内沿一定方向转移的器件，称为体沟道或埋沟道器件，即 BCCD（Bulk or Buried Channel CCD）。下面以 SCCD 为例，介绍 CCD 的基本工作原理。CCD 工作过程包含电荷的生成、电荷的存储、电荷的转移和电荷的输出。

1. CCD 的工作过程

（1）电荷的生成。在 CCD 中，电荷生成的方法有很多，归纳起来可分为光注入和电注入两类。这里仅介绍光注入。

当光照射到 CCD 硅片上时，在栅极附近的半导体体内产生电子-空穴对，多数载流子被栅极电压排斥，少数载流子则被收集在势阱中形成信号电荷。光注入方式又可分为正面照射式与背面照射式。图 7.6 所示为背面照射式光注入的示意图。CCD 摄像器件的光敏单元为光注入方式，光注入电荷

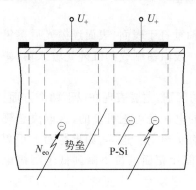

图 7.6　背面照射式光注入的示意图

$$Q_{\text{in}} = \eta q N_{\text{eo}} A t_{\text{c}} \qquad (7\text{-}1)$$

式中，η 为材料的量子效率，q 为电子电荷量，N_{eo} 为入射光的光子流速率，A 为光敏单元的受光面积，t_{c} 为光注入时间。

由式（7-1）可以看出，当 CCD 确定以后，η、q 及 A 均为常数，注入势阱中的信号电荷 Q_{in} 与入射光的光子流速率 N_{eo} 及注入时间 t_{c} 成正比。注入时间 t_{c} 由 CCD 驱动器的转移脉冲的周期 T_{sh} 决定。当所设计的驱动器能够保证其注入时间稳定不变时，注入 CCD 势阱中的信号电荷只与入射辐射的光子流速率 N_{eo} 成正比。因此，在单色入射辐射时，入射光的光子流速率与入射光谱辐射通量的关系为

$$N_{\text{eo}} = \frac{\Phi_{\text{e}\lambda}}{h\nu} \qquad (7\text{-}2)$$

式中，h 为普朗克常数，ν 为光子的频率。

因此，在这种情况下，光注入的电荷量 N_{eo} 与入射的光谱辐射通量 $\Phi_{\text{e}\lambda}$ 呈线性关系。该线性关系是使用 CCD 检测光谱强度和进行多通道光谱分析的理论基础。原子发射光谱的实测分析验证了光注入的线性关系。

（2）电荷的存储。构成 CCD 的基本单元是 MOS（金属-氧化物-半导体）结构。如图 7.7（a）所示，在栅极 G 施加电压 U_{G} 之前，P 型半导体中空穴（多数载流子）的分布是均匀的。当栅极施加正电压 U_{G}（此时 U_{G} 小于或等于 P 型半导体的阈值电压 U_{th}）时，P 型半导体中的空穴将开始被排斥，并在半导体中产生如图 7.7（b）所示的耗尽区。电压继续增大，耗尽区继续向半导体体内延伸，如图 7.7（c）所示。U_{G} 大于 U_{th} 后，耗尽区的深度与 U_{G}

成正比。若将半导体与绝缘体界面上的电动势记为表面势,且用 Φ_s 表示,Φ_s 将随栅极电压 U_G 的增大而增大。图 7.8 所示电荷密度为 10^{21} C/m^{-3},氧化层厚度 d_{ox} 分别为 $0.1\mu m$、$0.3\mu m$、$0.4\mu m$、$0.6\mu m$ 情况下,不存在反型层电荷时表面势 Φ_s 与栅极电压 U_G 的关系曲线。从曲线可以看出,氧化层的厚度越薄,曲线的直线性越好;在同样的栅极电压作用下,不同厚度的氧化层有不同的表面势,表面势表征了耗尽区的深度。

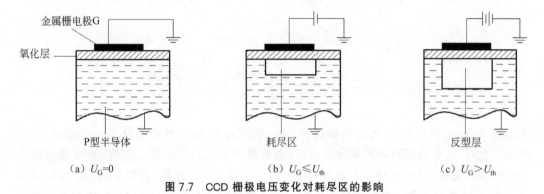

图 7.7　CCD 栅极电压变化对耗尽区的影响

图 7.9 所示为在栅极电压 U_G 不变的情况下,表面势与反型层电荷密度 Q_{INV} 之间的关系曲线。由图中可以看出,表面势 Φ_s 随反型层电荷密度 Q_{INV} 的增大而呈线性减小。图 7.8 与图 7.9 中的关系曲线很容易用半导体物理中的"势阱"概念描述。电子之所以被加有栅极电压的 MOS 结构吸引到半导体与氧化层的交界面处,是因为那里的势能最低。在没有反型层电荷时,势阱的"深度"与栅极电压 U_G 的关系恰如 Φ_s 与 U_G 的关系,如图 7.10(a)所示空势阱的情况。图 7.10(b)所示为反型层电荷填充 1/3 势阱时表面势收缩的情况,表面势 Φ_s 与反型层电荷密度 Q_{INV} 的关系如图 7.9 所示。当反型层电荷继续增加,

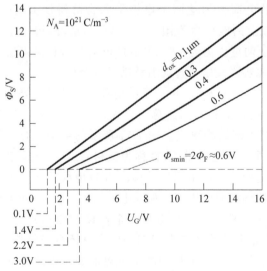

图 7.8　表面势 Φ_s 与栅极电压 U_G 的关系曲线

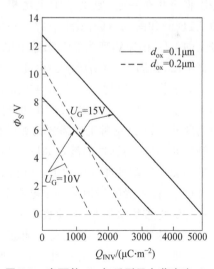

图 7.9　表面势 Φ_s 与反型层电荷密度 Q_{INV} 的关系曲线

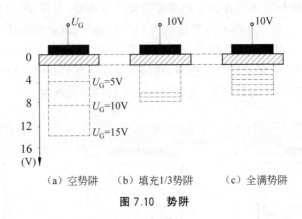

（a）空势阱　　（b）填充1/3势阱　　（c）全满势阱

图 7.10　势阱

表面势 Φ_s 将逐渐减小，反型层电荷足够多时，表面势 Φ_s 减小到最低值 Φ_F，如图 7.10(c) 所示。此时，表面势不再束缚多余的电子，电子将产生"溢出"现象。这样，表面势可作为势阱深度的量度，而表面势又与栅极电压、氧化层厚度 d_{ox} 有关，即与 MOS 电容的容量 C_{ox} 和 φ_s 的乘积有关。势阱的横截面积取决于栅极电压的面积 A。MOS 电容存储信号电荷的容量为

$$Q = C_{ox}U_G \tag{7-3}$$

（3）电荷的转移。为了理解 CCD 中势阱及电荷是如何从一个位置转移到另一个位置的，可观察图 7.11 所示的 4 个彼此靠得很近的电极在加不同电压的情况下，势阱与电荷的运动规律。假定开始时有一些电荷存储在栅极电压为 10V 的第①个电极下面的深势阱里，其他电极上均加有大于零值的低电压（如 2V）。如图 7.11(a) 所示为零时刻（初始时刻），经过时间 t_1 后，各电极上的电压变为图 7.11(b)，第①个电极仍保持为 10V，第②个电极上的电压由 2V 变为 10V。这两个电极靠得很近（间隔不大于 $3\mu m$），它们各自的势阱将合并在一起，原来第①个电极下的电荷变为这两个电极下联合势阱所共有，如图 7.11(b) 和图 7.11(c) 所示。此后各电极上的电压变为图 7.11(d) 所示情况，第①个电极上的电压由 10V 变为 2V，第②个电极上的电压仍为 10V，共有的电荷将转移到第②个电极下面，如图 7.11(e) 所示。由此可见，深势阱及电荷包向右移动了一个位置。

通过将按一定规律变化的电压加到 CCD 各电极上，电极下的电荷包就能沿半导体表面按一定方向移动。通常把 CCD 的电极分为几组，每一组称为一相，并施加同样的时钟驱动脉冲。CCD 正常工作需要的相数由其内部结构决定。图 7.11 所示的结构需要三相时钟脉冲，其驱动脉冲的波形如图 7.11(f) 所示。这样的 CCD 称为三相 CCD 的电荷必须在三相交叠驱动脉冲的作用下，才能以一定的方向逐单元地转移。CCD 电极间隙必须很小，电荷才能不受阻碍地从一个电极下转移到相邻电极下。如果电极间隙比较大，两电极间的势阱将被势垒隔开，电荷也不能从一个电极向另一个电极完全转移，CCD 便不能在外部驱动脉冲作用下转移电荷。能够产生完全转移的最大间隙一般由具体电极结构、表面态密度等因素决定。理论计算和实验证明，为不使电极间隙下方界面处出现阻碍电荷转移的势垒，间隙的长度应不大于 $3\mu m$。这大致是同样条件下半导体表面深耗尽区宽度的尺寸。当然，如果氧化层厚度、表面态密度不同，结果也会不同。但对于绝大多数的

CCD，$1\mu m$ 的间隙长度是足够小的。

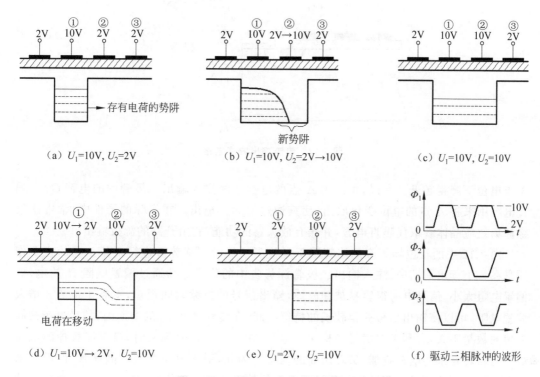

图 7.11　三相 CCD 中电荷的转移过程

以电子为信号电荷的 CCD 称为 N 型沟道 CCD，简称 N 型 CCD。而以空穴为信号电荷的 CCD 称为 P 型沟道 CCD，简称 P 型 CCD。由于电子的迁移率（单位场强下电子的运动速度）远大于空穴的迁移率，因此 N 型 CCD 比 P 型 CCD 的工作频率高很多。

（4）电荷的输出。CCD 的重要特性之一是信号电荷在转移过程中与时钟脉冲没有任何电容耦合，而在输出端则不可避免。因此，选择适当的输出电路，尽可能地减小时钟脉冲对输出信号的容性干扰。目前，CCD 输出电荷信号的方式主要是采用电流输出方式的电路。电流输出方式电路如图 7.12 所示。它由检测二极管的偏置电阻、源极输出放大器和复位场效应晶体管等构成。当信号电荷在转移脉冲 Φ_1、Φ_2 的驱动下向右转移到最末一级转移电极（图中 Φ_2 电极）下的势阱中后，Φ_2 电极上的电压由高变低时，由于势阱的提高，信号电荷将通过输出栅（加有恒定的电压）下的势阱进入反向偏置的二极管（图中的 N^+ 区）中。由电源 U_D、电阻 R、衬底 P 和 N^+ 区构成的输出二极管反向偏置电路，对于电子来说相当于一个很深的势阱。进入反向偏置的二极管中的电荷（电子），将产生电流且 I_d 的大小与注入二极管中的信号电荷量 Q_s 成正比，而与电阻的阻值 R 成反比。电阻 R 是制作在 CCD 器件内部的固定电阻，阻值为常数。所以，输出电流 I_d 与注入二极管的电荷量 Q_s 呈线性关系，其中

$$Q_s = I_d dt \tag{7-4}$$

I_d 的存在使得 A 点的电位发生变化。注入二极管中的电荷量 Q_s 越大，I_d 也越大，

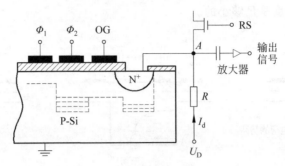

图 7.12　电流输出方式电路

A 点电位下降得越低。所以,可以用 A 点的电位检测注入输出二极管中的电荷 Q_s。隔直电容用来将 A 点的电位变化取出,使其通过放大器输出。在实际的器件中,常常用绝缘栅场效应晶体管取代隔直电容,并兼有放大器的功能,它由开路的源极输出。

　　图 7.12 中的复位场效应晶体管用于对检测二极管的深势阱进行复位。它的主要作用是在一个读出周期中,注入输出二极管深势阱中的信号电荷通过偏置电阻 R 放电,如偏置电阻太小,信号电荷很容易被卸放掉,输出信号的持续时间很短,不利于检测。增大偏置电阻,可以使输出信号获得较长的持续时间,在转移脉冲 Φ_2 的周期内,信号电荷被卸放掉的数量不大,有利于对信号的检测。但是,在下一个信号到来时,没有卸放掉的电荷势必与新转移来的电荷叠加,破坏后面的信号。为此,引入复位场效应晶体管,使没有来得及被卸放掉的信号电荷通过复位场效应晶体管释放掉。复位场效应晶体管在复位脉冲(RS)的作用下使复位场效应晶体管导通,它导通的动态电阻远远小于偏置电阻的阻值,以便使输出二极管中的剩余电荷通过复位场效应晶体管流入电源,使 A 点的电位恢复到起始的高电平,为接收新的信号电荷做好准备。

2. CCD 的特性参数

　　(1) 电荷转移效率 η 和电荷转移损失率 ε。电荷转移效率 η 是表征 CCD 性能好坏的重要参数。一次转移后到达下一个势阱中的电荷量与原来势阱中的电荷量之比称为转移效率。如果在 $t=0$ 时,注入某电极下的电荷量为 $Q(0)$,在时间 t 时,大多数电荷在电场作用下向下一个电极转移,但总有一小部分电荷由于某种原因留在该电极下。若被留下来的电荷量为 $Q(t)$,则电荷转移效率为

$$\eta = \frac{Q(0) - Q(t)}{Q(0)} = 1 - \frac{Q(t)}{Q(0)} \tag{7-5}$$

定义电荷转移损失率为

$$\varepsilon = \frac{Q(t)}{Q(0)} \tag{7-6}$$

电荷转移效率与电荷转移损失率的关系为

$$\eta = 1 - \varepsilon \tag{7-7}$$

　　在理想情况下,$\eta = 1$,但实际上电荷在转移过程中总有损失,所以 η 总小于 1(一般为 0.999 以上)。一个电荷量为 $Q(0)$ 的电荷包,经过 n 次转移后,剩下的电荷量为

$$Q(n) = Q(0)\eta^n \tag{7-8}$$

这样，n 次转移前、后电荷量之间的关系为

$$\frac{Q(n)}{Q(0)} = \eta^n \approx e^{-n\varepsilon} \tag{7-9}$$

例如，电荷转移效率 $\eta = 0.99$，经过 24 次转移后 $\dfrac{Q(n)}{Q(0)} = 0.79$；经过 512 次转移后，$\dfrac{Q(n)}{Q(0)} = 0.0058$，只剩下不到 1% 的电荷量。由此可见，提高转移效率是电荷耦合能实用的关键。

影响电荷转移效率的主要因素是表面态对电荷的俘获。为此，常用"胖零"工作模式，即让零信号也有一定的电荷。图 7.13 所示为 P 沟道 CCD 在两种不同驱动频率下的电荷转移损失率 ε 与"胖零"电荷 $Q(0)$ 之间的关系。目前，SCCD 的 η 值接近 0.9999，BCCD 的 η 值高于 0.99999。可见，在达到同样高的总效率下，BCCD 可以研制的位数比 SCCD 大得多。

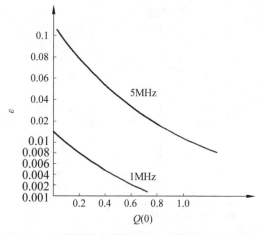

图 7.13　不同频率电荷损失率与"胖零"电荷的关系

（2）驱动频率。器件必须在驱动脉冲的作用下完成信号电荷的转移，输出信号电荷。驱动频率一般泛指加在转移栅上的脉冲的频率。

驱动频率的下限：在信号电荷转移的过程中，为了避免由于热激发少数载流子对注入信号电荷的干扰，注入信号电荷从一个电极转移到另一个电极用的时间 t 必须小于少数载流子的平均寿命 τ_i，即 $t < \tau_i$。在正常工作条件下，对于三相 CCD 而言，得到 $t = T/3 = 1/(3f)$，则

$$f \geqslant \frac{1}{3\tau_i} \qquad f_下 = \frac{1}{3\tau_i}$$

可见，CCD 的驱动脉冲频率下限与少数载流子的寿命有关，而载流子的平均寿命与器件的工作温度有关，工作温度越高，热激发少数载流子的平均寿命越短，驱动脉冲频率的下限越高。

驱动频率的上限：当驱动频率升高时，驱动脉冲驱使电荷从一个电极转移到另一个

电极的时间 t 应大于电荷从一个电极转移到另一个电极的固有时间 τ_g,才能保证电荷完全转移。否则,信号电荷跟不上驱动脉冲的变化,将会使转移效率大大降低,即要求转移时间 $t = T/3 \geqslant \tau_g$,得到

$$f \leqslant \frac{1}{3\tau_g} \qquad f_{\text{上}} = \frac{1}{3\tau_g}$$

这就是电荷自身的转移时间对驱动脉冲频率上限的限制。由于电荷转移的快慢与载流子迁移率、电极长度、衬底杂质的浓度和温度等因素有关,因此,对于相同的结构设计,N 型沟道 CCD 比 P 型沟道 CCD 的工作频率高。P 型沟道 CCD 转移损失率与驱动频率的关系曲线如图 7.14 所示。

图 7.15 所示为三相多晶硅 N 型表面沟道的驱动频率与损失率的关系曲线。由曲线可以看出,表面沟道驱动脉冲频率的上限为 10MHz,高于 10MHz CCD 的转移损失率将急剧增大。一般体沟道或埋沟道 CCD 的驱动频率要高于表面沟道 CCD 的驱动频率。随着半导体材料科学与制造工艺的发展,更高速率的体沟道线阵 CCD 的最高驱动频率已经超过几百兆赫。驱动频率上限的提高为 CCD 在高速成像系统中的应用打下了基础。

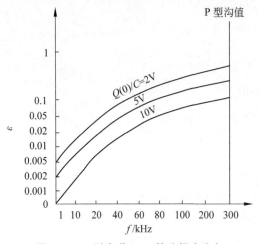

图 7.14　P 型沟道 CCD 转移损失率与
驱动频率的关系曲线

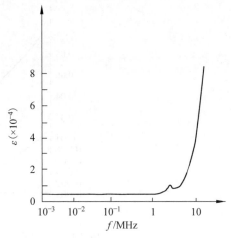

图 7.15　三相多晶硅 N 型表面沟道的驱动
频率与损失率的关系曲线

3. CCD 的特点

构成 CCD 的基本单元是 MOS 电容器,它的基本功能包括电荷生成、电荷存储、电荷转移、电荷输出 4 个步骤。工作时,在金属电极上加上一定的偏压,形成势阱以容纳电荷,电荷的多少与光强呈线性关系。在一定相位关系的移位脉冲作用下,电荷从一个位置移动到下一个位置,直到移出 CCD,经过电荷-电压变换,转换成信号输出。由于 CCD 每个像元的势阱容纳电荷的能力是有一定限制的,如果光照太强,一旦势阱中被电荷填满,电子将会溢出。另外,电荷在转移过程中存在转移效率和损失的问题。

CCD 的上述结构和工作原理,决定了其具有以下优点:

(1) 体积小、重量轻、可靠性高、寿命长。

(2) 图像失真小、尺寸重现性好。

（3）具有较高的空间分辨率。

（4）光敏元件间距的几何尺寸精度高，可获得高的定位精度和测量精度。

（5）具有较高的光灵敏度和较大的动态范围。

4. CCD 的应用

CCD 由于其集成度高、体积质量小、功耗小、灵敏度高、光谱响应范围广等一系列突出优点而得到越来越广泛的应用。

CCD 摄像机和数字照相机正逐渐普及到千家万户。黑白、彩色 CCD 固体摄像器件在广播电视、工业电视、可视电话、数码相机、遥感、电视制导、图像识别和防盗、监控等方面得到了广泛应用。

CCD 图像传感器用于外形尺寸测量。CCD 应用于物体尺寸测量已相当成熟和十分普遍，它可以实现光电非接触测量，且可进行 1200 件/min 的高速在线测量，如步枪弹壳尺寸测量、轧制钢板在线测量、快速显微测量等。

CCD 图像传感器可用于工作表面质量测量，如集成电路硅片表面测量、药片表面缺陷自动检验等。

CCD 图像传感器还可用于透明液体混浊物检测；物体膨胀系数检测；图像、文字传真；文字阅读，然后与预置文字符号进行比较、判断，实现文字符号的高速识别，可应用于如商品计价、标准信件分选等。

太空中的哈勃望远镜利用 CCD 作为探测器，清晰地拍摄到远在 1300 亿光年外的星系；高倍显微镜下细胞中 DNA 的活动，通过 CCD 可实时在计算机屏幕上显示出来；在实验中利用 CCD 摄像机可将布朗运动、扩散云室的射线轨迹等在大屏幕电视上演示等。

7.3.2 CMOS 图像传感器

CMOS 图像器件能够迅速发展，一是基于 CMOS 技术的成熟；二是得益于固体光电摄像器件技术的研究成果。采用 CMOS 技术可以将光电摄像器件阵列、驱动和控制电路、信号处理电路、A/D 转换器、全数字接口电路等完全集成在一起，可以实现单芯片成像系统。

CMOS 图像传感器虽然比 CCD 的出现还早一年，但在相当长的时间内，由于它存在成像质量差、像敏单元尺寸小、填充率（有效像元与总面积之比）低（10%～20%）、响应速度慢等缺点，因此只能用于图像质量要求较低、图像尺寸较小的数码相机中，如机器人视觉应用的场合。早期的 CMOS 器件采用"被动像元"（无源）结构，每个像敏单元主要由一个光敏元件和一个像元寻址开关构成，无信号放大和处理电路。"主动像元"（有源）结构，它不仅有光敏元件和像元寻址开关，而且还有信号放大和处理电路，提高了光电灵敏度，减小了噪声，扩大了动态范围，使它的一些性能参数与 CCD 图像传感器接近，而在功能、功耗、尺寸和价格等方面优于 CCD 图像传感器，所以应用越来越广泛。

1. CMOS 成像器件的结构原理

CMOS 成像器件的组成原理框图如图 7.16 所示。它的主要组成部分是像敏单元阵列和 MOS 场效应晶体管集成电路，而且这两部分集成在同一硅片上。像敏单元阵列实际上是光电二极管阵列,它没有线阵和面阵之分。

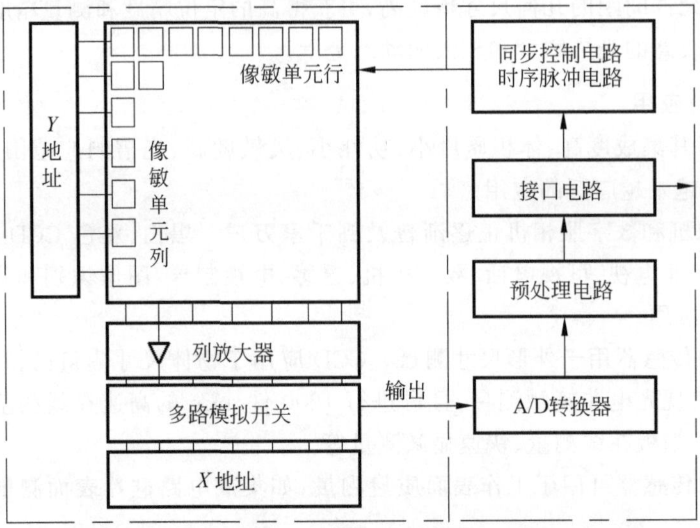

图 7.16　CMOS 成像器件的组成原理框图

图 7.16 中所示的像敏单元阵列按 X 和 Y 方向排列成方阵,方阵中的每一个像敏单元都有它在 X、Y 各方向上的地址,并可分别由两个方向的地址译码器进行选择。每一列像敏单元都对应一个列放大器,列放大器的输出信号分别接到 X 方向地址译码控制器进行选择的模拟多路开关,并输出至输出放大器。输出放大器的输出信号送 A/D 转换器进行模数转换变成数字信号,经预处理电路处理后通过接口电路输出。图 7.16 中的时序信号发生器为整个 CMOS 图像传感器提供各种工作脉冲,这些脉冲均可受控于接口电路发来的同步控制信号。

图像信号的输出过程可由图像传感器阵列原理图更清楚地说明。如图 7.17 所示,在 Y 方向地址译码器的控制下,依次接通每行像敏单元上的模拟开关(图中标志的 $S_{i,j}$),信号将通过行开关传送到列线上,再通过 X 方向地址译码器的控制输送到放大器。当然,由于设置了行与列开关,而它们的选通是由两个方向的地址译码器上所加的数码控制的,因此,可以采用 X、Y 两个方向以移位寄存的形式工作,实现逐行扫描或隔行扫描的输出方式。也可以只输出某一行或某一列的信号,使其按与线阵 CCD 类似的方式工作。还可以选中希望观测的某些点的信号,如图 7.17 中所示的第 i 行、第 j 列的信号。

在 CMOS 图像传感器的同一芯片中,还可以设置其他数字处理电路。例如,可以进行自动曝光处理、非均匀性补偿、白平衡处理、γ 校正、黑电平控制等处理。甚至还可以将具有运算和可编程功能的 DSP 器件制作在一起,形成多种功能的器件。为了改善 CMOS 图像传感器的性能,在许多实际的器件结构中,光敏单元常与放大器制作成一体,以提高灵敏度和信噪比。下面介绍的光电单元就采用了光敏二极管与放大器构成的一个像敏单元复合结构。

2. CMOS 成像器件的像敏单元结构

像敏单元结构实际上是指每个成像单元的电路结构,它是 CMOS 图像传感器的核心

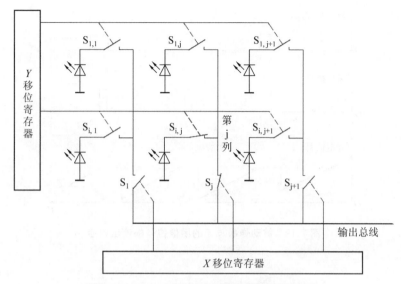

图 7.17 CMOS 图像传感器阵列原理示意图

组件。这种器件的像敏单元结构有两种类型,即被动像敏单元结构和主动像敏单元结构。前者只包括光敏二极管和地址选通开关两部分,如图 7.18 所示,其中像敏单元的图像信号的读出时序如图 7.19 所示。首先,复位脉冲启动复位操作,光电二极管的输出电压被清零;之后光电二极管开始光积分;当积分工作结束时,选址脉冲启动选址开关,光电二极管中的信号便传输到列总线上;然后经过公共放大器放大后输出。

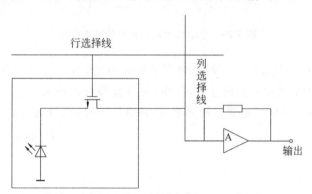

图 7.18 CMOS 被动像敏单元结构

主动像敏单元结构是当前得到实际应用的结构。它与被动像敏单元结构最主要的区别是,每个像敏单元都放大后,才通过场效应晶体管模拟开关传输,所以固定图案噪声大为降低,图像信号的信噪比显著提高。

主动像敏单元结构的基本电路如图 7.20 所示。从图中可以看出,V_1 构成光电二极管的负载,它的栅极接在复位信号线上,当复位脉冲出现时,V_1 导通,光电二极管被瞬时复位;而当复位脉冲消失后,V_1 截止,光电二极管开始光积分。场效应晶体管 V_2 是一源极跟随放大器,它将光电二极管的高阻输出信号进行电流放大。场效应晶体管 V_3 用作选址

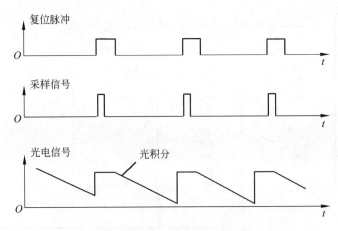

图 7.19　被动像敏单元的图像信号的读出时序

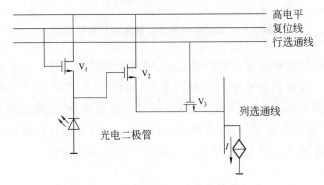

图 7.20　主动像敏单元结构的基本电路

模拟开关,当选通脉冲引入时,V_3导通,使得被放大的光电信号输送到总线上。

　　图 7.21 所示为上述过程的时序图,其中,复位脉冲首先到来,V_1导通,光电二极管复位;复位脉冲消失后,光电二极管进行光积分;积分结束时,V_3导通,信号输出。

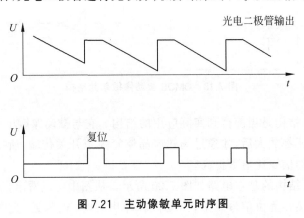

图 7.21　主动像敏单元时序图

3. CMOS 的应用

CMOS 的特点,使它成为数码相机、微型和超微型摄像机的核心,广泛应用于监控、保安、自动化、可视电话、可视门铃、图像采集等方面。

微型摄像机为隐蔽摄像提供了极大方便,隐蔽式可视电话和可视门铃进一步提高了治安保障,此外,在汽车尾视、出租车司机的监视系统、塔吊起重、汽车防盗、电梯监控、超市防盗、银行监控、侦查破案、秘密侦查、秘密采访、监狱、缉私等许多领域中,微型摄像机也得到越来越广泛的应用。

CMOS 的高集成度使得便携式数码相机成为现实。CMOS 图像传感器的光谱响应范围宽,在红外波段仍能保持较高的相对灵敏度,红外摄像可以改善车辆在夜间或雾天行驶的能见度,也可用于婴儿监护仪或红外保安装置。CMOS 图像传感器与 X 射线机结合,可降低 X 射线剂量,使人体受 X 射线辐射降低到原来的 1/100;超微摄像机可直接安装到患者体内,监视手术效果或进行疾病检查。CMOS 摄像机在高速公路监控、隧道和十字路口监视、玩具、游戏机、娱乐机器、高清晰度电视、医用仪器仪表、核仪器、星系跟踪系统等方面也得到了广泛应用。

从发展趋势看,CMOS 图像传感器可能会在很多领域取代 CCD 图像传感器,成为摄像器件中的主流。

7.3.3 CCD 与 CMOS 的对比

CMOS 与 CCD 都利用感光二极管进行光电转换,将光强信号转换成与光强成正比的光生电荷,但是根据光生电荷在所有像元中的分布情况转换成图像信号输出的方式,两者有明显差别。

在 CCD 图像传感器中,各像元在势阱中存储的电荷是在外加特定脉冲的控制下,依次向有序排列的相邻像元逐步转移,最后由底端输出,并经 CCD 边缘的放大器放大;而在 CMOS 图像传感器中,每个像元都会直接连接一个放大器及一个数字-模拟转换(AID)电路,然后输出。

此外,在制造上,CCD 是集成在半导体单晶材料上的,而 CMOS 则是集成在金属-氧化物半导体材料上的。

CMOS 与 CCD 在结构和工作方式上的差别,使它们在效能和应用上也存在很大不同,主要有以下几点。

(1) 灵敏度。CMOS 中每个像元由 4 个晶体管和一个感光二极管(含放大器及 AID 转换电路)组成,使得实际感光区域远小于像元本身的表面积,因此在像元尺寸相同时,CMOS 的灵敏度比 CCD 低。

(2) 成本。CMOS 可将感光元件、放大器、信号读取电路、转换电路、图像信号处理器等轻易地集成到 CMOS 芯片中,可以大大节省外围芯片的成本;CCD 的电荷传递方式决定了只要有一个像元不能运行,就会使一整排的数据不能传送,因此控制 CCD 的成品率比 CMOS 困难许多,导致 CCD 的成本增加。

(3) 分辨率。由于 CMOS 每个像元都比 CCD 复杂,尺寸大,因此,当传感器总体尺寸相同时,CMOS 能容纳的像元就比 CCD 少得多,使得 CCD 的分辨率通常优于 CMOS。

（4）噪声。由于 CMOS 的每个像元都连接有一个放大器，放大器性能之间的差异导致 CMOS 的噪声增加很多。

（5）功耗。CMOS 传感器的图像采取方式是主动式，整个工作采用单一电源；CCD 传感器则采用被动式图像采取，需外加偏压使电荷在像元之间移动，因此 CCD 的功耗比 CMOS 大。

（6）价格。目前 CCD 器件的价格要高于 CMOS 器件。

总的来说，CCD 传感器在灵敏度、分辨率、噪声等方面优于 CMOS 传感器，而 CMOS 传感器则具有低成本、低功耗及高集成度的特点。不过，随着技术的发展与进步，两者的差异正在逐渐缩小。

思考与习题 7

一、选择题

1.（　　）不是 CCD 的基本单元组成部分。
    A. 金属　　　　　　B. 氧化物　　　　　C. 半导体　　　　　D. 光电阴极

2.（　　）不是电荷耦合器件（CCD）的工作过程。
    A. 电荷包的产生　　B. 电荷包耦合　　　C. 电荷包存储　　　D. MOS 电容器

3. CCD 以（　　）为信号。
    A. 电压　　　　　　B. 电流　　　　　　C. 电荷　　　　　　D. 电压或电流

4. 目前 CMOS 图像传感器在（　　）和色彩上还不如 CCD 图像传感器。
    A. 感光能力　　　　B. 解析力　　　　　C. 清晰度　　　　　D. 处理能力

二、填空题

1. 光电成像系统基本原理框图如下，请填写完整。

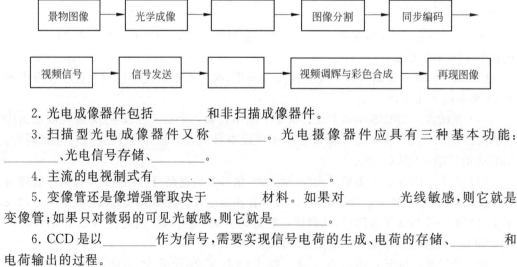

2. 光电成像器件包括_____和非扫描成像器件。

3. 扫描型光电成像器件又称_____。光电摄像器件应具有三种基本功能：_____、光电信号存储、_____。

4. 主流的电视制式有_____、_____、_____。

5. 变像管还是像增强管取决于_____材料。如果对_____光线敏感，则它就是变像管；如果只对微弱的可见光敏感，则它就是_____。

6. CCD 是以_____作为信号，需要实现信号电荷的生成、电荷的存储、_____和电荷输出的过程。

三、简答与计算题

1. 简述像管的工作原理,像管和摄像管的区别。

2. 简述 CCD 的工作过程。

3. 为什么 CCD 必须在动态下工作? 其驱动脉冲的上、下限频率受哪些条件限制? 应如何估算?

4. 什么是 CCD 电荷包的转移效率和转移损失率?

5. 简述 CMOS 图像传感器的工作原理。

6. 何谓被动像敏单元结构与主动像敏单元结构? 二者有何异同? 主动像敏单元结构是如何克服被动像敏单元结构缺陷的?

7. CCD 图像传感器和 CMOS 图像传感器的主要区别是什么?

第 8 章

电 光 源

人类的生活和一切活动都离不开光,自从发明了电,光的获得也就与电密不可分了。将电能转换为光能的器件或装置称为电光源。电光源的发明促进了电力装置的建设,在其问世后一百多年中,很快得到了普及。它不仅成为人类日常生活的必需品,而且在工业、农业、交通运输以及国防和科学研究中都发挥着重要作用。

8.1 电光源的分类和特性

8.1.1 电光源的分类

电光源的分类如图 8.1 所示。

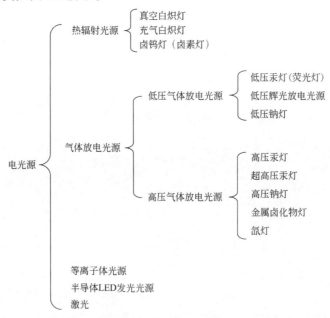

图 8.1 电光源的分类

人们通常将各类白炽灯称为第一代光源,各种荧光灯及霓虹灯称为第二代光源,钠灯和金属卤化物灯称为第三代光源,等离子体、固体发光光源称为第四代光源。

热辐射是指任何具有一定温度的物体,都会向周围空间发射出不同波长的射线,当物体温度足够高时,就会辐射可见光,而且随着温度的升高,光的颜色由暗红、红、黄到白炽蓝。这种光源包括各种白炽灯和卤钨灯。

在电场作用下,电子和离子在气体(或蒸汽)中运动,从而使电流通过气体(或蒸汽)并使其激发电离放电而发光,或者再激发发光物质使其发光的光源,称为气体放电光源。根据放电特性可分为辉光放电光源和弧光放电光源,每类放电光源又包含不同种类的灯,这是目前应用最广、种类最多的光源。

等离子体光源是一种利用等离子体焰产生的高温激发光源。等离子体光源有时被称为 LEP(Light Emitting Plasma)或 HEP(High Efficiency Plasma)。

固体发光光源是利用荧光物质在强电场中被激发发光或在某种半导体材料上施加电压而发光的一种光源,前者为场致发光,后者为半导体发光。

激光是一种崭新形式的光,普通光源发出的都是非相干辐射,而激光是相干辐射,因而具有单色性好、方向性高、亮度高的特点。

8.1.2　电光源的主要参数

描述电光源特性的基本参数包括:电参数、光度学参数、色度学参数、几何参数和使用及安全性参数五类。

电光源的光度学参数在第 2 章已经涉及,此处不再赘述。光参数除了光度学参数外,还有色度学参数,它是描述人眼对光源颜色的感觉的物理量,此处重点介绍色度学参数。

(1) 色表。色表是指人眼直接观察光源时看到的颜色。各种灯光的色表不同,是因为它们辐射的光的光谱能量分布不同,判断光源色表的好坏是以太阳光为标准的,光色越接近太阳光的颜色,光源的色表越好。

(2) 色温。众所周知,物体的温度升高后会发光,随着温度的不断升高,物体的发光也会由暗红变成红橙黄白,利用炽热物体的颜色与温度的对应关系,即可根据物体发光的颜色判断它的温度。光源色温的定义是:光源发光的颜色与黑体发光的颜色相同或相近时,此时黑体的温度就称为该光源的色温,以绝对温度 K 表示。

(3) 显色性。光源的显色性是指光源使有色物体的颜色再现出来的能力。光源发出的光照射到有色物体上,人们看到物体的颜色会因灯光的颜色不同而不同,有时甚至与在阳光下看到的颜色相差甚远。

光源显色性的定量指标用表示某光源与标准光源照明物体时,两者颜色感觉相符的程度表示,通常用 8 个颜色做实验,将其结果平均,称为平均显色指数。标准光源的平均显色指数为 100。

光源的色表与显色性是不同的,色表是指光源本身发出的光的颜色,显色性是指有色物体在光源照射下再现物体颜色的能力。钠灯的色表和显色性都不好,氙灯的色表和显色性都很好,荧光灯的色表好而显色性不太好,白炽灯的色表稍差但显色性很好。

光源的显色性和色表是由该光源的光谱能量分布决定的。日光和白炽灯光都是热辐射光源,具有相近的连续光谱能量分布,所以白炽灯的显色性接近日光,平均显色指数高,但它的工作温度比太阳的温度低得多,光谱分布向红色方向偏移,故色表偏红,不是很好;气体放电光源的光谱能量分布是不连续的,一些波段的能量较高,另一些波段的能量较低,所以,照射到有色物体上时就得不到日光照射时那样的颜色感觉,也就是显色性较差。

8.2 热辐射光源

热辐射在自然界中是十分普遍的现象,一切有温度的物体都会产生热辐射,温度越高,热辐射的强度越大。当温度较低时,辐射出远红外或红外光,温度上升到 500℃ 时才发出暗红色的可见光。随着温度升高,辐射光也逐渐由暗红—红—黄,直至变成白色。白炽灯就是利用电流通过灯泡中的灯丝将电能转变为热能,将灯丝加热至白炽状态,发出强烈的光辐射而制成的光源。

8.2.1 白炽灯

白炽灯是光电传感系统中最常用的光源之一,可用作各种辐射度量和光度量的标准光源。白炽灯主要由灯丝、玻璃壳、芯柱、灯口等组成,其结构如图 8.2 所示,玻璃壳内抽真空或充入惰性气体。

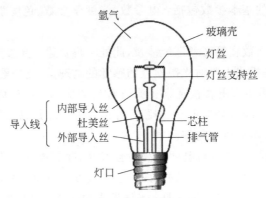

图 8.2 白炽灯结构图

1. 真空白炽灯

为了防止钨丝在大气中氧化,早期的白炽灯只能在真空状态下工作,这样做带来的问题有以下几个。

(1) 钨丝的可见辐射和光效都是随温度升高而增加的,但同时真空状态下蒸发速率也随之增加。实验数据表明,当灯丝工作温度从 2400K 提高到 3000K 时,钨的蒸发率将提高 7600 倍,而寿命则从 1000h 下降到不足 1h。

(2) 钨蒸发物总是沉积到玻璃壳上,形成黑色薄膜,并因而减小灯泡的光输出。灯丝温度越高,玻璃壳上的黑层形成越快、越厚,光效虽然可以提高,但光输出下降太快。因此,真空白炽灯仅限于小功率(<40W)、低工作温度(<2400K)的范围。

（3）在高温下,灯丝上各点的温度是不均匀的,这是因为支架和灯丝会传导热量,所以远离灯丝与支架和导丝接触处的灯丝温度会高一点;螺旋灯丝的螺距不均匀,螺旋较密的地方温度较高;钨丝直径的不均匀会导致较细的部分温度增高。这些因素的作用使得灯丝局部温度升高形成"热点",并最终导致灯丝在"热点"处烧毁。

2. 充气白炽灯

在真空中,高温的钨原子几乎不和任何粒子碰撞而蒸发出来,充入不与钨起化学反应的惰性气体后,蒸发出的钨原子会与气体分子发生频繁的碰撞,有一部分钨原子返回到钨丝表面,只有一部分被气流带到玻璃壳上,这样就抑制了钨的蒸发,减慢了钨的蒸发速度。

在相同温度下,灯内充气压强越大,气体分子越多,与钨原子碰撞的概率越大,使得蒸发出来的钨原子返回的机会越多,而扩散到玻璃壳上的钨原子减少;在相同的温度下,充入气体的分子数量越多,抑制钨的蒸发的作用就越大。

但是,另一方面,白炽灯内充入气体,气体就会通过热传导和对流将灯丝的热量传递给玻璃壳,这种热量的损耗会使灯的光效下降。气体的热损耗与所充气体的种类、压强及灯丝结构有关。

白炽灯的特点是:具有较高的集光性,便于控光,适于频繁开关,开灯或关灯对灯的性能、寿命影响较小,辐射光谱连续,显色性好,价格便宜,使用方便;缺点是光效低,一般仅5%甚至更低,这是白炽灯的致命弱点。

8.2.2　卤钨灯（卤素灯）

利用热辐射原理发光的白炽灯,输入灯的电能90%以上都变成了红外辐射和热量白白浪费掉了,只有百分之几的电能转变成了可见光。提高灯丝工作温度来提高发光效率又会导致钨丝的蒸发。卤钨灯将卤钨循环原理运用到白炽灯中,较好地解决了发光效率和钨蒸发的矛盾。卤钨灯采用耐高温石英泡壳,在泡壳内充入卤钨循环剂（如氯化碘、溴化硼等）,在一定温度下可以形成卤钨循环。卤钨循环提高了灯的寿命。灯的色温可达3200K,辐射光谱为$0.25\sim3.5\mu m$,发光效率可达30lm/W（为白炽灯的2～3倍）,广泛用作仪器白光源。

1. 卤钨循环原理

卤钨循环是一个综合的化学反应过程:从灯丝蒸发出的钨在灯泡内与卤素起化学反应,生成卤钨化合物,这个反应要求的温度相对较低,因此在离灯丝较远的玻璃壳附近,卤钨化合物的浓度高并向浓度较低的灯丝附近区域扩散;反之,在温度较高的灯丝附近,卤钨化合物更有利于被分解成卤素和钨,于是钨沉积在灯丝上。而卤素向低温区扩散,在这里再次参与与钨的合成反应。这样一个过程就称为卤钨循环。写成反应式为

$$W+nX \Longrightarrow WX_n$$
（高温区）　（低温区）

式中,W为钨原子;X为卤素;n为卤素的原子数量。上式表示:在低温度区,反应向有利于钨与卤素合成卤钨化合物的方向进行,而在高温区,反应则向有利于卤钨化合物分解成钨和卤素的方向进行。

因此,卤钨循环反应的存在,阻止了灯丝蒸发的钨跑向玻璃壳并在玻璃壳上沉积下来,使玻璃壳始终保持清晰明亮,同时又减少了灯丝中钨的损失。因此,利用卤钨循环原理,就可以使灯丝的工作温度提高到 3400K,因而也就提高了灯的发光效率,延长了灯泡的使用寿命。

2. 卤钨灯的特点

(1) 寿命长。由于卤钨循环使蒸发的钨又不断地回到钨丝上抑制了钨的蒸发,并且因灯管内充入了较高压力的惰性气体而进一步抑制了钨蒸发,使灯泡的寿命得到提高,平均达到 1500h,为白炽灯的 1.5 倍。

(2) 发光效率高。因灯丝工作温度可以提高,辐射的可见光量增加,使得发光效率提高,可以达到 10%～30%。

(3) 显色性好。工作温度高,光色得到改善,显色性也好。

(4) 体积小。与一般白炽灯相比,卤钨灯体积小,效率较高,功率集中,便于光的控制,因而也使得灯具制作简单,价格便宜,运输方便。

8.3　低压气体放电光源

气体放电光源的种类很多,以在灯管内所充气体压强划分,可分为低压、高压和超高压气体放电灯 3 类,一般气压在 3×10^4Pa 以下时称为低压气体放电灯,在 $3\times10^4\sim3\times10^5$Pa 时称为高压气体放电灯,在 3×10^5Pa 以上时则为超高压气体放电灯(1 个大气压约等于 1×10^5Pa)。

8.3.1　低压汞灯(荧光灯)

荧光灯是一种低气压气体放电灯,是所有气体放电光源中应用最广泛的一种。按气体放电性质,荧光灯可分为热阴极弧光放电型和冷阴极辉光放电型两类。冷阴极灯的管压降较高,发光效率低,仅用作指示灯和霓虹灯,目前大量生产和使用的荧光灯都是热阴极弧光放电荧光灯。

荧光灯是一种低气压汞蒸气弧光放电灯,所以也称为低压汞灯,在它的玻璃管内壁上涂荧光材料,把放电过程中产生的紫外线辐射转换为可见光。它是所有气体放电光源中应用最广泛的一种,据估计,人类使用的人造光源发出的总光量中,约 80% 是由荧光灯提供的。它的结构适合大量生产,工艺成熟,发光效率高,光色可以根据需要调节,是一种较理想的、适合各种用途的光源。大家熟知的节能灯就是一种紧凑型荧光灯。

最常见的荧光灯原理结构如图 8.3 所示。它由内壁均匀涂敷荧光粉的钠钙玻璃管组成,玻璃管两端各封接一个电极,电极上涂敷有发射电子的活性物质——碱土金属氧化物,在电极上还常常套有屏蔽罩。在荧光灯排气处理后还应在管内充入少量汞和 200～600Pa 的氩气或其他惰性气体,灯的两端装上灯头,以便使荧光灯装入灯座并与外电路连接。

荧光灯内充入少量汞,在工作时形成蒸气压仅为 1.3Pa 的低压汞蒸气。在灯的两端电极上加上一定电压时,首先是惰性气体放电,然后汞蒸气放电,在低压汞蒸气中,汞电弧

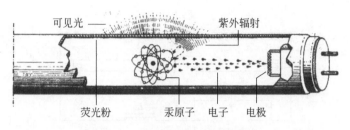

图 8.3　最常见的荧光灯原理结构

的辐射绝大部分是 253.7nm 的紫外线,仅有 10% 的可见光。紫外线照射到荧光粉上,有效地将其转换成为可见光,这就是玻璃管内壁要涂荧光粉的原因,荧光粉可使灯的发光效率提高到 80lm/W,差不多是白炽灯光效的 6 倍。由此可见,荧光灯的发光包括汞蒸气的放电辐射和荧光粉的光致发光两个基本物理过程。

1. 低压汞蒸气的放电

低压汞蒸气的放电存在一个最佳蒸气压 0.8Pa,这时 253.7nm 的紫外线辐射效率最高,高于或低于该最佳值,辐射效率都会下降。汞蒸气的这一最佳蒸气压相应于 40℃ 时汞的饱和蒸气压,因此,在荧光灯工作时,应使灯管最冷处的温度维持在 40℃。大多数灯管都制成圆柱形,整个灯管表面温度分布就比较均匀,而且在电极后面只留有很少空隙,以避免冷端。

2. 惰性气体的作用

惰性气体可以提高气体放电的电离和激发概率。如果没有惰性气体,由于汞的蒸气压很低,绝大多数电子根本没有机会和汞原子碰撞就打到管壁上去了,汞原子被电离和激发的机会很少,因此放电很难建立和维持。在荧光灯中充入 133.3Pa 的氩气后,电子就会与氩原子发生频繁的碰撞,使电子从阴极向阳极运动的路径变长,从而增加了和汞原子碰撞并使之激发的机会,有助于降低灯的起动电压,在低压汞灯中充入氩气后,汞氩混合气体可以产生潘宁效应,从而降低了荧光灯的起动电压,有利于提高辐射效率。惰性气体的充入不仅增加了电子与氩原子碰撞的机会,也增加了汞原子的激发机会,提高了辐射效率。惰性气体可以阻挡正离子对阴极的轰击,防止电极溅射,减少活性物质的蒸发,延长灯的寿命,但惰性气体对荧光灯的光量没有多少贡献,故也称之为起动气体。

3. 荧光灯的工作电路

荧光灯的点燃不像白炽灯那样简单,白炽灯接通电源,即可点燃工作,荧光灯则必须在一些附件的帮助下才能点燃工作,单单一只灯管接通电源是无法点燃的。荧光灯点灯的基本电路有很多种,使用最广泛的是预热式的开关起动电路。

荧光灯的预热式开关起动电路如图 8.4 所示,除灯管外,还包括镇流器和启辉器。镇流器的作用是限制荧光灯电流的增加,因为气体放电产生的雪崩电流如果不加限制,将会无限增加,最后导致灯管爆炸;镇流器是一个带铁心的感抗器。启辉器由一个小氖泡和一个小型电容器并联组成,小氖泡是一个二极管,其中一个电极用双金属片弯曲成 U 形作为动触极,另一个电极是平板金属片,其作为静触极。

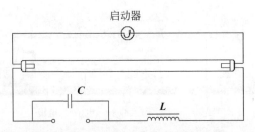

启动器

图 8.4　荧光灯的预热式开关起动电路

当将 220V 电压加到荧光灯上时,虽然不能使荧光灯点燃,但足以激发启辉器产生辉光放电,辉光放电产生的热量加热双金属片,双金属片中动触极的弯曲变形使它与静触极短路。这时电路被接通,电流流过荧光灯灯丝,一个相当强的预热电流迅速加热灯丝,使其达到热发射的温度,发出大量电子。

启辉器电极闭合的时间就是灯丝的预热时间,为 0.5~2s。一旦启辉器中两个电极短路,辉光放电立即停止,氖泡的温度降低,双金属片收缩,于是两个电极分开。就在两个电极分开的一瞬间,因为电路中的电流突然消失,便在镇流器线圈两端产生一个持续时间约 1ms 的 600~1500V 的感应电动势,这样高的电压加在荧光灯的两端,使荧光灯内部的气体和蒸气很快电离而将灯点亮。灯点亮后,灯管两端的电压降立即降到约 100V,这个电压加到启辉器氖泡两极上,由于它的熄灭电压在 130V 以上,所以不足以使启辉器再次发生辉光放电。

荧光灯工作在 50Hz 交流电压下,所以在 1s 内灯两端的电压变化 100 次,灯的两个电极轮流担任阳极和阴极,因而荧光灯的发光也就明暗变化 100 次。这样,荧光灯的发光应该有闪烁现象,但由于人眼的视觉暂留特性,所以觉察不到这种现象。但是,当荧光灯照射在高速旋转的物体,如车床、电动机等上面时,会使人感觉它们旋转很慢,造成错觉,甚至引起安全事故。因此,在这种场合应采用三相电源,在每一相上装一只荧光灯,或者局部再用白炽灯照明,以消除闪烁效果。

荧光灯的种类有很多,也有多种不同的分类方法,按功率大小可分为标准型、高功率型、超高功率型;按灯管形状和结构可分为直管型、高光通量单端型、紧凑型等;此外,还有特种荧光灯等。

直管型荧光灯是最常见的荧光灯,根据灯管粗细又有 T12 型(管径 38mm)、T8 型(管径 26mm)、T5 型(管径 16mm)之分,T8 型荧光灯比 T12 型光效高、省材料,T5 型荧光灯比 T12 型节电 20%;高光通量单端荧光灯的管脚集中在一端,有 4 个插脚,它比直管型荧光灯结构紧凑、光通量输出高、光通量维持好、在灯具中的布线简单、灯具尺寸与室内吊顶可以很好地配合;紧凑型荧光灯灯管可以做成各种形状,以缩短放电管线性长度,习惯上被称为节能灯。

8.3.2　低压辉光放电光源

低压辉光放电光源包括霓虹灯和指示灯,前者是工作在正柱区的辉光放电管,而后者则是工作在负辉区的辉光放电管。图 8.5 所示为辉光放电球。

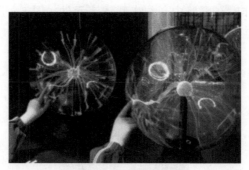

图 8.5　辉光放电球

1. 霓虹灯

霓虹灯是利用辉光放电的正柱区发光的,灯管可以是细长的直管,也可以根据装饰的需要把灯管弯曲成各种图案或文字,还可以将发出各种颜色光的灯管组合,在电路中接入必要的控制装置,得到循环变化的彩色图像和自动亮灭的灯光,十分适合作为装饰、广告或指示光源。

霓虹灯依靠灯管两端的电极在高压电场下将灯管内的气体击穿,产生电离而发光,它是冷阴极放电,不需要加热灯丝。霓虹灯的特点是高电压、小电流。一般通过漏磁式变压器给霓虹灯供电,变压器次级产生 $2\sim15\mathrm{kV}$ 的高压,使管内气体电离,进而发出不同颜色的辉光。灯的启动电压不仅与灯管长度成正比,与管径大小成反比,而且还与所充气体种类、气压有关。霓虹灯能发出各种色彩的光,光的颜色由灯管、荧光粉及所充气体决定。灯管内壁不涂任何荧光粉,直接采用无色透明的玻璃管称为明管;如果透明玻璃内壁涂有荧光粉,则称为粉管。如果采用彩色玻璃管而不是无色透明管,而且在玻璃内壁均匀涂有荧光粉,则称为彩管。灯管内所充气体不同,放电时发出光的颜色也会不同,氖气发白光,氩气发蓝光,氦气发黄光,氪气发深蓝光,氖气发大红光,80%的氩与 20%的氖发浅蓝光,50%的氩与 50%的氖发紫光,在氩气中掺入少量的汞发白光;灯管内壁所涂荧光粉是能发出红、绿、蓝三基色光的材料的组合;彩色玻璃管可以有更多种颜色。正是利用不同气体、不同荧光粉和不同颜色的玻璃管的组合,造就了霓虹灯的五颜六色、绚丽多彩的效果,犹如彩虹。目前较多采用彩色类光粉,或彩色玻璃管及其组合,即彩管。

2. 辉光指示灯

辉光指示灯利用辉光放电的负辉区发光,它的结构简单,在球形或椭圆柱形玻璃壳内封入两个电极,极间距离很近,加上电压后,即在电极间产生放电发光。

由于用途不同,电极可做成不同形状,一般用铁或镍做成。为了降低启辉电压,电极表面覆盖一层钡、钾或碱土金属。如果灯用直流电源点燃,则只有一个电极发光,表明这个电极接的是电源的负极,这样就可以指示电源的极性。用交流电源供电时,两个电极均发光。

指示灯大多数情况下使用氖氦或氖氩混合气,发红橙色的光,所以辉光指示灯通常被称为氖灯,如果再充入少量汞,则发青白色的光。氖灯具有低功率、长寿命的特点,与其他气体放电光源一样,工作时在电路中必须串联镇流元件。图 8.6 所示为发出橙色光的氖灯外观图。

图 8.6　橙色氖灯

8.3.3　低压钠灯

低压钠灯是利用低气压钠蒸气放电发光的电光源,也是光衰小和发光效率最高的电光源。图 8.7 所示为低压钠灯实物照片。

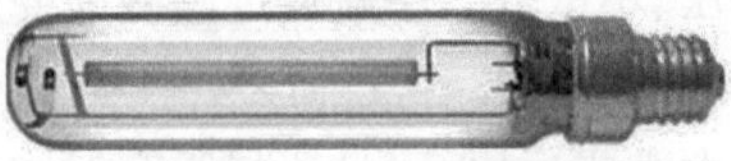

图 8.7　低压钠灯

1. 低压钠灯的工作原理和特点

钠是一种活泼金属,常温下是银白色固体,极易氧化,遇水会剧烈反应产生爆炸,所以通常放在煤油中保存。正因为室温时钠是固体,所以单纯使用钠的气体放电灯不易起动。在灯的装管内充入氖氩混合气(即潘宁气体)后,灯放电时首先氖氩混合气电离,发出氖的特征红光,并产生热量使放电管温度提高,导致钠开始蒸发;由于钠的电离电位和激发电位比氖和氩低,所以放电很快转入钠蒸气中,辐射出可见黄色光。当放电达到稳定时,管压稍有下降,发出的光达到最大光通量。

低压钠灯的放电特点如下:

(1) 低压钠灯放电辐射集中在两条黄色谱线上,它们常接近光谱光视曲线的最高点 555nm,即接近人眼视觉灵敏度最高区域;因此也不再需要像低压汞灯那样利用荧光粉将 253.7nm 的不可见紫外线转变成可见光,避免了荧光粉在转换过程中的能量损失。所以,低压钠灯的发光效率极高,理想光效可达 520lm/W,在实际应用中,也可达到 140lm/W 以上,是普通白炽灯的 10～20 倍,普通荧光灯的 2～4 倍,高压汞灯的 4 倍。

(2) 低压钠灯光衰比其他光源小,即使到寿命终了,还可以达 80%～85% 的初始光通量。

(3) 低压钠灯发出的是单色黄光,在人眼中不产生色差,视见分辨率高,对比度好,黄光的透雾性好。

(4) 低压钠灯辐射的只是单色光,因此显色性差。

2. 低压钠灯的应用

基于上述低压钠灯光的特点,其特别适用于照度要求高但对显色性无要求的照明场所,如高速公路、高架铁路、公路隧道、桥架、港口、城市广场、城乡繁华地段、高级智能化住宅、堤岸矿区、货场、建筑标记以及各类建筑物安全防盗照明,能使人清晰地看到色差比较小的物体。

8.4　高压和超高压气体放电光源

高压和超高压气体放电灯包括高压汞灯、金属卤化物灯、高压钠灯和氙灯,它们工作期间蒸气压为 $10^5 \sim 10^6$ Pa 数量级(十分之几到几个大气压数量级),属于高气压。超过 10^6 Pa 时称为超高气压。

8.4.1　高压汞灯

当汞灯内的蒸气压达到 $1 \sim 5$ 个大气压时,汞灯电弧的辐射光谱就会产生明显变化,如光谱线加宽,紫外辐射明显减弱,可见辐射加强,呈带状光谱,红外区出现弱的连续光谱。除供照明以外,在光学仪器、光化反应、紫外线理疗、荧光分析等领域都有广泛的应用。图 8.8 所示为高压汞灯实物图。

高压汞灯有以下几种:

(1)荧光高压汞灯,高压灯的辐射中短紫外线很少而长紫外线(主要是 365.0nm)增加了,为了将这部分辐射也利用起来,在高压汞灯的外玻璃壳的内表面涂覆一层荧光粉,使灯的长紫外线转换成可见光的长波部分(即红、橙、黄部分)。这样,荧光粉发出的红、橙、黄色光与灯管本身发出

图 8.8　高压汞灯实物图

的蓝绿光混合,使灯的显色性大大提高,而且光效和寿命也得到了提高。因此,荧光高压汞灯得到了广泛的应用,适合室外和高大建筑物等场所的照明,尤其成为街道照明的佼佼者,是我国目前使用道路照明的主要光源。

(2)自镇流高压汞灯。将一白炽灯用的钨灯丝封入高压汞灯的外玻璃壳内,并与高压汞灯电路串接,作为灯的镇流器可限制灯的放电电流,而且灯丝本身还可以发出红黄光,与高压汞灯发出的光混合,同样改善了灯的光色。这种灯可以做到即开即亮,但总的发光效率偏低,所以是被限制发展的产品。

(3)超高压汞灯。进一步提高高压汞灯内汞的蒸气压强达到 $10 \sim 50$ 个大气压,这时辐射谱线加宽,连续性增强,灯的光色也就会得到改善,显色性提高。这种灯亮度高,可用于光学仪器、光刻照相、制版等方面,特别是可以作为点光源经常应用在探照灯和投影仪系统中。

(4)紫外线高压汞灯。这种灯不但能发出一定的可见光,而且能发出强烈的紫外线,可用于印刷、晒图、保健、光浴理疗、化学合成、老化试验和金属荧光探伤等。

8.4.2　高压钠灯

高压钠灯是由低压钠灯发展来的,当灯内放电管中的钠蒸气压提高到 $26\sim33\text{kPa}$ 时,高压钠灯的光接近白色,亮度高、紫外辐射少,常用于照明光源。图 8.9 所示为各种形状的高压钠灯实物图。

图 8.9　高压钠灯

1. 高压钠灯的工作原理

当灯泡起动后,放电管内两端电极之间产生电弧,电弧产生的高温使管内的钠汞气受热蒸发成为汞蒸气和钠蒸气。电弧产生的离子轰击阴极使阴极升温,阴极发射的电子撞击钠原子,使其获得能量产生电离或激发,然后由激发态恢复到基态;或由电离态变为激发态,再回到基态,这时多余的能量以光辐射的形式释放,便产生了光。高压钠灯中钠的蒸气压很高,钠原子密度也就很高,电子与钠原子碰撞次数频繁,使共振辐射谱线加宽,因此高压钠灯的光色优于低压钠灯。

在放电管中充入的钠是放电物质,而汞是缓冲物质。汞的作用与金属卤化物灯中汞的作用相似,可以提高灯管工作电压,降低工作电流,减小镇流器体积,改善电网的功率因数,提高电弧温度,并提高辐射功率。放电管工作在钠和汞的饱和蒸气压下,管内保持过量的钠和汞是为了补偿钠在灯泡寿命期间的损耗,使灯的电特性稳定,延长灯的寿命。

高压钠灯是一种高强度气体放电灯,它与其他气体放电光源一样工作在弧光放电状态,其伏安特性具有负阻特性,因此在恒定电源条件下,为了保持灯泡稳定工作,控制电流不致无限上升,在电路中必须串联一个具有正阻特性的镇流元件。常用的镇流器有电感式镇流器和电子镇流器两种。电子镇流器具有功耗低、体积小、重量轻、功率因数高、灯泡能瞬时起动等特点,目前在小功率气体放电灯(紧凑型节能灯)中广泛应用,但在大功率气体放电灯中的应用还有困难。电感式镇流器损耗小,阻抗稳定,使用寿命长,灯泡的稳定度比电阻性镇流器好,目前与高压钠灯配套使用的镇流器都是电感镇流器,很少采用电子镇流器。

2. 高压钠灯的特点

(1)光效高。高压钠灯的理想光效达 400lm/W,实际光效也接近低压纳灯,达

120lm/W。

（2）寿命长。高压钠灯的寿命可达20000h,比白炽灯长20倍。灯的寿命终了主要是钠的损失和电极损耗引起汞温度增高,从而使灯管电压升高到电源无法维持放电而造成的。

（3）显色性较差,色温低。高压钠灯的显色性较差,显色指数只有30左右,色温只有2100K,但金黄色的光透雾能力很强,所以十分适合汽车照明。

（4）环境温度对灯的工作影响不大。当外界温度在$-40\sim+100℃$变化时,灯的光输出变化并不明显。

（5）紫外线辐射少。钠灯的紫外线成分与汞灯相比,显得微乎其微,一个400W的高压钠灯,紫外线辐射只有1W。紫外线具有很强的诱虫能力,使灯和灯具上沾满昆虫尸体,严重影响灯的光输出。钠灯不具有诱虫能力,不会产生这种现象。

（6）起动电压高,重复点燃需要的间隔时间长。高压钠灯的点燃需要1000V以上的高压,起动后首先是低气压的钠、汞和氙气放电,随着放电管温度升高,管内气压增高,放电才逐渐稳定,这个起动时间约需10min。当需要在灯熄灭后重新点燃时,与高压汞灯一样需要等待灯冷却后才可能,这同样需要约10min的时间。

（7）成本高。高压钠灯的发光管采用的是多晶氧化铝陶瓷管,而用于金属-陶瓷封接的是铌、钽等贵金属,所以生产成本高。

总之,高压钠灯具有光效高、耗电少、体积小、寿命长、透雾能力强和不诱虫等优点,广泛应用于道路、机场、码头、船坞、车站、广场、街道交汇处、工矿企业、公园、庭院照明及植物栽培等领域。高显色高压钠灯主要应用于体育馆、展览厅、娱乐场、百货商店和宾馆等场所照明。光效高的特点使得它已大量取代高压汞灯。

8.4.3　金属卤化物灯

汞灯有比较高的发光效率,但缺少红色。人们曾努力试图加入经气体放电能产生红光的金属,但未成功,原因是大多数金属蒸气气压很低,不能产生有效的辐射,有的金属蒸气对石英泡壳有腐蚀作用。卤钨灯的成功启发人们考虑到金属卤化物的蒸气气压高,对石英玻璃无腐蚀作用,在管内能形成金属卤化物循环,靠着这种循环向气体提供足够的金属原子,这样就制成了多种金属卤化物灯。图8.10所示为某厂商不同型号的金属卤化物灯实物图。

图8.10　某厂商不同型号的金属卤化物灯实物图

1. 金属卤化物灯的工作原理

在高压汞灯中若加入金属,放电时将金属原子激发,就会辐射出金属的特征谱线,以达到增加汞灯的红色成分的目的。但是出现了两个障碍:一个是如果金属蒸气压太低,则不能产生有效辐射;另一个是如果金属蒸气压太高,又会与石英玻璃壳产生化学反应而损坏玻壳。金属卤化物可以克服这两个困难,同时可以起到改善汞灯光色的作用。

金属卤化物灯是目前世界上最优秀的电光源之一,具有高光效(75~100lm/W)、长寿命(5000~20000h)、显色性好(显色指数 Ra 为 70~95)、结构紧凑、性能稳定等特点。它兼有荧光灯、高压汞灯、高压钠灯的优点,克服了这些灯的缺陷。金属卤化物灯汇集了气体放电光源的主要优点,尤其是光效高、寿命长、光色好三大优点,因此金属卤化物灯发展很快,用途越来越广。但金属卤化物灯内也填充有汞,汞是有毒物质,处理不慎会对环境造成污染,有损人类的身体健康。

在金属卤化物灯内,管壁和电弧中心的温度相差很大。在管壁及其附近的温度下金属卤化物会大量蒸发,并向金属卤化物蒸气浓度较低的电弧中心的高温区扩散。这里,温度高达 4000~6000K,扩散到这里的金属卤化物被分解为金属原子和卤素原子,金属原子被蒸发参与放电,辐射出特征谱线。因此,在电弧中心区的金属原子和卤素原子浓度就较高,它们又向管壁扩散,在接近管壁的相对温度较低的区域又重新复合成金属卤化物分子,而这种卤化物对石英玻璃几乎不起作用。这就是金属卤化物的分解与复合的循环过程,通过这种循环,不断向电弧提供足够浓度的金属原子参与发光,同时又避免了金属在管壁的沉积。

在高压汞灯中,汞是发光物质。在金属卤化物灯中,汞的蒸气压要比金属原子的压强大得多,但汞的辐射所占比例却很小。这是因为通常采用的金属卤化物中金属的平均激发电位比汞的激发电位小得多,因而金属光谱的总辐射功率可以大幅度超过汞的辐射功率。典型的金属卤化物灯输出的谱线主要是金属光谱,在这种情况下,金属卤化物灯中的汞起以下作用:

(1)提高灯的发光效率。在灯中,金属卤化物的蒸气压并不高,因此,在电弧中心轴线的金属和卤素原子向管壁的扩散及复合速度很快,引起电弧中能量损失增大,导致灯的光效下降。加入汞后可以阻缓其扩散和复合,起缓冲作用,降低能量损耗而提高灯的光效。

(2)改善灯的电特性。在金属卤化物灯中,金属卤化物的蒸气分压很低,电子迁移很大,因此管压很低,而要提高灯的功率,必须加大电流,加入汞正是为了提升灯内的气压,管压也将随之升高。

(3)有利于灯的起动。灯内充入汞,在室温下汞的蒸气压很低,有利于起动。

2. 金属卤化物灯的分类

按照使用的金属卤化物的不同,金属卤化物灯可分为 4 类。

(1)钠铊铟灯。具有强线状光谱,在黄、绿、蓝区域分别有 3 个峰值,如合在一起,可得到白色光源。

(2)钪钠灯。在整个可见光谱范围内具有近似连续的光谱。

（3）镝钠灯。在整个可见光谱范围内具有间隔极窄的多条谱线，近似连续光谱。

（4）卤化锡灯。具有连续光谱。

金属卤化物灯中采用的金属卤化物还有多种方式，如填充单一金属卤化物，填充不同组合的金属卤化物等。填充不同的金属卤化物可以得到不同的金属特征谱线，也就可以产生需要的各种不同光色的灯。例如，铟的共振辐射（451.1nm）位于蓝色区域，锂的共振辐射（670.8nm）位于红色区域，铊的共振辐射（535.0nm）位于绿色区域。用不同金属卤化物的组合可以制出五颜六色的金属卤化物灯。

8.4.4 氙灯

氙灯是由充有惰性气体——氙的石英泡壳内两个钨电极之间的高温电弧放电，气体原子被激发到很高的能级并大量电离。复合发光和电子减速发光大大加强，在可见区形成很强的连续光谱。光谱分布与日光接近，色温为 6000K 左右，因此有"小太阳"之称。氙灯可分为长弧氙灯、短弧氙灯和脉冲氙灯三种。图 8.11 所示为短弧氙灯实物图。

图 8.11 短弧氙灯实物图

氙气放电具有以下特点：

（1）放电光谱连续，与日光相似，因此，它的光色好，显色性也好，显色指数可以达到95。氙灯的光谱能量分布同太阳光极为接近，其色温也在 5500K 左右（5400～6300K），人眼感觉到的氙灯色表与太阳光完全相同，因此人们把氙灯称为人造小太阳。

（2）氙灯的光、电参数一致性好，十分稳定。一方面，灯内氙气压强在较大范围内变化时，它的光谱能量分布不变，显色指数和色温也基本不变；另一方面，当灯的工作电流大幅度变化时，氙灯的光色也不变。这是其他气体放电光源没有的重要特性。

（3）具有正阻伏安特性。一般气体放电灯的伏安特性是负阻性的，即灯的管压下降时电流增加。而氙灯在高气压、大电流放电时，因氙气电离趋向饱和，正柱区的电阻率变为恒定值，所以氙灯具有正阻的伏安特性，这就使得氙灯工作时可以不用镇流器限流，这也是其他气体放电光源无法比拟的优点。

（4）几乎瞬态的光学起动特性。氙在常温下就是气体，不像汞、钠、金属卤化物等需要一个蒸发过程，因此可以做到开灯即亮，一启动即可辐射出灯的 80% 的总光通量，1 分钟后达 90%，2.5 分钟后达到 100%，放电完全达到稳定。而且当灯熄灭后，可以立即再次点燃。而其他气体放电灯往往需要数分钟甚至 10 分钟的起动时间和再起动时间。

（5）体积小、功率大。迄今为止，氙灯是世界上功率最大的光源，可以制成几千、几万，甚至几十万瓦的灯，氙灯功率也可以小到只有几瓦，从而扩大它的应用范围。而荧光灯一般只能做成 4～100W 的灯。

(6) 光效低。氙灯的平均寿命为 1000h,发光效率比其他气体放电灯低,一般只有 20～40lm/W。

8.5　半导体 LED 光源

发光二极管(Light Emitting Diode,LED)是一种固体光源,由数层很薄的掺杂半导体材料制成,一层带过量的电子,另一层因缺乏电子而形成带正电的"空穴",当有电流通过时,电子和空穴相互结合并释放出能量,从而辐射出光芒。它在半导体新型节能照明、信号指示、信号传输等方面具有广泛的应用,对其进行分析、研究和应用系统设计具有重要作用和意义。

8.5.1　LED 的工作原理

LED 是由Ⅲ-Ⅳ族化合物,如 GaAs(砷化镓)、GaP(磷化镓)、GaAsP(磷砷化镓)等半导体制成的,其核心部分是由 P 型半导体和 N 型半导体组成的晶片,在 P 型半导体和 N 型半导体之间有一个过渡层,称为 PN 结,在 P 区和 N 区界面两侧附近空间的载流子各自向对方扩散,形成耗尽层,并建立起由 N 区指向 P 区的内建电场,形成势垒,阻止多数载流子向对方扩散。平衡时,扩散电流和电场作用下产生的漂移电流达到动态平衡。在 PN 结上施加正向偏压时(见图 8.12),由于外加电压基本上加在耗尽层上,抵消和减弱了内建电场,降低了势垒高度,因此多数载流子(如 P 区中的空穴,N 区中的电子)就容易通过势垒进入对方而形成少数载流子,于是在 PN 结附近稍偏于 P 区一边的地方,处于高能态的电子与空穴相遇复合,同时会把多余的能量释放,并以发光的形式表现出来,从而把电能直接转换成光能。由于复合时是在少数载流子扩散区内发光的,所以发光仅在靠近 PN 结数微米区域内产生。

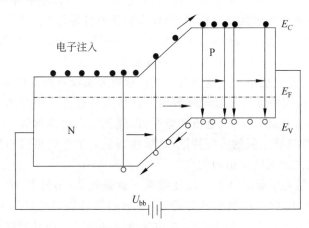

图 8.12　LED 发光原理

电子和空穴的复合可以在不同的能级间进行,而发射光的波长与半导体材料的禁带宽度有关,两者间近似满足如下关系:

$$\lambda = \frac{hc}{E_g} \tag{8-1}$$

式中，λ 为发射光的波长，E_g 为禁带宽度，h 为普朗克常量，c 为光速。若能产生可见光（波长在 380nm 紫光～780nm 红光），半导体材料的 E_g 应在 $3.26～1.63\text{eV}$。现在已有红外、红、黄、绿及蓝光发光二极管，但其中蓝光二极管成本、价格很高，使用不普遍。

由于 LED 的核心是 PN 结，因此它具有一般 PN 结的电流-电压(I-V)特性，即正向导通，反向截止，击穿特性。此外，在一定条件下，它还具有发光特性。在正向电压下，电子由 N 区注入 P 区，空穴由 P 区注入 N 区。进入对方区域的少数载流子(少子)一部分与多数载流子(多子)复合而发光，LED 发射的是自发辐射光(非相干光)。它能在紫外光、可见光或红外光区域辐射自发辐射光。可见光 LED 被大量用于各种电子仪器设备和信息传送，而红外光 LED 则应用于光隔离及光纤通信方面。LED 大多采用双异质结结构，把有源层夹在 P 型和 N 型限制层间，但没有光学谐振腔，故无阈值。LED 分为正面发光型和侧面发光型，侧面发光型 LED 的驱动电流较大，输出光功率小，但光束发射角小，与光纤的耦合效率高，故入纤光功率比正面发光型 LED 高。半导体发光二极管是新型的发光体，电光效率高、体积小、寿命长、电压低、节能和环保，是比较理想的照明器件。

发光二极管的基本结构分为正面发光型和侧面发光型，如图 8.13 所示。

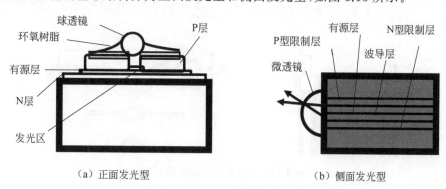

（a）正面发光型　　　　　　　　（b）侧面发光型

图 8.13　发光二极管的基本结构

发光二极管的构造如图 8.14 所示。

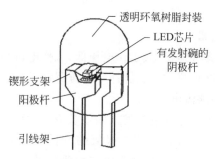

图 8.14　发光二极管的结构图

8.5.2　LED 的分类

LED 按其使用材料可分为磷化镓（GaP）发光二极管、磷砷化镓（GaAsP）发光二极管、砷化镓（GaAs）发光二极管、磷铟砷化镓（GaAsInP）发光二极管和砷铝化镓（GaAlAs）发光二极管等多种。按其封装结构及封装形式除可分为金属封装、陶瓷封装、塑料封装、树脂封装和无引线表面封装外，还可分为加色散射封装（D）、无色散射封装（W）、有色透明封装（C）和无色透明封装（T）。按其封装外形可分为圆形、方形、矩形、三角形和组合形等多种。

图 8.15 为几种发光二极管的外形。塑封发光二极管按管体颜色又分为红色、琥珀色、黄色、橙色、浅蓝色、绿色、黑色、白色、透明无色等多种。而圆形发光二极管的外径从 2mm 至 20mm，分为多种规格。按发光二极管的发光颜色又可分为有色光和红外光。有色光又分为红色光、黄色光、橙色光、绿色光等。

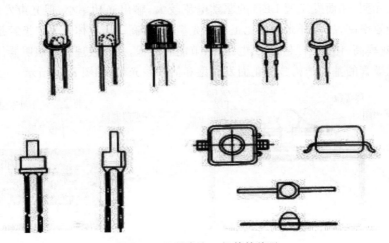

图 8.15　几种发光二极管的外形

另外，发光二极管还可分为普通单色发光二极管、高亮度单色发光二极管、超高亮度单色发光二极管、变色发光二极管、闪烁发光二极管、电压控制型发光二极管和红外发光二极管等。

1. 普通单色发光二极管

普通单色发光二极管具有体积小、工作电压低、工作电流小、发光均匀稳定、响应速度快、寿命长等优点，可用各种直流、交流、脉冲等电源驱动点亮。它属于电流控制型半导体器件，使用时需串接合适的限流电阻。

普通单色发光二极管的发光颜色与发光的波长有关，而发光的波长又取决于制造发光二极管所用的半导体材料。红色发光二极管的波长一般为 650～700nm，琥珀色发光二极管的波长一般为 630～650nm，橙色发光二极管的波长一般为 610～630nm，黄色发光二极管的波长一般为 585nm 左右，绿色发光二极管的波长一般为 555～570nm。

2. 高亮度单色发光二极管和超高亮度单色发光二极管

高亮度单色发光二极管和超高亮度单色发光二极管使用的半导体材料与普通单色发光二极管不同,所以发光的强度也不同。通常,高亮度单色发光二极管使用砷铝化镓(GaAlAs)等材料,超高亮度单色发光二极管使用磷铟砷化镓(GaAsInP)等材料,而普通单色发光二极管使用磷化镓(GaP)或磷砷化镓(GaAsP)等材料。

3. 变色发光二极管

变色发光二极管是能变换发光颜色的发光二极管。变色发光二极管按发光颜色种类可分为双色发光二极管、三色发光二极管和多色(有红、蓝、绿、白四种颜色)发光二极管。变色发光二极管按引脚数量可分为二端变色发光二极管、三端变色发光二极管、四端变色发光二极管和六端变色发光二极管。

4. 闪烁发光二极管

闪烁发光二极管(BTS)是一种由 CMOS 集成电路和发光二极管组成的特殊发光器件,可用于报警指示及欠压、超压指示。闪烁发光二极管在使用时,无须外接其他元件,只要在其引脚两端加上适当的直流工作电压(5V)即可闪烁发光。

5. 电压控制型发光二极管

普通发光二极管属于电流控制型器件,使用时须串接适当阻值的限流电阻。电压控制型发光二极管是将发光二极管和限流电阻集成制作为一体,使用时可直接并接在电源两端。电压控制型发光二极管的发光颜色有红、黄、绿等,工作电压有 5V、9V、12V、18V、19V、24V 共 6 种规格。

6. 红外发光二极管

红外发光二极管也称红外线发射二极管,它是可以将电能直接转换成红外光(不可见光)并能辐射出去的发光器件,主要应用于各种光控及遥控发射电路中。红外发光二极管的结构、原理与普通发光二极管相近,只是使用的半导体材料不同。红外发光二极管通常使用砷化镓(GaAs)、砷铝化镓(GaAlAs)等材料,采用全透明或浅蓝色、黑色的树脂封装。

8.5.3 常见的发光二极管

1. 可见光发光二极管

由于人眼只对光子能量($h\nu$)等于或大于 $1.8\text{eV}(\lambda \leqslant 0.7\mu\text{m})$ 的光线感光,因此所选择的半导体,其禁带宽度必须大于此极限值。图 8.16 标示了几种半导体的禁带宽度值。

表 8.1 列出了用来产生可见光与红外光谱的半导体材料。在列出的半导体材料中,对于可见光 LED 而言,最重要的是 $GaAs_{1-y}P_y$ 与 $Ga_xIn_{1-x}N$ 合金的 III-V 族化合物系统。当有一个以上的第 III 族元素均匀分散于第 III 族元素的晶格位置,或有一个以上的第 V 族元素均匀分散于第 V 族元素的晶格位置,就形成了此 III-V 族化合物合金。三元化合物常用的符号是 $A_xB_{1-x}C$ 或 $AC_{1-y}D_y$,而四元化合物则用 $A_xB_{1-x}C_yD_{1-y}$ 表示,其中 A 和 B 为第 III 族元素,C 和 D 为第 V 族元素,而 x 和 y 是物质的量的比。

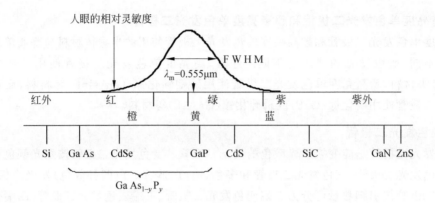

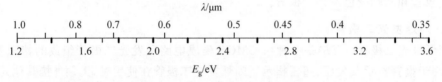

图 8.16　几种半导体的禁带宽度值

表 8.1　产生可见光与红外光谱的半导体材料

材　　　料	波长/nm	材　　　料	波长/nm
InAsSbP/InAs	4200	$Al_{0.11}Ga_{0.89}As$：Si	830
InAs	3800	$Al_{0.4}Ga_{0.6}As$：Si	650
GaInAsP/GaSb	2000	$GaAs_{0.6}P_{0.4}$	660
GaSb	1800	$GaAs_{0.4}P_{0.6}$	620
$Ga_xIn_{1-x}As_{1-y}P_y$	1100～1600	$GaAs_{0.15}P_{0.85}$	590
$Ga_{0.47}In_{0.53}As$	1550	$(Al_xGa_{1-x})_{0.5}In_{0.5}P$	655
$Ga_{0.27}In_{0.73}As_{0.63}P_{0.37}$	1300	GaP	690
GaAs：Er，InP：Er	1540	GaP：N	550～570
Si：C	1300	$Ga_xIn_{1-x}N$	340，430，590
GaAs：Yb，InP：Yb	1000	SiC	400～460
$Al_xGa_{1-x}As$：Si	650～940	BN	260，310，490
GaAs：Si	940		

图 8.17 表示 $GaAs_{1-y}P_y$ 的禁带宽度是物质的量的比 y 的函数。当 $0<y<0.45$ 时，它属于直接禁带半导体，由 $y=0$ 时的 $E_g=1.424eV$，增加到 $y=0.45$ 时的 $E_g=1.977eV$。当 $y>0.45$ 时，则属于间接禁带半导体。

图 8.18 为几种合金成分的能量-动量图。导带有两个极小值，一个沿着 $P=0$ 的是直接极小值，另一个沿着 $P=P_{max}$ 的是间接极小值。位于导带直接极小值的电子及位于价

带顶部的空穴具有相同的动量($P=0$);而位于导带间接极小值的电子及位于价带顶部的空穴则具有不同的动量。辐射跃迁机制大部分发生于直接禁带的半导体中,如砷化镓及 $GaAs_{1-y}P_y(y<0.45)$,因其可以保持动量守恒,所以光子能量等于半导体的禁带宽度。

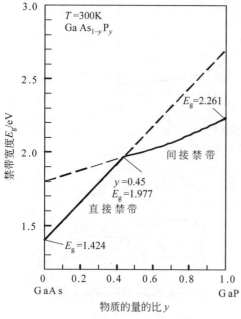

图 8.17　$GaAs_{1-y}P_y$ 的禁带宽度与物质的量的比 y 的关系

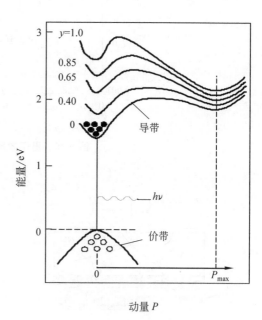

图 8.18　几种合金成分的能量-动量图

对于 $y>0.45$ 的 $GaAs_{1-y}P_y$ 及磷化镓,它们都是间接禁带半导体,其发生辐射跃迁的概率非常小,因为晶格的交互作用或其他散射媒介必须参与过程,以保持动量守恒。常常通过引进一些特殊的复合中心以增加辐射概率。如对 $GaAs_{1-y}P_y$ 而言,将氮引入晶格取代磷原子后,虽然二者的外围电子结构很相似,但它们的核心结构却不太相同,因此会在接近导带底部的位置建立一个电子陷阱能级,进而产生一个等电子复合中心,并大大地提高间接禁带半导体的辐射跃迁概率。

图 8.19 表示 $GaAs_{1-y}P_y$ 在含有或不含有等电子杂质氮时,量子效率(即每一电子-空穴对所产生的光子数目)与合金成分的关系。在不含氮时,量子效率在 $0.4<y<0.5$ 的范围会急剧下降,因为禁带宽度在越过 $y=0.45$ 这一点发生变化从直接禁带转换到间接禁带。含有氮的量子效率则显著地提高,但当 $y>0.5$ 时,量子效率随着 y 的增加稳步地减小,因其直接禁带与间接禁带之间的距离加大了。

图 8.20 是平面二极管架构的可见光 LED 的基本结构图。其中图 8.20(a)是以砷化镓为衬底制造的发红光的直接禁带 LED。图 8.20(b)则是以磷化镓为衬底制造的发橙、黄或绿光的间接禁带 LED,用外延方法生长的缓变型 $GaAs_{1-y}P_y$ 合金层用来使界面间因晶格不匹配所导致的非辐射性中心减至最小。

至于高亮度的蓝光 LED 方面,已经被研究的材料有:Ⅱ-Ⅵ族化合物的硒化锌(ZnSe)、Ⅲ-Ⅴ族氮化物半导体的氮化镓(GaN)、Ⅳ-Ⅳ族化合物的碳化硅(SiC)。然而,

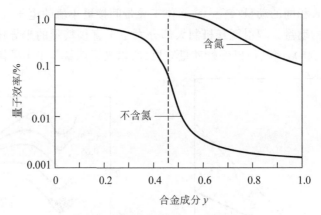

图 8.19　量子效率与合金成分的关系

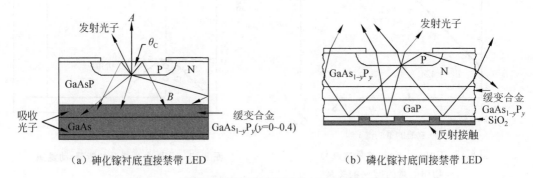

（a）砷化镓衬底直接禁带 LED　　　　　　（b）磷化镓衬底间接禁带 LED

图 8.20　平面二极管架构的可见光 LED 的基本结构图

Ⅱ-Ⅵ族化合物的寿命太短，以致暂不能商品化；碳化硅也因其为间接禁带，致使其发出的蓝光亮度太低，也不具吸引力。最有希望的材料是氮化镓（$E_g=3.44\mathrm{eV}$）和相关的Ⅲ-Ⅴ族氮化物半导体，如 AlGaInN，其直接禁带范围为 $1.95\sim6.2\mathrm{eV}$。虽然没有晶格相匹配的衬底可供 GaN 生长，但是低温生长的 AlN 做缓冲层，即可在蓝宝石（Al_2O_3）上生长高品质的 GaN。

　　图 8.21 为生长在蓝宝石衬底上的Ⅲ-Ⅴ族氮化物 LED。因为蓝宝石衬底是绝缘体，所以 P 型与 N 型的欧姆接触都必须形成在上表面。蓝光产生于 $Ga_xIn_{1-x}N$ 区域的辐射性复合作用，而 $Ga_xIn_{1-x}N$ 如三明治般被夹于两个较大禁带宽度的半导体之间：一个是 P 型的 $Al_xGa_{1-x}N$ 层；一个是 N 型的 GaN 层。

　　有三种损耗机制会减少光子辐射的数量：①LED 材料内的吸收作用；②当光通过半导体进入空气时，由于折射率的差异所引起的反射损失；③大于临界角 θ_c 的内部总反射损失。由折射定律有

$$\sin\theta_c=\frac{\overline{n_1}}{n_2} \tag{8-2}$$

其中光线从折射率为 n_2（如砷化镓在 $\lambda\approx0.8\mu m$ 时，$n_2=3.66$）的介质进入折射率为 n_1（如空气 $n_1=1$）的介质。砷化镓的临界角约为 16°；而磷化镓（在 $\lambda\approx0.8\mu m$ 时，$n_2=3.45$）的

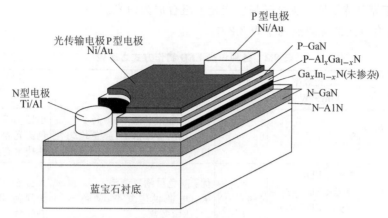

图 8.21　生长在蓝宝石衬底上的Ⅲ-Ⅴ族氮化物 LED

临界角约为 17°。

　　LED 的正向电流-电压特性近似于砷化镓 PN 结。在低正向偏压时,二极管的电流以非辐射性的复合电流为主,它主要由 LED 芯片周围的表面复合所引起。在高正向偏压时,二极管的电流则是以辐射性扩散电流为主。在更高的偏压时,二极管电流将被串联电阻所限制。二极管的总电流可以写成:

$$I = I_{\mathrm{d}} \mathrm{e}^{\frac{q(U-IR_{\mathrm{s}})}{kT}} + I_{\mathrm{r}} \mathrm{e}^{\frac{q(U-IR_{\mathrm{s}})}{2kT}} \tag{8-3}$$

其中,R_{s} 为器件的串联电阻,q 为电子电量,k 为玻尔兹曼常量,U 为 LED 的端压,T 为二极管 PN 结的温度,而 I_{d} 及 I_{r} 则是分别由扩散及复合引起的饱和电流。可见,为了增加 LED 的输出功率,必须减小 I_{r} 及 R_{s}。

　　LED 的发射光谱近似于人眼反应曲线。光谱的宽度以强度半峰值时的全宽度(FWHM,半高宽)为准。光谱宽度一般随着 λ_{m}^2 变化,其中 λ_{m} 是强度为峰值时的波长。所以,当波长由可见光进入红外光时,FWHM 将会增大。例如,在 $\lambda_{\mathrm{m}} = 0.55\mu\mathrm{m}$(绿光)时,FWHM 大约为 20nm,但在 $3\mu\mathrm{m}$(红外光)时,FWHM 将超过 120nm。可见光 LED 可用于全彩显示器、全彩指示器以及灯具而不失其高效率与高可靠性。

2. 白光 LED

　　人们对于发展白光 LED 以供一般照明之用一直保持着极大兴趣,因为 LED 的效率是白炽灯泡的 3 倍,而且可以维持 10 倍长的寿命。白光 LED 需要红、绿、蓝三种颜色的 LED。当这些颜色 LED(尤其是蓝光 LED)的成本能够降至与传统光源相当时,白光 LED 的广泛使用就可实现。白光 LED 是照明领域的又一次革命,属于固体冷光源,效率高,绿色环保;寿命长,可以达到 10 万小时(连续 10 年),低电压工作。

　　一般说的白光是指白天看到的太阳光,理论上分析后发现其蕴含 400～700nm 范围的连续光谱。根据 LED 的发光原理,为了让它发白光,工艺上必须混合两种以上的互补光,经过多年的发展,常用来形成白光 LED 的组合方式有三种。

　　① 基于蓝光 LED,通过荧光粉激发一个黄光,组合成为白光。

　　② 基于红、绿、蓝三种 LED 组合成为白光。

③ 基于紫外光 LED,通过三基色荧光粉组合成为白光。

三种组合方式的优缺点列于表 8.2 中。

表 8.2 各种白光 LED 制作方式之比较

白光产生方式	发光效率/(lm·W^{-1})	显色指数(Ra)	优缺点	机会
蓝光 LED 与黄色荧光粉组合	80	83	优:成本相对低,效率高 劣:显色指数稍低,颜色均匀性稍微不足	小型 LCD 背光源,红色荧光粉效率及均匀性技术有提升空间
红、绿、蓝 LED 组合	蓝光 LED:30 绿光 LED:43 红光 LED:100 平均>80	>90	优:颜色可随意调整 劣:电源供应复杂,颜色不均匀,成本较高	大型 LCD TV 背光源必须使用,均匀性提升的技术空间大
UV-LED 与三基色荧光粉组合	40	85~92	优:成本相对较低,显色指数高 劣:效率低	效率提升的空间大

最常见的白光 LED 制作方式主要是使用蓝光 LED 和 YAG 黄色荧光粉组合而成,此种组合的制作简易,成本最低,而效率最高,目前实验室的白光 LED 的发光效率最高纪录是 230lm/W,一般白光 LED 商品也在 70~150lm/W,为传统灯泡的 4~5 倍。其原理是利用发黄光系列的 YAG 荧光粉受到蓝色 LED 照射后发出黄光,经与未被吸收的蓝光混合后产生被肉眼视为白色的光。此种白光 LED 的荧光粉效率提升空间不大,因此提升的主要动力来自蓝光 LED 效率的贡献。此类 LED 的最大缺点是显色指数偏低,最大仅达到 83 左右;发光效率也不高,一般为 15~20lm/W,且在高电流操作下,色温升高较严重。

第二种白光 LED 一般使用红、绿、蓝光三种单色 LED 组合而成。此类白光 LED 是将电流控制在适当的输出功率比下,可将红、蓝、绿三基色 LED 发出的光混合成为白光,并可通过电流控制调整其频谱特性,具有较高的发光效率且色温容易调整;但因使用三个 LED 晶粒,且因个别单色 LED 材质差异较大,使驱动电路的设计较为复杂,整体生产成本较高。

第三种白光 LED 是使用 UV-LED(紫外 LED)激发红、蓝、绿三基色荧光粉。由于 UV(紫外)光子的能量较蓝光高,荧光粉的选择性增加,且荧光粉的效率大都随激发光源的波长缩短而增加,尤其是红粉。此种白光 LED 与第一种方式基本相同,所用的白光都来自荧光粉,因此颜色的控制较容易,色彩均匀度极佳,显色指数视混合的荧光粉数量和种类而定,通常可达 90 左右。其最大的缺点是发光效率偏低,仅有第一种白光 LED 的一半。此种白光 LED 使用的 UV-LED 在 380~400nm 范围。因其可利用荧光粉的组合,发出白光以外的各种颜色,应用范围较广,被视为极具潜力的产品技术。

3. 有机发光二极管(OLED)

以上仅介绍由无机半导体材料(如 GaAsP 与 GaN)制造的器件。人们研究后发现某些有机半导体材料在电致发光上的应用。OLED 具有低功率消耗、优异的辐射品质与宽视角等特性,使它在大面积彩色平面显示器上特别有用。

图 8.22(a)为两种典型的有机半导体材料的分子结构图。一个是含有六个苯环,连接至中心铝分子的 AlQ₃(羟基喹啉酸铝),另一个是同样含有六个苯环,但具有不同分子排列的芳香性二胺。

基本的 OLED 是在透明衬底(如玻璃)上沉积数层薄膜。从衬底的位置往上依次是:透明导电阳极、作为空穴输运层的二胺、作为电子输运层的 AlQ₃ 以及阴极接触,其截面图如图 8.22(b)所示。

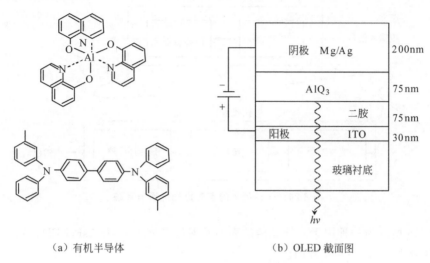

（a）有机半导体 　　　　　　　　（b）OLED 截面图

图 8.22　OLED 结构示意图

4. 红外光发光二极管

普通的红外光 LED 外形和一般的可见光 LED 相似,但却发出红外线。其管压降一般约 1.4V,工作电流一般小于 20mA。为了适应不同的工作电压,回路中常常串有限流电阻。

红外光 LED 包括砷化镓 LED(它发出的光接近 $0.9\mu m$)与许多Ⅲ-Ⅴ族化合物,如四元的 $Ga_x In_{1-x} As_y P_{1-y}$ LED(它发出的光的波长为 $1.1\sim1.6\mu m$)。红外光 LED 的一种重要应用是作为输入(或控制信号)与输出信号去耦用的光隔离器。

图 8.23 所示为光隔离器,红外光 LED 作为光源,光电二极管作为探测器。当输入信

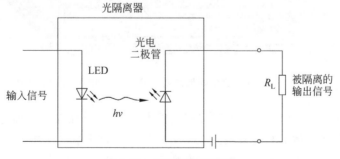

图 8.23　光隔离器示意图

号送到 LED 时,LED 会产生光线,被光电二极管探测到后转换成电信号,以电流的形式流过一负载电阻。因为从输出端无电性作用反馈到输入端,所以是电隔离的。

红外光 LED 的另一个重要应用是在通信系统中通过光纤输运光信号。图 8.24 表示一种简单的点对点光纤通信系统,利用一个光源(LED 或激光)可将电的输入信号转变成光的信号。这些光信号被导入光纤并输运到光探测器,然后再转换回电的信号。

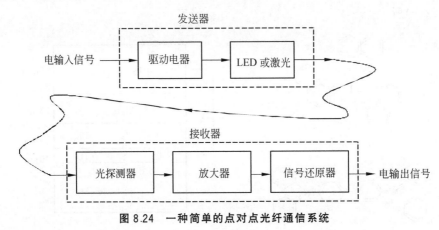

图 8.24　一种简单的点对点光纤通信系统

图 8.25 所示为一种用于光纤通信的表面发射红外光的 GaInAsP LED。光线由表面的中央区域发出,并导入光纤内。

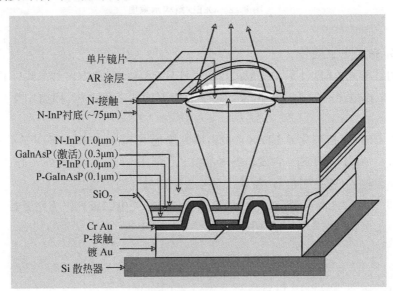

图 8.25　一种用于光纤通信的表面发射红外光的 GaInAsP LED

利用异质结(如 GaInAsP-InP)可以提高效率,因为环绕在辐射性辐射区 GaInAsP 周围具有高约束的半导体 InP 会有约束载流子的作用。异质结也可作为辐射线的光窗,因为高禁带宽度约束层不会吸收从低禁带宽度辐射区发出的辐射线。

发射红外线去控制相应的受控装置时,其控制的距离与发射功率成正比。为了增加红外线的控制距离,红外发光二极管工作于脉冲状态,因为脉动光(调制光)的有效传送距离与脉冲的峰值电流成正比,只提高峰值 I_p,就能增加红外光的发射距离。提高 I_p 的方法是减小脉冲占空比,即压缩脉冲的宽度,一些彩电红外遥控器,其红外发光管的工作脉冲占空比为 $\frac{1}{4} \sim \frac{1}{3}$;一些电器产品红外遥控器,其占空比是 $\frac{1}{10}$。减小脉冲占空比还可使小功率红外发光二极管的发射距离大大增加。普通的红外光 LED,其功率分为小功率 $(1\sim10\mathrm{mW})$、中功率 $(20\sim50\mathrm{mW})$ 和大功率 $(50\sim100\mathrm{mW}$ 以上 $)$ 三大类。要使红外光 LED 产生调制光,只需在驱动管上加上一定频率的脉冲电压。

红外光 LED 发射红外线去控制受控装置时,受控装置中均有相应的红外光电转换元件,如红外接收二极管、光电三极管等。目前,已有红外发射管和接收管集成在一起的光电耦合器件。

红外线发射与接收的方式有两种:其一是直射式;其二是反射式。直射式指发光管和接收管相对安放在发射与受控物的两端,中间相距一定距离;反射式指发光管与接收管并列在一起,平时接收管始终无光照,只在发光管发出的红外光线遇到反射物时,接收管收到反射回来的红外光线才工作。双管红外发射电路可提高发射功率,增加红外发射的作用距离。

根据红外 LED 芯片的特性,依据不同波长可以得到更广泛的应用,例如:

① 波长 940nm:适用于遥控器,例如家用电器的遥控器。

② 波长 808nm:适用于医疗器具、空间光通信、红外照明、固体激光器的泵浦源。

③ 波长 830nm:适用于高速路的自动刷卡系统(夜视系统最好,可以看到管芯上有一点红光,效果比 850nm 好)。

④ 波长 840nm:适用于摄像机,彩色变倍,红外防水。

⑤ 波长 850nm:适用于摄像头(视频拍摄)、数码摄影、监控、楼寓对讲、防盗报警、红外防水。

⑥ 波长 870nm:适用于商场、十字路口的摄像头。

8.5.4　LED 特性与主要参数

LED 特性主要包括光谱特性、输出光功率特性、频率特性、电学特性、光学特性及热学特性等。

1. LED 的光谱特性

LED 的光谱特性如图 8.26 所示。发光二极管发射的是自发辐射光,没有光学谐振腔对波长的选择,光并非单一波长的光,谱线较宽,短波长 LED 的谱线宽度为 $30\sim50\mathrm{nm}$,长波长 LED 的谱线宽度为 $6\sim120\mathrm{nm}$。

2. LED 的输出光功率特性

LED 的输出光功率特性如图 8.27 所示。LED 的一般外量子效率小于 10%,驱动电流较小时,$P\text{-}I$ 特性呈线性,I 过大时,由于 PN 结发热产生饱和现象,使 $P\text{-}I$ 特性曲线斜率减小。通常,LED 的工作电流为 $50\sim100\mathrm{mA}$,输出光功率为几毫瓦,由于发光光束辐

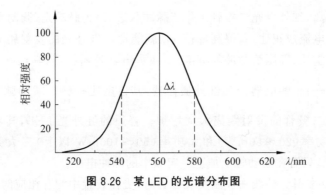

图 8.26　某 LED 的光谱分布图

射角大,因此入纤光功率只有几百微瓦。

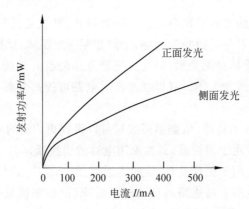

图 8.27　某 LED 的输出光功率特性示意图

3. LED 的频率特性

LED 的频率响应为

$$|H(f)| = \frac{P(f)}{P(0)} = 1/\sqrt{1 + (2\pi f \tau_e)^2} \tag{8-4}$$

式中,f 为调制频率,$P(f)$ 是对应调制频率的输出光功率,τ_e 为少数载流子(电子)的寿命,定义 f_c 为发光二极管的截止频率,当 $f = f_c = 1/(2\pi\tau_e)$ 时,$H(f) = 1/\sqrt{2}$。最高调制频率应低于截止频率。某 LED 的频率响应曲线如图 8.28 所示。

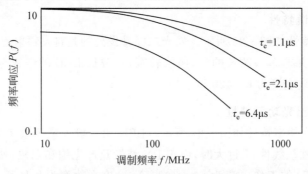

图 8.28　某 LED 的频率响应曲线

4. LED 的电学特性

1）*I-U* 特性

I-U 特性为表征 LED 芯片 PN 结制备性能的主要参数。LED 的 *I-U* 特性具有非线性、整流性质：单向导电性，即外加正偏压，表现低接触电阻，反之为高接触电阻。如图 8.29 所示，在正向电压小于某一值（阈值）时，电流极小，不发光。当电压超过某一值后，正向电流随电压迅速增加，此时开始发光。

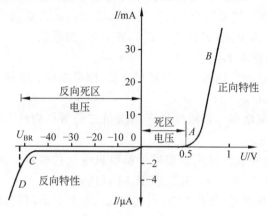

图 8.29　*I-U* 特性曲线

① 正向死区：（图 0*A* 段）*A* 点对应的 U_A 为开启电压，当 $U < U_A$，外加电场尚克服不了因载流子扩散而形成势垒电场，此时 *R* 很大；开启电压对于不同的 LED 其值不同，GaAs 为 1V，GaAsP 为 1.2V，GaP 为 1.8V，GaN 为 2.5V。

② 正向工作区：电流 I_F 与外加电压呈指数关系

$$I_F = I_S(e^{qU_F/kT} - 1) \qquad (8-5)$$

I_S 为反向饱和电流，*k* 为波尔兹曼常量，*T* 为 PN 结温度。$U > U_A$ 的正向工作区，I_F 随 U_F 指数上升，$I_F = I_S e^{qU_F/kT}$。

③ 反向死区：$U_{BR} < U < 0$，U_{BR} 称为反向击穿电压；U_{BR} 对应的电流 I_R 为反向漏电流。PN 结反向漏电流很小，例如 GaN 发光二极管，反向漏电流 I_R 约为 10μA。

④ 反向击穿区：$U < U_{BR}$，当反向偏压一直增加，使电流突然增加而出现击穿现象。由于所用化合物材料的种类不同，因此各种 LED 的反向击穿电压 U_{BR} 也不同。

⑤ 正向工作电流 I_F：LED 正常发光时的正向电流值，实际应用中选择 I_F 在 $0.6I_{Fm}$ 以下。

⑥ 正向工作电压 U_F：元件参数表中给出的工作电压是在给定的正向电流下得到的，一般是在 $I_F = 20\text{mA}$ 时测得的，普通 LED 的正向工作电压在 $1.4 \sim 3\text{V}$，当外界温度升高时，正向工作电压 U_F 将下降。

2）*C-V* 特性

鉴于 LED 的芯片有 9mil×9mil（1mil=0.0254mm）、10mil×10mil、11mil×11mil、12mil×12mil 几种规格，故 PN 结面积大小不一。

C-V（电容-电压）特性呈二次函数关系（见图 8.30），由 1MHz 交流信号用 C-V 特性测试仪测得。

3）最大允许功耗 P_{Fm}

最大允许功耗 P_{Fm} 是允许加于 LED 两端正向直流电压与流过它的电流之积的最大值。超过此值，LED 发热、损坏。当流过 LED 的电流为 I_F、管压降为 U_F 时，则功率消耗为 $P = U_F \times I_F$。

LED 工作时，外加一定偏压促使载流子复合发出光，还有一部分变为热，使结温升高。若结温为 T_j、外部环境温度为 T_a，则当 $T_j > T_a$ 时，内部热量借助管座向外传热，散佚热量（功率），可表示为 $P = K_T(T_j - T_a)$，其中 K_T 为系数。

4）最大正向直流电流 I_{Fm}

允许加的最大的正向直流电流。若超过此值，则可损坏二极管。

5）最大反向电压 U_{BR}

允许加的最大反向电压。若超过此值，则发光二极管可能被击穿损坏。

6）响应时间

从宏观看，响应时间表征显示器跟踪外部信息变化的快慢。例如，现有的几种显示 LCD（液晶显示）达 $10^{-5} \sim 10^{-3}$ s，CRT、PDP、LED 达到 $10^{-7} \sim 10^{-6}$ s（μs 级）。

响应时间从使用角度看，就是 LED 点亮与熄灭所延迟的时间，即图 8.31 中的 t_r、t_f。

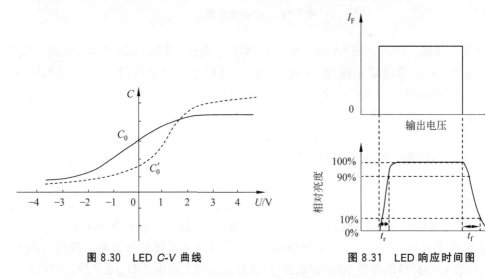

图 8.30　LED C-V 曲线　　　　　图 8.31　LED 响应时间图

响应时间主要取决于载流子寿命、器件的结电容及电路阻抗。

LED 的点亮时间（上升时间）t_r 是指接通电源使发光亮度达到正常的 10% 开始，一直到发光亮度达到正常值的 90% 所经历的时间。

LED 的熄灭时间（下降时间）t_f 是指正常发光减弱至原来的 10% 所经历的时间。

不同材料制得的 LED 响应时间各不相同；如 GaAs、GaAsP、GaAlAs 的响应时间小于 10^{-9} s，GaP 为 10^{-7} s，因此它们可用在 $10 \sim 100$MHz 高频系统。

5. LED 的光学特性

发光二极管有红外光（非可见）与可见光两个系列，前者可用辐射度，后者可用光度学量度其光学特性。

1）发光强度及其角分布

发光强度是用于表征发光器件发光强弱的重要参数。实际使用中，LED 一般采用圆柱或圆球封装，由于凸透镜的作用，具有很强的指向性，一般位于轴向方向的光强最大。当偏离轴向不同的角度时，光强也随之变化。

I_θ描述 LED 在偏离轴向角度为 θ 时的发光光强。它主要取决于封装的工艺（包括支架、模粒头、环氧树脂中是否添加散射剂）。半值角（$\theta_{1/2}$）和视角：发光强度值是指发光强度值为轴向强度值一半的方向与发光轴向（法向）的夹角；半值角的 2 倍为视角，或称半功率角。

为获得强指向性的角分布（见图 8.32），须满足：

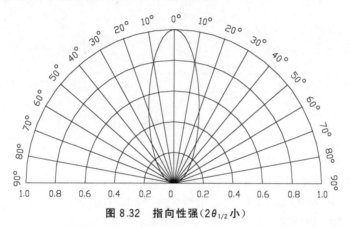

图 8.32 指向性强（$2\theta_{1/2}$ 小）

① LED 管心位置离模粒头远一些；

② 使用圆锥状（子弹头）的模粒头；

③ 封装的环氧树脂中勿加散射剂。

采取上述措施可使 LED 的 $2\theta_{1/2}$ 为 $6°$ 左右，大大增强了指向性。当前几种常用封装的圆形 LED 的散射角（$2\theta_{1/2}$）为 $5°$、$10°$、$30°$、$45°$，如图 8.33 所示。

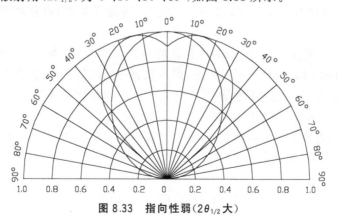

图 8.33 指向性弱（$2\theta_{1/2}$ 大）

2) 发光峰值波长及其光谱分布

LED 发光强度或光功率输出随着波长的变化而不同,可绘成一条分布曲线——光谱分布曲线。当此曲线确定之后,器件的有关主波长、纯度等相关色度学参数也随之而定。

LED 的光谱分布与制备所用化合物半导体种类、性质及 PN 结结构(外延层厚度、掺杂杂质)等有关,而与器件的几何形状、封装方式无关。图 8.34 绘出了几种由不同化合物半导体及掺杂制得的 LED 光谱响应曲线。

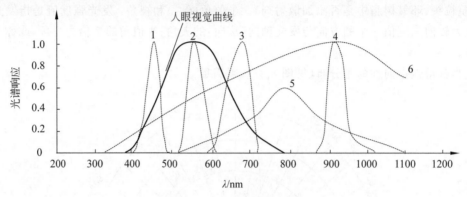

图 8.34　LED 光谱响应曲线

1 是蓝色 InGaN/GaN 的 LED,发光谱峰 $\lambda_p = 460\sim465$nm;

2 是绿色 GaP:N 的 LED,发光谱峰 $\lambda_p = 550$nm;

3 是红色 GaP:Zn-O 的 LED,发光谱峰 $\lambda_p = 680\sim700$nm;

4 是红外 LED,使用了 GaAs 材料,发光谱峰 $\lambda_p = 910$nm;

5 是 Si 光电二极管,通常作光电接收用;

6 是标准钨丝灯。

可见,无论什么材料制成的 LED,均有一个相对光强度最强处(光输出最大),与之相对应有一个波长,此波长叫峰值波长,用 λ_p 表示。

谱线宽度:在 LED 谱线的峰值两侧 $\Delta\lambda$ 处,存在两个光强等于峰值(最大光强度)一半的点,此两点分别对应 $\lambda_p - \Delta\lambda$、$\lambda_p + \Delta\lambda$ 宽度,叫谱线宽度,也称半功率宽度或半高宽度。

半高宽度反映谱线宽窄,即 LED 单色性的参数,LED 谱线半宽可小于 40nm。

主波长:有的 LED 发光不是单一色,即不仅有一个峰值波长;甚至有多个峰值,并非单色光。为了描述 LED 色度特性而引入主波长。主波长就是人眼能观察到的,由 LED 发出主要单色光的波长。单色性越好,则 λ_p 也就是主波长。

如 GaP 材料可发出多个峰值波长,而主波长只有一个,随着 LED 的长期工作引起结温升高,会导致主波长偏向长波。

3) 光通量

光通量 F 是表征 LED 总光输出的辐射能量,它标志器件的性能优劣。F 为 LED 向各个方向发光的能量之和,它与工作电流直接有关。随着电流的增加,LED 光通量随之增大。可见光 LED 的光通量单位为流明(lm)。

LED 向外辐射的功率——光通量,与芯片材料、封装工艺水平及外加恒流源大小有关。目前,单色 LED 的光通量最大约 1lm,白光 LED 的光通量为 1.5～1.8lm(小芯片),对 1mm×1mm 的功率级芯片制成的白光 LED,其光通量约为 18lm。

4) 发光效率和视觉灵敏度

① LED 效率有内部效率(PN 结附近由电能转换成光能的效率)与外部效率(辐射到外部的效率)。前者只是用来分析和评价芯片优劣的特性。LED 最重要的特性是辐射出光能量(发光量)与输入电能之比,即发光效率。

② 视觉灵敏度是照明与光度学中的一个参量。人的视觉灵敏度在 $\lambda = 555\text{nm}$ 处有一个最大值 680lm/W。若视觉灵敏度记为 K_λ,则发光能量 P 与可见光通量 F 之间的关系为 $P = \int P_\lambda \mathrm{d}\lambda$;$F = \int K_\lambda P_\lambda \mathrm{d}\lambda$。

③ 发光效率(量子效率)$\eta = \dfrac{\text{发射的光子数}}{\text{PN 结载流子数}} = \dfrac{e}{hcI} \int \lambda P_\lambda \mathrm{d}\lambda$,若输入能量为 $W = UI$,则发光能量效率 $\eta_P = P/W$;若光子能量 $hc/\lambda = eU$,则 $\eta = \eta_P$,总光通 $F = (F/P)P = K\eta_P W$,其中 $K = F/P$。

④ 流明效率:LED 的光通量/外加耗电功率,即 F/W,其中 $W = K\eta_P$。

它用于评价具有外封装的 LED 特性,LED 的流明效率高是指在同样外加电流下辐射可见光的能量较大,故也叫可见光发光效率。表 8.3 列出了几种常见的 LED 流明效率(可见光发光效率)。

表 8.3　几种常见的 LED 流明效率(可见光发光效率)

发光颜色	λ/nm	材料	可见光发光效率/ $(\text{lm} \cdot \text{W}^{-1})$	外量子效率	
				最高值	平均值
红光	700	GaP:Zn-O	2.4	12	1～3
	660	GaAlAs	0.27	0.5	0.3
	650	GaAsP	0.38	0.5	0.2
黄光	590	GaP:N-N	0.45	0.1	
绿光	555	GaP:N	4.2	0.7	0.015～0.15
蓝光	465	GaN		10	
白光	谱带	GaN+YAG	小芯片 1.6,大芯片 18		

品质优良的 LED 要求向外辐射的光能量大,向外发出的光尽可能多,即外部效率要高。事实上,LED 向外发光仅是内部发光的一部分,总的发光效率应为 $\eta = \eta_i \eta_c \eta_e$,式中,$\eta_i$ 为 PN 结区少子注入效率,η_c 为在势垒区少子与多子复合效率,η_e 为外部出光(光取出)效率。

由于 LED 材料的折射率很高,$n_1 \approx 3.6$,当芯片发出的光在晶体材料与空气界面时(无环氧封装),若垂直入射,则被空气反射,反射率为 $\dfrac{(n_1 - 1)^2}{(n_1 + 1)^2} = 0.32$,反射出的光占 32%,鉴于晶体本身会吸收一部分光,于是大大降低了外部出光效率。

为了进一步提高外部出光效率 η_e，可采取以下措施：

① 用折射率 n 较高的透明材料(环氧树脂 $n=1.55$ 并不理想)覆盖在芯片表面。

② 把芯片晶体表面加工成半球形。

③ 用 E_g 大的化合物半导体作衬底，以减少晶体内光吸收。有人曾经用 $n=2.4\sim2.6$ 的低熔点，且热塑性大的玻璃[成分 As-S(Se)-Br(I)]作封帽，使红外 GaAs、GaAsP、GaAlAs 的 LED 效率提高了 $4\sim6$ 倍。

5) 发光亮度

亮度是 LED 发光性能的又一重要参数，具有很强的方向性。其法线方向的亮度 $B_o=I_o/A$(I_o 为法线方向的发光强度，A 为发光面积)，指定某方向上发光体表面亮度等于发光体表面上单位投射面积在单位立体角内所辐射的光通量，单位为 cd/m^2 或 nit。若光源表面是理想漫反射面，亮度 B_o 与方向无关，为常数。晴朗的蓝天和荧光灯的表面亮度约为 7000nit(尼特)，从地面看，太阳表面亮度约为 14×10^8 nit。

LED 亮度与外加电流密度有关，一般地，LED 的 J(电流密度)增加，B 也近似增大。另外，亮度还与环境温度有关，环境温度升高，η_c(复合效率)下降，B 减小。当环境温度不变，电流增大足以引起 PN 结结温升高，温升后，亮度呈饱和状态，如图 8.35 所示。

6) 寿命

老化是 LED 发光亮度随着长时间工作而出现光强或光亮度衰减的现象。器件老化程度与外加恒流源的大小有关，可描述为 $B_t=B_o e^{-t/\tau}$，B_t 为 t 时间后的亮度，B_o 为初始亮度。

通常把亮度降到 $B_t=\frac{1}{2}B_o$ 所经历的时间 t_o 称为二极管的寿命。测定 t_o 要花很长的时间，通常以推算求得寿命。测量方法：给 LED 通以一定恒流源，通电 $10^3\sim10^4$ h 后，先后测得 B_o，$B_t=1000\sim10000$，代入 $B_t=B_o e^{-t/\tau}$，求出 τ；再把 $B_t=\frac{1}{2}B_o$ 代入，可求出寿命 t，如图 8.36 所示。

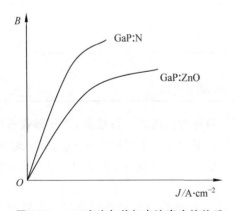

图 8.35　LED 亮度与外加电流密度的关系

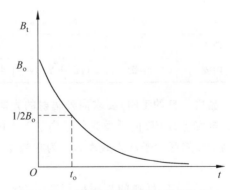

图 8.36　LED 发光亮度随时间的变化

长期以来，人们认为 LED 的寿命为 10^6 h，这是指单个 LED 在 $I_F=20$ mA 下。随着功率型 LED 的开发应用，国外学者认为应以 LED 的光衰减百分比数值作为寿命的依据。

如 LED 的光衰减为原来的 35%,寿命将大于 6000h。

6. LED 的热学特性

LED 的光学参数与 PN 结结温有很大的关系。一般工作在小电流 $I_F < 10mA$,或者 $10\sim20mA$ 长时间连续点亮 LED,温升不明显。若环境温度较高,LED 的主波长或 λ_p 就会向长波长漂移,B_0 也会下降,尤其是点阵、大显示屏的温升对 LED 的可靠性、稳定性产生影响,应专门设计散热通风装置。

LED 的主波长随温度关系可表示为 $\lambda_p(T) = \lambda_0(T_0) + \Delta T_g \times 0.1nm/℃$。

由以上式子可知,每当结温 ΔT_g($\Delta T_g = T' - T_0$)升高 10℃,则波长向长波漂移 1nm,且发光的均匀性、一致性变差。对于作为照明用的灯具光源,要求小型化、密集排列,以提高单位面积上的光强、光亮度的设计,尤其应注意用散热好的灯具外壳或专门的通风设备,确保 LED 长期工作。

工作环境 t_{opm}:发光二极管可正常工作的环境温度范围。低于或高于此温度范围,发光二极管将不能正常工作,效率大大降低。

8.5.5 LED 芯片的制造工艺

LED 芯片的制造过程可分为晶圆处理工序(Wafer Fabrication)、晶圆针测工序(Wafer Probe)、构装工序(Packaging)、测试工序(Initial Test and Final Test)等几个步骤。其中晶圆处理工序和晶圆针测工序为前段(Front End)工序,而构装工序、测试工序为后段(Back End)工序。

(1)晶圆处理工序:本工序的主要工作是在晶圆上制作电路及电子元件(如晶体管、电容、逻辑开关等),其处理程序通常与产品种类和使用的技术有关,但一般的基本步骤是先将晶圆适当清洗,再在其表面进行氧化及化学气相沉积,然后进行涂膜、曝光、显影、蚀刻、离子植入、金属溅镀等繁复步骤,最终在晶圆上完成数层电路及元件加工与制作。

(2)晶圆针测工序:经过上道工序后,晶圆上就形成了一个个小格,即晶粒,一般情况下,为便于测试,提高效率,同一片晶圆上可制作同一品种、规格的产品;但也可根据需要制作几种不同品种、规格的产品。在用针测(Probe)仪对每个晶粒检测其电气特性,并将不合格的晶粒标上记号后,将晶圆切开,分割成一颗颗单独的晶粒,再按其电气特性分类,装入不同的托盘中,不合格的晶粒则舍弃。

(3)构装工序:就是将单个的晶粒固定在塑胶或陶瓷制的芯片基座上,并把晶粒上蚀刻出的一些引接线端与基座底部伸出的插脚连接,以与外界电路板连接用,最后盖上塑胶盖板,用胶水封死。其目的是保护晶粒,避免受到机械刮伤或高温破坏。到此才算制成了一块集成电路芯片(即在计算机里可以看到的那些黑色或褐色,两边或四边带有许多插脚或引线的矩形块)。

(4)测试工序:芯片制造的最后一道工序为测试,其又可分为一般测试和特殊测试,前者是将封装后的芯片置于各种环境下测试其电气特性,如消耗功率、运行速度、耐压度等。经测试后的芯片,依其电气特性划分为不同等级。而特殊测试则是根据客户特殊需求的技术参数,从相近参数规格、品种中拿出部分芯片,做有针对性的专门测试,看是否能满足客户的特殊需求,以决定是否为客户设计专用芯片。经一般测试合格的产品贴上规格、型号及出厂日期等标识的标签并加以包装后即可出厂。而未通过测试的芯片则视其达到的参数情况定为降级品或废品。

LED 芯片的详细制造工艺流程如下:

外延片→清洗→镀透明电极层→透明电极图形光刻→腐蚀→去胶→平台图形光刻→干法刻蚀→去胶→退火→SiO_2 沉积→窗口图形光刻→SiO_2 腐蚀→去胶→N 极图形光刻→预清洗→镀膜→剥离→退火→P 极图形光刻→镀膜→剥离→研磨→切割→芯片→成品测试。

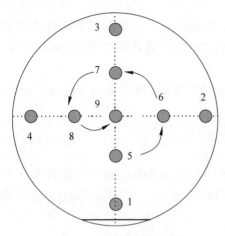

图 8.37　芯片参数测试图

其实,外延片的生产制作过程非常复杂,展完外延片后,下一步开始对 LED 外延片做电极(P 极,N 极),接着就开始用激光机切割 LED 外延片(以前切割 LED 外延片主要用钻石刀),制造成芯片后,在晶圆上的不同位置抽取九个点做参数测试,如图 8.37 所示。

① 主要对电压、波长、亮度进行测试,能符合正常出货标准参数的晶圆片再继续做下一步的操作,对于这九点测试不符合相关要求的晶圆片,就放在一边另外处理。

② 晶圆切割成芯片后,100% 的目检,操作者要使用放大 30 倍的显微镜进行目测。

③ 接着使用全自动分类机根据不同的电压、波长、亮度的预测参数对芯片进行全自动化挑选、测试和分类。

④ 最后对 LED 芯片进行检查和贴标签。芯片区域要在蓝膜的中心,蓝膜上最多有 5000 粒芯片,但必须保证每张蓝膜上芯片的数量不得少于 1000 粒,芯片类型、批号、数量和光电测量统计数据记录在标签上,附在蜡光纸的背面。蓝膜上的芯片将做最后的目检测试,与第一次目检标准相同,确保芯片排列整齐,质量合格,这样就制成了 LED 芯片(市场上统称方片)。

在 LED 芯片制作过程中,把一些有缺陷的或者电极有磨损的芯片分拣出来,这些就是后面的散晶,此时在蓝膜上有一些不符合正常出货要求的晶片,也就自然成了边片或毛片等。

在晶圆上的不同位置抽取九个点做参数测试,不符合相关要求的晶圆片不能直接用来做 LED 方片,也就不对其做任何分拣。

8.5.6　大功率 LED 封装散热技术

如何提高大功率 LED 的散热能力,是 LED 器件封装和器件应用设计要解决的核心问题。LED 诞生至今,已经实现了全彩化和高亮度化,并在蓝光 LED 和紫光 LED 的基础上开发了白光 LED。它为人类照明史带来了又一次飞跃。与白炽灯和荧光灯相比,LED 以其体积小、全固态、长寿命、环保、省电等一系列优点,广泛用于汽车照明、装饰照明、手机闪光灯等大中尺寸,如 NB(笔记本)和 LCD(液晶显示器)、TV(电视)等显示屏光源模块中,已经成为 21 世纪最具发展前景的高技术领域之一。LED 是一种注入电致发光器件,由 Ⅲ～Ⅳ 族化合物,如磷化镓(GaP)、磷砷化镓(GaAsP)等半导体制成,在电场作用下,电子与空穴的辐射复合而发生的电致作用将一部分能量转换为光能。而无辐射复合产生的晶格振荡将其余的能量转换为热能。50lm/W 的大功率白光 LED 也已进入商业化,单个 LED 器件也从起初的几毫瓦一跃超过 1.5W。对大于 1W 级的大功率 LED 而言,目前的电光转换效率约为 15%,剩余的 85% 转换为热能。而芯片尺寸仅为 1mm×1mm～2.5mm×2.5mm,其功率密度非常大,与传统的照明器件不同,白光 LED 的发光光谱中不包含红外部分,所以其热量不能依靠辐射释放。因此,如何提高散热能力是大功率 LED 实现产业化亟待解决的关键技术难题之一。

1. 热效应对大功率 LED 的影响

对于单个 LED 而言,如果热量集中在尺寸很小的芯片内而不能有效散出,则会导致芯片的温度升高,引起热应力的非均匀分布、芯片发光效率和荧光粉激射效率下降。研究表明,当温度超过一定值时,器件的失效率将呈指数规律攀升。器件的温度每上升 2℃,可靠性将下降 10%。为了保证器件的寿命,一般要求 PN 结的结温在 110℃ 以下。随着 PN 结的温升,白光 LED 器件的发光波长将发生红移。据统计资料表明,在 100℃ 的温度下,波长可以红移 4～9nm,从而导致 YAG 荧光粉吸收率下降,总的发光强度减少,白光色度变差。在室温附近,温度每升高 1℃,LED 的发光强度会相应减少 1% 左右。当器件从环境温度上升到 120℃ 时,亮度下降多达 35%。当多个 LED 密集排列组成白光照明系统时,热量的耗散问题更严重。因此,解决散热问题已成为功率型 LED 应用的先决条件。

针对高功率 LED 的封装散热难题,国内外的器件设计者和制造者分别在结构、材料以及工艺等方面对器件的热系统进行了优化设计。例如,在封装结构上,采用大面积芯片倒装结构、金属线路板结构、导热槽结构、微流阵列结构等;在材料的选取方面,选择合适的基板材料和粘贴材料,用硅树脂代替环氧树脂。

2. 封装结构

为了解决高功率 LED 的封装散热难题,国际上开发了多种结构。

1) 硅基倒装芯片结构

传统的 LED 采用正装结构,上面通常涂敷一层环氧树脂,下面采用蓝宝石作为衬底。由于环氧树脂的导热能力很差,蓝宝石又是热的不良导体,热量只能靠芯片下面的引脚散出,因此造成散热困难,影响了器件的性能和可靠性。

2001 年,有公司研制出了 AlGaInN 功率型倒装芯片结构。LED 芯片通过凸点倒装连接到硅基上。这样,大功率 LED 产生的热量不必经由芯片的蓝宝石衬底,而是直接传到热导率更高的硅或陶瓷衬底,再传到金属底座,由于其有源发热区更接近散热体,因此可降低内部热沉的热阻。这种结构的热阻理论计算最低可达到 1.34K/W,实际已到 6～8K/W,出光率也提高了 60% 左右。但是,热阻与热沉的厚度是成正比的。因此,受硅片机械强度与导热性能所限,很难通过减薄硅片进一步降低内部热沉的热阻,这就制约了其传热性能的进一步提高。

2）金属线路板结构

金属线路板结构利用铝等金属具有极佳的热传导性质,将芯片封装到覆有几毫米厚的铜电极的 PCB 上,或者将芯片封装在金属夹芯的 PCB 上,然后再封装到散热片上,以解决 LED 因功率增大所带来的散热问题。采用该结构能获得良好的散热特性,并大大提高了 LED 的输入功率。有些公司的系列 LED,将已封装的产品组装在带有铝夹层的金属芯 PCB 上,其中 PCB 用作对 LED 器件进行电极连接布线,铝芯夹层作为热沉散热。该结构的缺陷是,夹层中的 PCB 是热的不良导体,它会阻碍热量的传导。

3）微泵浦结构

通过在散热器上安装一个微泵浦系统,解决了 LED 的散热问题,并发现其散热性能优于散热管和散热片。在封闭系统中,水在微泵浦的作用下进入 LED 的底板小槽吸热,然后又回到小的水容器中,再通过风扇吸热。这种微泵结构的制冷性较好,但如前两种结构一样,若内部接口的热阻很大,则其热传导就会大打折扣,而且结构也复杂。

3. 封装材料

确定封装结构后,可通过选取不同的材料进一步降低系统热阻,提高系统的导热性能。国内外常针对基板材料、粘贴材料和封装材料进行择优。

1）基板材料

对于大功率 LED 而言,为了解决芯片材料与散热材料之间因热膨胀失配造成电极引线断裂的问题,可选用陶瓷、Cu/Mo 板和 Cu/W 板等合金作为散热材料,但这些合金的生产成本过高,不利于大规模、低成本生产。选用导热性能好的铝板、铜板作为散热基板材料是当前的研究重点之一。

2）粘贴材料

选用合适的芯片衬底粘贴材料,并在批量生产工艺中保证粘贴厚度尽量小,这对保证器件的热导特性是十分重要的。通常选用导热胶、导电型银浆和锡浆这 3 种材料进行粘贴。导热胶虽有较低的硬化温度(<150℃),但导热特性较差;导电型银浆粘贴的硬化温度一般低于 200℃,既有良好的热导特性,又有较好的粘贴强度,但因银浆在提升亮度的同时会发热,且含铅等有毒金属,因此并不是粘贴材料的最佳选择;与前两者相比,导电型锡浆的热导特性是 3 种材料中最优的,导电性能也非常优越。

3）环氧树脂

环氧树脂作为 LED 器件的封装材料,具有优良的电绝缘性能、密封性和介电性能,但环氧树脂具有吸湿性,易老化,耐热性差,高温和短波光照下易变色,而且在固化前有一定的毒性,故对 LED 器件的寿命造成影响。许多 LED 封装业者改用硅树脂和陶瓷代替环氧树脂作为封装材料,以提高 LED 的寿命。

总的来说,具有低热阻、良好散热能力以及低机械应力的新式封装结构是封装体的技术关键。不同的结构和材料都需要解决芯片结到外延层、外延层到封装基板、封装基板到冷却装置这三个环节的散热问题。由这三个环节构成的固态照明光源热传导通道,其中任何一个环节薄弱都会使 LED 光源损毁。结点到周围环境的热传导方式有传导、对流、辐射三种,即要想将大功率 LED 的散热性能和可靠性提升到最高,这 3 个环节都要采用热导系数高的材料。

4. 发展趋势

很多功率型 LED 的驱动电流都能达到 70mA、100mA，甚至 1A 级。随着工作电流的加大，解决散热问题已成为大功率 LED 实现产业化的先决条件。根据上述 LED 器件的散热环节，可从以下几方面对提高大功率 LED 的散热性能进行研究。

（1）LED 产生热量的多少取决于内量子效率。在氮化镓材料的生长过程中，可改进材料结构，优化生长参数，获得高质量的外延片，提高器件内量子效率，加快芯片结到外延层的热传导。

（2）选择以铝基为主的金属芯印制电路板（MC-PCB）、陶瓷、导热绝缘陶瓷覆盖铜板（DBC）、复合金属基板等导热性能好的材料作衬底，以加快热量从外延层向散热基板散发。通过优化 MC-PCB 的热设计，或将陶瓷直接绑定在金属基板上形成金属基低温烧结陶瓷（LTCC-M）基板，以获得热导性能好，热膨胀系数小的衬底。

（3）为了使衬底上的热量更迅速地扩散到周围环境，通常选用铝、铜等导热性能好的金属材料作为散热器，再加装风扇和回路热管等强制制冷。无论从成本，还是从外观的角度看，LED 照明都不宜采用外部冷却装置。因此，根据能量守恒定律，利用压电陶瓷作为散热器，把热量转换成振动方式直接消耗热能将成为未来研究的重点之一。

（4）对于大功率 LED 器件而言，其总热阻是 PN 结到外界环境热路上几个热沉的热阻之和，其中包括 LED 本身的内部热沉的热阻、内部热沉到 PCB 之间的导热胶的热阻、PCB 与外部热沉之间的导热胶的热阻、外部热沉的热阻等。传热回路中的每一个热沉都会对传热造成一定的阻碍，因此，经过长期研究认为，减少内部热沉数量，并采用薄膜工艺将必不可少的接口电极热沉、绝缘层直接制作在金属散热器上，能够大幅度降低总热阻，这种技术有可能成为今后大功率 LED 散热封装的主流方向。

8.5.7 LED 驱动电路及设计

根据 LED 的使用条件、使用要求和使用功能的不同，LED 驱动电路的形式多种多样，一般可根据驱动源方式和负载（LED）连接方式进行分类。

1. 根据驱动源方式分类

1）电压源驱动

电压源驱动是应用最早、最广泛的形式之一（见图 8.38）。在早期的各种电器设备的电源指示、工作指示上，大量应用的都是加有镇流电阻电压源驱动方式。这种方式的优点是构成简单、使用方便，但是存在电流调节不便、电阻损耗大等先天不足。

2）电流源驱动

由分析可见，LED 使用电流源驱动是较理想的驱动形式。具体的应用方式主要有：

（1）加镇流电阻式。

加镇流电阻式电流源驱动如图 8.39 所示。加镇流电阻式驱动方式主要针对多个并联 LED 的情况。由于单个 LED 的性能微小差异，使得流过并联多个 LED 中的每一个的电流并不相等，光输出也不相同。通过加镇流电阻可以调节使流过每一个 LED 的电流相等，保证单个的光输出相同。本方式存在的主要不足是镇流电阻的损耗较大，驱动装置的

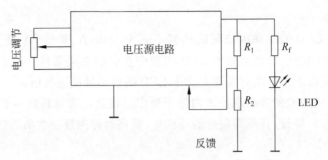

图 8.38　电压源驱动

体积较大,总体的应用效率较低。

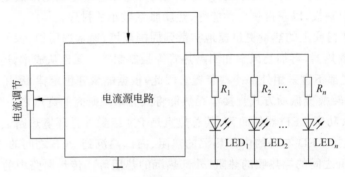

图 8.39　加镇流电阻式电流源驱动

(2) 多路电流源式。

多路电流源驱动如图 8.40 所示。为了克服镇流电阻式驱动方式存在的不足,主要针对多个 LED,采用分别调整每个 LED 的电流,消除单个 LED 的性能微小差异,使得每个 LED 的电流相等,光输出相同。多路电流源驱动存在的主要不足是驱动 LED 的数量由输出的端口数目决定,使用时会受到一定的限制。

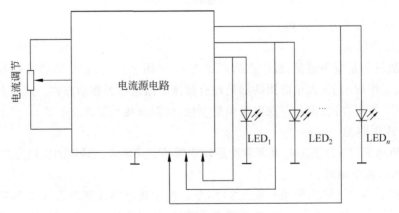

图 8.40　多路电流源驱动

（3）高频变压器升压式。

高频变压器升压驱动如图 8.41 所示，主要适用于多个 LED 的串联驱动，这样，每一个 LED 的工作电流相同，工作效果好。由于单个 LED 的工作电压较高（2.5V 以上），因此对于多个串联的 LED，需要的工作电压往往较高（一般为几十伏）。采用高频变压器升压式驱动电路可以获得高的工作效率。通过改变高频变压器初、次级绕组匝数的变比，可适应于多种应用场合，能够获得灵活多样的应用效果，而且在电路的设计和具体的使用上也具有相当的便利性，应用的场合很广。缺点是高频变压器的体积较大，成本较高，同时还附带高频干扰的产生。

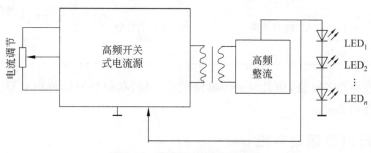

图 8.41 高频变压器升压驱动

2. 根据负载（LED）连接方式分类

1）并联型

LED 的并联连接是将多个 LED 并联起来，接到驱动电源上。由于每个 LED 个性差异的存在，使得流过单个 LED 的电流并不相同，启动电压 U_f 小的 LED 流过的电流相对较大，结果造成每个 LED 的工作特性不尽相同，发光不均匀，工作电流大的 LED 的功耗较大，亮度也较大，有可能因过载而造成损坏。为了减少这种不均匀性，可以通过在每个 LED 上串联一个小的镇流电阻来解决。

2）串联型

串联型连接是 LED 常用的方式。这种方式突出的优点是：流过每个 LED 的电流相同，每个 LED 的发光强度相同，总体的均匀性好。在恒流源的驱动下，可以做到很高的效率。主要问题是同一回路中若有单个的 LED 短路，则电路的电流不变，不影响其他 LED 的正常工作；若有单个的 LED 开路，则电路的断开影响其他 LED 的正常工作，造成整个回路的 LED 发光失效。

3）串并联混合型

串并联混合型就是根据实际的应用需要、现场条件、驱动方式、工作要求等，合理地应用串联、并联的电路形式，发挥各自的突出优势，达到最佳、最合理的驱动工作模式。

3. 不同驱动方式的比较

以上叙述了不同驱动方式的电路特点、优劣和应用场合。详细的比较见表 8.4。

虽然 LED 自身的优点很多，但是如果使用不当，其效果将大打折扣。因此，在了解其性能特点的基础上，应根据实际要求进行驱动电路的设计、调整。这样不仅对于保障 LED

表 8.4　驱动方式的比较

驱动方式	串　　　联	并　　　联	串　并　联
输出电压	高电压≤16V	低电压≤5V	根据应用的要求,采用最佳的串、并联组合方式,可以获得最佳的应用效果和最高的效率
高频干扰	有一定量	几乎没有	
LED工作状态	电流相同,发光亮度一致	电流不尽相同,发光亮度有区别	
考虑因素	几乎不考虑单个LED的离散性	需要考虑单个LED的离散性	
使用特性	当一个LED失效,影响大	当一个LED失效,影响小	
亮度控制	同时控制,较为简单	需要分别控制,较为复杂	
总体效率	较高	较低	

性能指标的发挥至关重要,而且对于保障使用的效能、获得良好的使用效果、发挥最佳的使用效益也相当关键。

8.5.8　白光 LED 驱动电路

白光的应用领域越来越广泛,目前许多便携式消费类电子产品都有显示屏。虽然屏幕的种类和大小通常由应用决定,但必须为它设计电源和背光源。白光 LED 是便携式消费类电子产品最常采用的背光选择方案。

1. 白光 LED 驱动要求

为了保证照明级白光 LED 不仅得到良好的应用,而且能获得较高的使用效率,首先需要使其满足一定的应用条件,其次需要采用相适应的驱动电路满足 LED 工作的参数配合要求。应用条件如下:

(1) 驱动电路是一种专为 LED 供电的特种电源,要具有简单的电路结构、较小的占用体积以及较高的转换效率。

(2) 驱动电路的输出参数(电流、电压)要与被驱动的 LED 的技术参数相匹配,满足 LED 的要求,并具有较高精度的恒流控制和合适的限压功能。多路输出时,每一路的输出都要能够单独控制。

(3) 具有线性度较好的调光功能,以满足不同应用场合对 LED 发光亮度调节的要求。

(4) 在异常状态(LED 开路、短路、驱动电路故障)时,能够对电路自身、LED 和使用者都有相应的保护作用。

(5) 驱动电路工作时,对其他电器的正常工作干扰少,满足相应的电磁兼容性要求。

2. 白光 LED 驱动分类

白光 LED 驱动电路集成化芯片很多,按用途分有照明用和彩色液晶背光用驱动,包括高功率 LED 的驱动器和高亮度 LED 的驱动器;白光 LED 的连接方式有并联、串联和串并联三种,并联驱动和串联驱动都有相应的专用芯片。驱动器电路一般由 DC-DC 变换器和恒流源两部分组成,如图 8.42 所示。

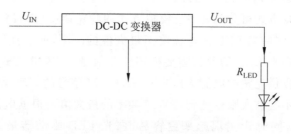

图 8.42　白光 LED 驱动器等效电路

其中,DC-DC 变换器依据输入输出电压的要求,有升压、降压与降/升压变换器三种,电路有电感储能型和开关电容储能电荷泵两种。R_{LED} 可以是镇流电阻或集成电路的电流镜像电阻。

1) 开关电容降/升压并联 LED 驱动

电容式电荷泵通过开关电容阵列和振荡器、逻辑电路和比较控制器实现升压,采用电容器储能,电荷泵不需要电感,只要外接电容器,开关工作频率高(1MHz 左右),可使用小型陶瓷电容(1μF),其原理框图如图 8.43 所示。

图 8.43　开关电容 LED 驱动器原理框图

图 8.43 中,电荷泵提供降/升压变换,电荷泵增益可配置为 1、1.5、2,内部电流源为线性电流调节器。由于电池放电过程中会出现电池电压高于 LED 最高正向电压或低于 LED 正向电压的情况,因此要求电荷泵能根据输入电压的变化自动改变增益模式,以保证 LED 间亮度匹配好,有足够的驱动能力。例如,仙童公司的 FAN5609,内置电荷泵有三种工作模式:$U_{IN} > 4.2V$ 时是线性稳压器;$4.2V > U_{IN} > 3.6V$ 时,为增益 1.5 倍的 DC-DC;$3.6V > U_{IN} > 2.7V$ 时,为增益 2 倍的 DC-DC。如 ADH8845 芯片,用电荷泵技术提供驱动 6 个白光 LED 的功率。ADH8845 可用于彩色液晶背景光,恒流源保证均匀的背光亮度,最高匹配精度为 1%,可将 6 只 LED 分为两组,主显示为 4 只,副显示为 1~2 只,电荷泵可工作在 1×、1.5×、2× 模式。

2) 电感升压串联 LED 驱动

电感升压 LED 驱动器属于升压 DC-DC 变换器,但它控制输出电流,而不是输出电压。白光 LED 用升压 DC-DC 变换器 LM3501,可以驱动 2~4 个白光 LED,输入电压 2.7~7V 均可,输出端只需一个 16V 的小陶瓷电容。电路不需要外接肖特基二极管,实现真正的关断隔离,没有 LED 漏电流。

3. 白光 LED 调光功能的实现方式

调光功能的实现方式可分为两种：模拟方式和脉宽调制(PWM)方式。采用模拟方式调光技术时，只需将白光 LED 的电流降至最大值的一半，就能让屏幕亮度降低 50%，这种方法的缺点是白光 LED 的色移需要模拟控制信号。PWM 方式调光技术可在减小的电流占空周期内提供完整的电流给白光 LED，PWM 信号的频率通常会超过 100Hz，以确保这个脉冲电流不会被人眼察觉到，PWM 频率的最大值要根据电流的时间确定，为了得到最大的灵活性，同时让实现起来更容易，白光 LED 驱动器最高能接受 50kHz 的 PWM 频率。

4. 白光驱动技术的比较

采用不同的驱动方式和不同的电路构成所得到的电路的结果相差很大，见表 8.5。

表 8.5　照明级白光 LED 不同驱动方式的技术比较

驱动方式	线性型驱动		开关型驱动	
	稳压电源+限流电阻	稳压电源+限流电阻+电子开关	降压型	升压型
优点	电路简单，造价很低，占用空间小，无电磁干扰	可以准确控制 LED 的电流，实现 LED 温度补偿，具有一定的调光功能	可以准确控制 LED 的电流，实现 LED 温度补偿，输入电压范围宽，无需散热器，装置体积小，效率高，具有较大范围的调光功能	
缺点	电阻功耗大，不能方便地控制电流，不能调光	成本较高，装置体积较大，电源的功耗较大，可能有电磁干扰	电路的构成复杂，成本高，装置占用体积大，需要考虑电磁干扰问题，大电流时需要一定的散热空间	
效率	很低，通常小于 50%	较低，通常小于 60%	较高，通常大于 70%	

可以看出：

(1) 采用线性方式的驱动电路的综合效率最低，LED 的亮度不可调，但是电路的结构较为简单。

(2) 采用开关方式的驱动电路的综合效率较高，可以有限度地调节 LED 的亮度，但是电路的结构较为复杂，可能还伴有一定的高频干扰。

(3) 线性限流加上电流控制开关方式的效率中等，电路的复杂性也中等，可以局部调光。

总之，照明级白光 LED 是新近开发的可用于替代普通照明的大功率固体发光器件，虽然受制于价格，在一定程度上制约了应用的速度，但是由于其具有的优良性能，随着研发技术的不断进步，可以预言照明级白光 LED 一定具有良好的应用前景。

5. 大功率白光 LED 驱动电路设计

所谓照明级白光 LED，是指单颗封装的、具有"瓦"级的大功率、高性能的 LED，其发光效率大于 40lm/W。最近几年，白光 LED 在种类、亮度和功率上都发生了极大的变化。LED 芯片的发光效率已达到 230lm/W，商品化的白光 LED 已达到 25~150lm/W，市面上单颗白光 LED 的功率在 $1\sim10\text{W}$ 的比较常见,已开发出 20W、30W,甚至 50W 的单颗超大功率白光 LED。由于大功率及超大功率白光 LED 的出现,采用 LED 光源进行照明,首先取代耗电的白炽灯,然后逐步向整个照明市场进军,将会节约大量的电能。加上白光 LED 光源的种种优点,在高输出功率白光 LED 的研究不断获得进展中,了解驱动电路的特点并设计出相适应的大功率白光 LED 驱动电路是非常重要的。

1) 驱动方案的提出

白色 LED 驱动电路按照负载连接方式一般分为并联型、串联型和串并混联型;按提供驱动源的类型分为电压驱动型和电流驱动型。通常,白光 LED 的驱动分类是这两种分类,分为以下四种常用的电源驱动方式:

①电压源加镇流电阻;②电流源加镇流电阻;③多路电流源;④磁升压方式驱动串联 LED。

但它们均在不同程度上存在正向电压离散性大,电源转换效率低,电流匹配精度有限,或由于电感元件的存在而带来的 EMI(电磁干扰)辐射问题。

2) LED 的驱动方式及要求

LED 驱动器是一种特殊的电源,它的负载就是 LED。大功率 LED 一般采用恒流驱动方式。这是因为大功率 LED 的工作电流大(几百毫安到几安)。从 LED 的特性曲线上可看到,当工作电流较大时,其曲线较陡(见图 8.44),若电压有一些变化(ΔU),会造成电流较大的变化(ΔI)。

恒流式 LED 驱动器的要求:恒流输出的大小可以设定,并且有较大的调节范围;自身的耗电小,可提高效率;能驱动单颗大功率 LED,也可以驱动多颗串联的大功率 LED;输出的恒流电流稳定(精度在 5% 左右);电路简单、外围元器件

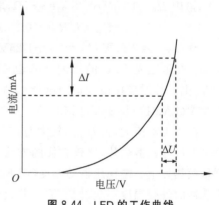

图 8.44 LED 的工作曲线

少、体积小、成本低,故可设计一种采用通用器件组成的恒流式大功率 LED 驱动器满足上述要求。

3) 驱动电路器件的选择

(1) 输出可调的三端稳压器。

图 8.45 所示的电路原理图,采用半导体厂家生产的输出可调的三端稳压器(如 LM317 或 LM350)组建成恒流电路作为大功率 LED 驱动器。LM317 输出电压的范围为 $1.24\sim37\text{V}$;输出电流可达 1.5A。LM350 输出电压的范围为 $1.24\sim33\text{V}$;输出电流可达 3A。

在图 8.45 中,输出的恒流电流与电阻 R 有关,其关系式为

$$I_0 = 1.25\text{V}/R \tag{8-6}$$

式中,1.25V 是内部的基准电压。

如果需要驱动几个串联的 LED,则输入电压 U_{IN} 与串联的 LED 的压降 $\sum U_{\text{F}}$ 及

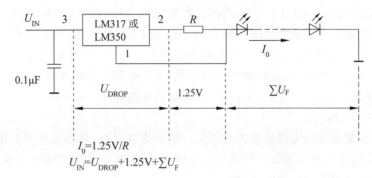

$$I_0=1.25\text{V}/R$$
$$U_{IN}=U_{DROP}+1.25\text{V}+\sum U_F$$

图 8.45 恒流源电路

LM317 或 LM350 的管压降 U_{DROP} 有关,其关系式为

$$U_{IN}=U_{DROP}+1.25\text{V}+\sum U_F \tag{8-7}$$

式中,U_{DROP} 值与输出的恒流大小有关(一般为 $1\sim3\text{V}$),输出电流越大,U_{DROP} 越大。

例如,串联 6 只 1 W 的白光 LED,在 350mA 电流时其正向压降 $U_r=3.5\text{V}$,则 $\sum U_r=21\text{V}$,电阻 $R_0=1.25\text{V}/0.35\text{A}=3.57\Omega$,取标准电阻值 3.6Ω,其功耗:

$$P_D=I^2R_0=(0.35\text{A})^2\times3.6\Omega=0.44\text{W} \quad (\text{取 1W}) \tag{8-8}$$

设 $U_{DROP}=2\text{V}$,则 $U_{IN}=2\text{V}+1.25\text{V}+21\text{V}=24.25\text{V}$,可取标准的电压 24V。设计时,如果仅知道白光 LED 的正向压降范围,如某 3W 白光 LED,其正向压降范围为 $3.8\sim4.2\text{V}$,则计算时应按最大正向压降 4.2V 计算,即 $U_{IN}=U_{DROP}+1.25\text{V}+\sum U_F$。$U_{IN}$ 值不大于 37V(LM317)及 33V(LM350)。

在输出电流大,且 U_{DROP} 较大时,三端稳压器的温度会较高,需要用散热片散热。需要多大尺寸的散热片,比较方便的方法是试验:先装上一个散热片,在驱动白光 LED 时测量散热片上三端稳压器的温度(用 K 型热电偶作温度传感器的数字式温度计),使三端稳压器的外壳温度不超过 70 ℃。若超过 80℃,则更换更大尺寸的散热片。

(2) 驱动器的效率问题。

驱动器的效率 η 为

$$\eta=\sum U_F/U_{IN} \tag{8-9}$$

在上面的例子中,取 $U_{IN}=24\text{V}$,$\sum U_F=21\text{V}$,则 $\eta=87.5\%$,这效率还是相当高的。如果要进一步提高效率,则可采用低压差的可调稳压器或专用大电流白光 LED 驱动器。

4) 30W 白光驱动电路参数计算及分析

图 8.46 所示为驱动两个超大功率白光 LED(30W)的驱动电路。

30W 白光 LED 的有关参数:

工作电流:2400mA;

正向压降:$10.6\sim11.4\text{V}$(内部有 3 个晶片串联的结构)。

其有关计算如下:

① 恒流设定电阻 R 的计算。

$R=1.25\text{V}/I_0=1.25\text{V}/2.4\text{A}=0.52\Omega$,取 0.51Ω 标准值。

② R 的功耗 P_D 的计算。

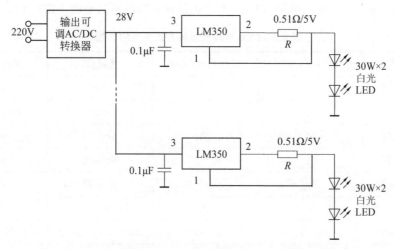

图 8.46　驱动两个超大功率白光 LED(30W)的驱动电路

$P_D = I_0^2 R = (2.4A)^2 \times 0.51\Omega = 2.93W$，取 5W。

③ 输入电压 U_{IN} 的计算。

$$U_{IN} = U_{DROP} + 1.25V + \sum U_F$$

计算时，取 $U_F = 10.6V$，$\sum U_F = 2 \times 10.6 = 21.2V$，$U_{DROP}$ 为 3V 时，$U_{IN} = 25.45V$。由设计要求，计算时 U_F 若按正向压降最大值计算，则 $\sum U_F = 2 \times 11.4 = 22.8V$；设 U_{DROP} 为 3V，则 $U_{IN} = 27.05V$。

④ 转换效率的计算。

$\eta = \sum U_F / U_{IN} = 22.8/27.05 \times 100\% = 84.3\%$，由于工作电流为 2.4A，所以选用 LM350。图 8.46 中，采用两个同样的驱动电路驱动两组 2～30W 超大功率白光 LED。它的电流由输出可调的 AC/DC 转换器供电。根据具体情况，最后确定 U_{IN} 值。在上述计算中，只要保证 LED 的工作电流正常，尽可能取得小一些，这样使 LM317 或 LM350 的管耗小一些，转换效率也高一些。由于 LM317、LM350 具有过流限制、短路保护电路，所以用作大功率白光 LED 驱动电路是安全的。该电路的特点是电路简单、成本低，有较高的实用价值。

8.5.9　半导体照明灯具系统设计

1. 白光 LED 与其他照明光源的比较

半导体 LED 照明光源具有广阔的应用前景，主要可用作城市改建、扩建工程等建设项目中所需的特种光源、宣传橱窗的装饰照明灯、体育场馆的过道引路灯、停车场道路指示灯、公共信息指示牌内部照明灯、草坪灯、庭院灯、壁灯、埋地灯、围墙灯、建筑物内部紧急出口指示牌、用作高速公路及其他高级公路的交通信号灯、指示牌及护栏灯、立交桥、广告牌等公共设施的照明灯、城市夜景装饰灯和用于其他城市景观照明灯具等。作为第四代新型照明光源，LED 具有许多不同于其他电光源的特点(表 8.6)，这也使其成为节能环保

光源的首选。由表 8.6 分析可知,相对于其他比较普及的电光源来说,LED 有如下优点:

表 8.6　LED 与其他照明方式性能的比较

光源种类	光效/(lm·W^{-1})	显色指数(Ra)	色温/K	平均寿命/h
普通白炽灯	15	100	2800	1000
卤钨灯	25	100	3000	2000～5000
普通荧光灯	70	70	全系列	10000
三基荧光灯	93	80～98	全系列	12000
紧凑型荧光灯	60	85	全系列	8000
高压汞灯	50	45	3300～4300	6000
金属卤化物灯	75～95	65～92	3000/4500/5600	6000～20000
高压钠灯	100～120	23/60/85	1950/2200/2500	24000
低压钠灯	200		1750	28000
高频无极灯	55～70	85	3000～4000	40000～80000
1～3W LED	38(白)～120(红)	85	全系列	20000～100000

(1) 节能:固体冷光源光效高,实验室最高已经达到 230lm/W。现在大部分家用照明灯具都采用白炽灯照明,其光效为 8～18lm/W。

(2) 环保:采用电致发光的原理,没有有害金属汞污染问题,废物可以回收,并且冷光源发热量较低。

(3) 安全:LED 使用低压电源,比较适用于公共场合。

(4) 可靠:LED 具有坚固、耐震、耐冲击等特性,光源稳定性好。

(5) 适用性:体积小、重量轻,每个单元 LED 小片是 3～5mm 的正方形,因此可以封装成各种形状的器件,适合于易变的环境。

(6) 响应时间短:白炽灯的响应时间为毫秒级,而 LED 的响应时间为纳秒级,因此可以高频操作。

(7) 控制管理容易:LED 可以集中控制,也易于分散控制或对点进行调节控制,还可以通过控制 LED 的电流调光,通过不同光色组合调色,达到多种动态变化效果。采用 LED 光源照明,首先取代耗电的白炽灯,然后逐步向整个照明市场进军,将会节约大量电能。表 8.7 和表 8.8 列出了白色 LED 的效能进展。

表 8.7　单颗白色 LED 的效能进展

年份	发光效能/(lm·W^{-1})	备　注	年份	发光效能/(lm·W^{-1})	备　注
1998	5		2005	50	
1999	15	相当于白炽灯	2015	130	
2001	25	相当于卤钨灯	2025	320	

表8.8　长远发展目标

单颗白色 LED	
输入功率	10W
发光效能	100lm/W
输出光能	1000lm/W

2. 我国半导体照明应用现状

自高亮度白光 LED 问世后，由于它具有发光效率高，节电效果好，并且无污染、寿命长的特点，在照明应用上受到各国的重视。用白光 LED 作照明灯取代传统照明灯的研发工作不断进行着，已取得了一些成果。这里举几个实例。

（1）采用白光 LED 作小型 LCD 彩屏的背光照明取代冷阴极荧光灯（CCFT）。由于驱动白光 LED 有电路简单、无需正负电源，且效率高、尺寸小的特点，在便携式电子产品中获得极其广泛的应用。随着白光 LED 性能的提高，白光 LED 作背光源的应用不仅用于手机、游戏机、PDA、MP4、数码相机等小彩屏电子产品，而且已应用到屏幕尺寸更大的DVD、GPS 及笔记本电脑中。它已成为 LED 最大用户之一，占 LED 年产量的 30% 左右。

（2）采用白光 LED 作小型数码相机的闪光灯取代传统的氙灯。由于采用短时间脉冲给 LED 供电可以比额定电流大一倍，因此给出的强光可满足相机补光的要求。驱动LED 闪光灯的电路无需高压电源，也没有充电时间较长的缺点，可获得更多的抓拍机会，并使电池的使用时间更长。

（3）采用太阳能电池、蓄电池及白光 LED 组成的真正绿色照明系统。我国的太阳能电池生产量很大，2018 年中国太阳能电池产量为 9605.34 万千瓦，2019 年预计将达到101GW。这对利用太阳能点亮白光 LED 灯创造了极为良好的条件。这不仅用于无电区，同样适合于城镇（在国外，主要依靠大量安装屋顶并网系统发展太阳能光电产业）。在一些城市也采用太阳能电池、蓄电池及光控电路组成 LED 路灯，能自动地天黑点亮，天亮关断，其结构框图如图 8.47 所示。

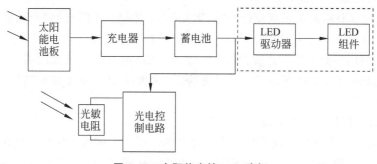

图 8.47　太阳能光控 LED 路灯

将太阳能转换成电能替代火力发电是最理想的，但大规模应用太阳能电能是一个大的系统工程。

（4）采用白光 LED 取代白炽灯的研发工作起步不晚，曾有一些单位采用 Φ5 高亮度白光 LED 开发出小功率 LED 灯泡(15W)、15～20W 的管灯及 40～60W 的路灯、投射灯等产品,但并未批量生产。在我国,一些企业生产出多种 1～5W LED 灯泡及一些白光 LED 灯具,但大部分都出口,国内市场上不多见。成批生产的替代白炽灯的有矿灯、各种手电筒、应急灯、小瓦数阅读灯及照明灯等。

3. 半导体照明设计要点

1) 灯具系统的热量管理

一般称 LED 为冷光源,这是因为 LED 发光原理是电子经过复合直接发出光子,而不需要热的过程。但由于焦耳热的存在,LED 在发光的同时也有热量伴随,而且对于大功率和多个 LED 应用的场合,热量积少成多而不能小觑,LED 不同于白炽灯、荧光灯等传统照明光源,过高的温度会缩短,甚至终止其使用寿命。而且 LED 是温度敏感器件,当温度上升时,其效率急剧下降,所以系统结构设计及散热技术开发也是 LED 应用须面对的课题。由于强制空气冷却通常在光源中是不可取的,所以随着输入电功率的提高,散热片和其他增强自然对流冷却的方法就在 LED 灯和光源设计中发挥日益重要的作用。

2) 提高显色性

白光 LED 普遍使用发蓝光 LED 叠加由蓝光激发的发黄光的钇铝石榴石(YAG)荧光粉,合成为白光。由于其发光光谱中仅含蓝、黄这两个波谱,所以存在色温偏高、显色指数偏低的问题,不符合普通照明要求。人眼对色差的敏感性大大高于对光强弱的敏感性,对照明而言,光源的显色性往往比发光效率更重要。所以,加入适量发红光的荧光粉并能保持较高发光效率是 LED 白光照明中的一个重要课题。

3) 灯具系统的二次光学设计

传统灯具长期以白炽灯、荧光灯光源为参照物决定灯具的光学和形状的标准,因此 LED 灯具系统应考虑摒弃传统灯具加上 LED 发光模块的组装方式,充分考虑其光学特性,为 LED 光源专门设计不同的灯具。光学系统设计内容主要包括如下几个方面:

① 根据照明对象、光通量的需求,决定光学系统的形状、LED 的数目和功率的大小。

② 将若干个 LED 发光管组合设计成点光源、环形光源或面光源的"二次光源",根据组合成的二次光源计算照明光学系统。

③ 控制构成照明光学系统设计的"二次光源"上的每只 LED 的发光强度十分重要。

由于 LED 发出的光束集中,更易控制,且不需要反射器聚光,因此有利于减少灯具的深度。例如,利用平面镜光学系统,只用 1～2 个 LED 就可照亮很大的表面,而灯具深度很薄;利用光导技术,LED 直接装于光导管旁,可大大减少光源及其他组件占用的体积,制成超薄的灯具。

4) 电源、电路与灯具的集成

在白炽灯和荧光灯灯具设计时很少关注电源问题。大多数白炽灯直接由交流电线供电,不需要设计电源,荧光灯使用镇流器完成电源的功能,但 LED 需要专门的电源驱动电路与其配套,在设计灯具的时候应考虑电源与灯具系统集成。

半导体照明和太阳能发电的最大特点是环保、节能、长寿命、安全。太阳能发电和半导体照明相结合完成光电到电光的转换,是最佳的组合。以太阳电池发电作为电源的自然能利用型独立半导体照明灯具,节能、环保、长寿命,还省去了相关的电线及配套设施,

5）提高系统的可靠性

LED 光源有人称它为长寿灯，作为固体发光器件，其理论寿命在 10 万小时以上，其使用寿命远比传统光源长，因此在一些不易更换维护的场合使用，其维护成本可大大降低。但是，在许多实际应用中却无法看到这项优点，使用者看到的通常是光衰严重，且寿命短，根本用不到一万小时就坏了。这是因为使用的 LED 是电子工业界最常使用的指示功能的 $\Phi 3 \sim \Phi 5$ 的 LED，利用简单的电子电路加大电流增加其发光强度，LED 只获得短暂的高亮度，失去了 LED 应有的寿命。因此，在半导体照明灯具设计上慎选 LED，应使用大功率 LED 作为照明设备光源。

6）降低成本价格

目前，LED 光源的价格还相对偏高，尤其是高亮度 LED 光源，还要加上驱动电路、灯壳、灯头等，高成本是白光 LED 在普通照明中的最大问题。因此，还需要进一步降低生产成本，降低价格，提高竞争力。

4. 技术发展趋势

（1）摒弃 LED 灯具仅是传统灯具加 LED 发光模块的设计方法，要充分考虑 LED 光学特性，开发 LED 专用灯具。

（2）电源及控制电路的设计，电源方面要改变普遍使用的电容降压和阻抗分压的应用方式，设计出合理的小电流恒流源电路，在驱动电流方面采用时钟周期调制方式，提高 LED 灯具的稳定性，同时进一步提高电源的效率。

（3）在控制电路设计方面，要向集中控制、标准模块化、系统可扩展性三方面发展。

（4）在 LED 光效和光通量有限的情况下，充分发挥 LED 色彩多样性的特点，开发变色 LED 灯饰的控制电路。

（5）发挥 LED 的优势，开发 LED 照明与光伏系统结合的灯具系统。

（6）开发适合室内照明的集成平板光源系统，发展趋势是 LED 照明灯具与建筑融为一体。

（7）开发 LED 灯具模拟仿真系统，以加快产品的开发速度。

（8）开发太阳能与高亮度 LED 集成技术，解决太阳能电池系统与 LED 照明系统的匹配和控制技术。

8.6　等离子体光源

等离子体是离子、电子和未电离的中性粒子的集合，整体上呈现中性的物质状态；它是固态、液态和气态之外的一种物质存在状态，也称为第四物质状态，即一种高度电离了的、整体呈中性的气体。太阳、星星和灯光全是等离子体光源，所以，它是现存的最古老的照明形态——等离子体在极高温度和具有高能时从基本粒子中激发出来的光辐射。借助各种人工方法，如核聚变、核裂变、辉光放电及其他各种放电形式等都可产生等离子体。

等离子体具有不同于普通气体的特性，它是一种很好的导电体，利用巧妙设计的电场可以捕捉、移动和加速等离子体，开发出许许多多"特异"的功能。等离子体物理是一门发展中的新型学科,它的发展为材料、能源、信息、环境空间、空间物理、地球物理等科学的进一步发展提供了新的技术和工艺。

等离子体可分为两种:高温等离子体和低温等离子体。现在低温等离子体广泛运用于多种生产领域,如等离子电视、电脑芯片的蚀刻等。等离子体光源运用的是高温等离子体。

8.6.1 等离子体光源简介

等离子体光源有时被称为 LEP(Light Emitting Plasma)或 HEP(High Efficiency Plasma)。与传统光源相比,等离子照明的主要优势之一是能够从非常小的空间发射大量光线。LEP 的特点是高流明密度——指尖大小的 LEP 灯泡可产生 10000lm 的光。相比之下,同样大小的高密度 LED 灯则需要 100cm×100cm 太阳电池板之类的 LED 阵列。

等离子体光源组件构成如图 8.48 所示,整个光源由灯泡、RF(radio-frequency)功率放大器、控制电路板和外壳组成。

1. 灯泡

灯泡形似一颗药丸大小的透明体,如图 8.49 所示,与同功率的金卤灯比较,它的体积小得多。在其泡壳内充有惰性气体和金属卤化物,但没有金卤灯泡壳内那样的电极。这种创新设计比传统的气体放电灯更可靠、耐用。

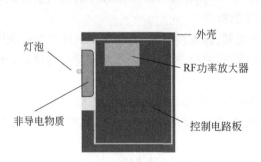

图 8.48 等离子体光源组件构成

图 8.49 LEP 灯泡实物图

灯泡被嵌入非导电物质之中。非导电物质起两个作用:其一,作为 RF 功率放大器发送高频微波能量的波导;其二,作为灯泡内聚焦能量的电场聚集器。

2. RF 功率放大器

高频、微波信号由固态功率放大器产生,并在灯泡周边形成电场。电场能量高度集中,蒸发灯泡内的物质,在灯泡中心形成等离子体。这个受控等离子体发出强烈的白光。

3. 控制电路板

电路板控制 RF 功率放大器的输入和输出,并用来控制灯泡不同性能的运作。它是一只微型控制器。

4. 外壳

外壳由铝材制成;RF 功率放大器、控制电路板等部件都包在铝壳中。

高频微波诱导型等离子体光源的发光原理和过程如图 8.50 和图 8.51 所示,具体阐述如下。

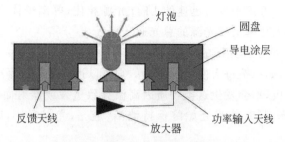

灯泡

圆盘

导电涂层

反馈天线

放大器

功率输入天线

图 8.50 等离子光源的发光原理

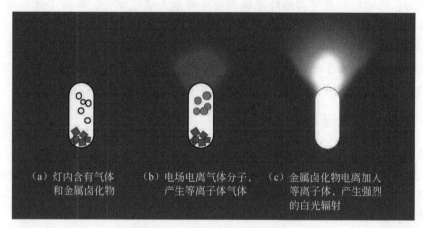

(a) 灯内含有气体和金属卤化物

(b) 电场电离气体分子,产生等离子体气体

(c) 金属卤化物电离加入等离子体,产生强烈的白光辐射

图 8.51 等离子光源的发光过程

(1) RF 功率放大器反馈电路在灯泡周边产生电场。

(2) 电场高能电离泡壳内的惰性气体形成气体等离子体,产生紫色辉光辐射。

(3) 气体等离子体的热量蒸发金属卤化物,产生蓝光辐射。

(4) 金属卤化物电离加入等离子体,产生强烈的白光辐射。

8.6.2 等离子体光源的特点

(1) 显色性好。等离子体光源是色彩丰富、全光谱、高显色性的优质光源,其显色指数达到 94～96,其显色性已非常接近卤钨灯和标准日光的高品质。

(2) 色温高。等离子体光源是高色温、日光型、色光均衡的照明光源。目前,新型电脑灯和成像灯中均应用离子体光源,相关色温为 5300K,十分接近标准日光的色温 5600K。

(3) 发光效率高。等离子体光源是节能、高效的绿色照明光源。等离子体光源光效在 60～140lm/W,其数值取决于灯泡内充入的气体和金属卤化物的量值,等离子体光源光效约是卤乌灯光效的 3 倍,约是氙气灯光效的 2 倍,也高于同功率、同色温金卤灯的光效。

（4）大功率、大光通。目前，等离子体光源的功率已达到 266W，结合考虑其高发光效率，等离子体光源的总光通约为 17800lm，相当于 400W 金卤灯的总光通，或 750W 卤钨灯的总光通。此外，与近年来发展迅速的 LED 光源相比，等离子体光源的总光通相当于几十颗，乃至几百颗大功率集成光源的总光通。

（5）寿命长。等离子体光源的寿命可达 10000～30000h，是金卤灯的几倍或几十倍，是卤钨灯的 30 多倍，如果按每天使用 4h 计算，它可以运行 7 年。等离子体光源的泡壳内既无灯丝，也没有电极，不会发生这类物质因高温导致蒸发或溅射而耗蚀的情况，导致发光性能和寿命的下降，同时使泡壳始终保持清洁、透亮，光损极小，因此，它具有超长的寿命。

（6）电调光幅大、启动和热启动性能好。等离子体光源电调光幅很大，调整范围在 20%～100%，可由控制系统实施灯光极快或极慢地大幅度调光。等离子体灯泡由调频、微波诱导启动，只需 1～2s 时间即可点燃，达到正常工作状态，发出耀眼的白光。灯泡熄灭后，在半热状态下就可迅速再启动点燃发光。

（7）灯泡泡壳小。等离子体光源具有向前指向性光强分布的特性，此有利于灯具光学系统的优化设计，易达到更高的灯具效率和灯具发光效能。

8.6.3 等离子体光源存在的问题

等离子体光源虽有上述诸多优点，但也存在如下缺点：

（1）色温迁移问题。等离子体光源在寿命期间，其色温会有相当缓慢的增加（向蓝色方向迁移），每使用 1h，其色温平均增加约 0.08K。照此推算，如果该灯具工作 2000h，色温就会增加 160K。

（2）调光问题。如前所述，等离子体光源可以实现数字调光，达到 20%～100% 大幅度的电调光，这是传统 HID 放电灯（如氙灯、金卤灯）所达不到的。如同卤钨灯的电调光特性，在实现调光的同时，也伴随着色温的变化。等离子体光源在整个调光范围内，将伴随 50%～100% 的色温变化。

（3）成本价格高。相比其他光源，等离子光源的价格非常昂贵。

不过，综合考虑等离子体光源高效、节能的因素，并拥有很长的使用寿命（其灯泡寿命为 10000h），等离子体光源灯的长期性价比是很高的。随着生产量的提高，研发成本的逐渐消化，其销售价格也会逐渐下降，产品的性价比也会持续提高。

思考与习题 8

一、选择题

1. 白炽灯和卤钨灯均为热光源，均利用红外辐射能量提高光效，但采用的反射膜不同是因为（　　）。

  A. 白炽灯工作温度较低，而卤钨灯工作温度较高

  B. 白炽灯工作温度较高，而卤钨灯工作温度较低

  C. 采用介质—金属—介质反射膜可达到要求

D. 采用多层介质干涉反射膜可达到要求

2. 低压钠灯和低压汞灯均具有典型的低气压蒸气放电特性,但在工作的共振谱线上波长和条数均不同,表现在(　　)。

　　A. Na 是发黄光、双线,Hg 是发蓝光、单线

　　B. Na 是发黄光、双线,Hg 是发紫光、单线

　　C. Na 是发红光、双线,Hg 是发紫光、单线

　　D. Na 是发黄光、单线,Hg 是发蓝绿光、双线

3. 下面的灯中,(　　)的光效最高。

　　A. 高压汞灯　　　　B. 高压钠灯　　　　C. 超高压汞灯　　　D. 金卤灯

4. (　　)光效高且在寿命期间色温稳定性能最好,即光通维持性能非常优秀。

　　A. 钠灯　　　　　　B. 汞灯　　　　　　C. 金卤灯　　　　　D. 陶瓷金卤灯

5. 一般霓虹灯的放电处在(　　)放电阶段,用于照明的气体放电灯大多数属于(　　)放电。

　　A. 辉光、弧光　　　B. 弧光、辉光　　　C. 辉光、辉光　　　D. 弧光、弧光

6. LED 的工作电流会随着供应电压的变化及环境温度的变化而产生较大的波动,所以 LED 一般要求工作在(　　)驱动状态。

　　A. 恒定直流　　　　B. 恒定交流　　　　C. 可变直流　　　　D. 可变交流

7. LED 具有(　　)的特性。

　　A. 单(正)向导通　　B. 反向导通　　　　C. 双向导通　　　　D. 不导通

二、填空题

1. 发光二极管的发光亮度基本上正比于_____。

2. 发光二极管是注入式_____器件,它能将电能转变为光能。

3. LED 具有_____导通的特性,LED 的工作电流会随着供应电压的变化及环境温度的变化而产生较大的波动,所以 LED 一般要求工作在_____(恒流或恒压)驱动状态。

4. 通常制作白光 LED 的方法有三种:在 LED 蓝光芯片上涂覆 YAG 荧光粉、_____和_____。

三、简答与思考题

1. 光电探测器常用的光源有哪些?

2. 什么是光源的显色性?

3. 写出白炽灯、荧光灯、LED 的发光原理,并分析 LED 光源的优缺点。

4. 简述卤钨灯的工作原理,以及其相比白炽灯有什么优点。

5. 三基色荧光粉产生的窄波带辐射波长范围是什么?

6. 继白炽灯、荧光灯之后的第三代光源有哪些?

7. 画出发光二极管的结构图并说明其工作原理。发光二极管的基本特性参数有哪些?

8. 应用发光二极管时应注意哪些要点?

9. 选择 LED 芯片发光材料有哪些要求？

10. 提高 LED 光引出效率的芯片结构技术有哪些？

11. 衡量 LED 发光效率的指标有哪些？

12. 光电发光二极管的时间响应如何？使用其时以什么方式（连续或脉冲）驱动为宜？

13. 调研资料，讨论 OLED 的发光过程。

第 9 章

光电系统设计

前几章已经对各种光电传感器及其偏置电路进行了讨论,有关光学系统和处理电路的内容已经在专业基础课程进行了深入学习,本章将根据信息存在于光学参量的方式或者光学信息的类型讨论光电信息变换的根本方法,从而系统地认识光电信息变换及光电系统的设计,之后本章将重点介绍光电技术系统的典型设计实例:激光干涉测位移、莫尔条纹测位移、激光测距、外形尺寸检测等,加深对光电技术应用的理解。

9.1 光电系统设计基础和方法

9.1.1 光电信息变换

光电信息变换可应用于许多技术领域,对于不同的应用,光电信息变换的内容、变换装置的组成和结构形式等均有所不同。可根据光学信息的类型,对光电信息变换的基本类型进行分类。

在本章的讨论中,为了突出关键问题,我们将光学系统省略,用箭头表示光电信息的传输方向,并将所有类型的光电传感器件用光电二极管的符号代替,但是光电二极管符号中的正、负极没有任何意义。可从两个方面对光电信息变换进行分类:一方面,根据信息载入光学信息的方式分为如图 9-1 所示的 6 种光电信息变换的基本形式;另一方面,根据光电变换电路输出信号与信息的函数关系分为模拟光电变换与模数光电变换两类。

9.1.2 光电信息变换的基本形式

1. 信息载荷于光源方式

图 9-1(a)所示为信息载荷于光源中的情况(或光学信息为光源本身),如光源的温度信息、光源的频谱信息、光源的强度信息等。根据这些信息可以进行钢水温度的探测、光谱分析、火灾报警、武器制导、夜视观察、地形地貌勘测和成像测量等应用。

物体自身的辐射通常变化缓慢,因此经光电传感器获得的电信号为缓变的信号或直流信号。为克服直流放大器的零点漂移、环境温度影响和背景噪声的干扰,常采用光学调

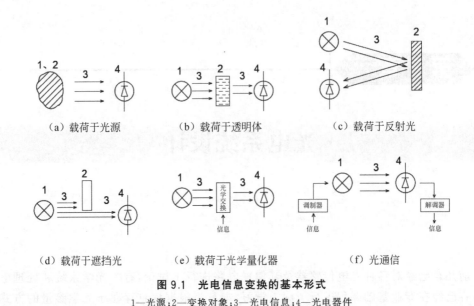

（a）载荷于光源　　　　　（b）载荷于透明体　　　　　（c）载荷于反射光

（d）载荷于遮挡光　　　　（e）载荷于光学量化器　　　　（f）光通信

图 9.1　光电信息变换的基本形式

1—光源；2—变换对象；3—光电信息；4—光电器件

制技术或电子斩波调制的方法将其变为交流信号，然后再解调出被测信息。

2. 信息载荷于透明体的方式

图 9-1（b）所示为信息载荷于透明体中的情况。在这种情况下，透明体的透明度、透明体密度的分布、透明体的厚度、透明体介质材料对光的吸收系数等都可以载荷信息。

提取信息的方法，常用光通过透明介质时光通量的损耗与入射通量及材料对光吸收的规律求解。应用这种变换方式还可以测量液体或气体的透明度（或浑浊度），检测透明薄膜的厚度、均匀度及杂质含量等质量问题。当然，透明胶片的密度测量、胶片图像的判读等均可用这种方式。

3. 信息载荷于反射光的方式

图 9-1（c）所示为信息载荷于反射光的方式。反射有镜面反射与漫反射两种，它们各有不同的物理性质和特点。利用这些性质和特点将载荷于反射光的信息检测出来，实现光电检测的目的。镜面反射在光电技术中常用作合作目标，用它判断光信号有无等信息的检测。例如，在光电准直仪中利用反射回来的十字叉丝图像与原十字叉丝图像的重叠状况判断准直系统的状况；在迈克耳孙干涉仪中，通过检测迈克耳孙干涉条纹的变化，可以检测动镜位置的变化。另外，镜面反射还用于测量物体的运动、转动的速度、相位等信息，而漫反射则不同，物体的漫反射本身载荷物体表面性质的信息，如反射系数载荷表面粗糙度及表面疵病的信息，通过检测漫反射系数，可以检测物体表面的粗糙度及表面疵病的性质。用这种方式可以对光滑零件表面的外观质量进行自动检测。除上述应用外，这种方式还可应用于电视摄像、文字识别、激光测距、激光制导等方面。

4. 信息载荷于遮挡光的方式

图 9-1（d）所示为信息载荷于遮挡光的方式。物体部分或全部遮挡入射光束，或以一

定的速度扫过光电器件的视场,实现了信息载荷于遮挡光的过程。例如,光电测微仪和光电投影显微测量仪等测量仪器均属于这种方式。这种方式也可用于产品的光电计数、光控开关和主动式防盗报警等。

5. 信息载荷于光学量化器的方式

光学量化是指通过光学的方法将连续变化的信息变换成有限个离散量的方法。光学量化器主要包括光栅莫尔条纹量化器、各种干涉量化器和光学码盘量化器等。光信息量化的变换方式在位移量(长度、宽度和角度)的光电测量系统中得到广泛的应用。长度或角度的信息量经光学量化装置(如光栅码盘、干涉仪等)变换为条纹或代码等数字信息量,再由光电变换电路变换为脉冲数字信号输出。如图 9-1(e)所示,光源发出的光经光学量化器量化后送给光电器件,转换成脉冲数字信号再送给数字电路进行处理,或送给计算机进行处理或运算。例如,将长度信息量 L 经光学量化后形成 n 个条纹信号,量化后的长度信息 L 为

$$L = qn \tag{9-1}$$

式中,q 称为长度的量化单位,它与光学量化器的性质有关,量化器确定后它是常数。例如,采用光栅莫尔条纹变换器时,量化单位 q 等于光栅的节距,在微米量级;而采用激光干涉量化器时,q 为激光波长的 1/4 或 1/8,视具体的光学结构而定。目前,这种变换形式已广泛应用于精密尺寸测量、角度测量和精密机床加工量的自动控制等方面。

6. 光通信方式的信息变换

目前,光通信技术正在蓬勃发展,信息高速公路的主要组成部分为光通信技术。光通信技术的实质是光电变换的一种基本形式,称为光信息通信的变换方式。如图 9-1(f)所示,信息首先对光源进行调制,发出载有各种信息的光信号,通过光导纤维传送到远方的目的地,再通过解调器将信息还原。由于光纤传输的媒介常为激光,它具有载荷量大、损耗小、速度快、失真小等特点,现已广泛用于声音和视频图像等信息通信中。

9.1.3　光电信息变换的类型

从上面的六种变换方式可以看出,光电信息变换和信息处理方式可分为两类:一类称为模拟量的光电信息变换,如前四种变换方式;另一类称为数字量的光电信息变换,如后两种变换方式。

1. 模拟光电变换

被测的非电量信息(如温度、介质厚度、均匀度、溶液浓度、位移量、工件尺寸等)载荷于光信息量时,常以光度量(如通量、照度和出射度等)的方式送给光电器件,光电器件则以模拟电流 I_P 或电压 U_P 信号的形式输出,即输出信号是被测信号量 Q 的函数,或称输出信号量与被测信号量之间的关系为模拟函数关系,可表示为

$$I_P = f(Q) \tag{9-2}$$

或

$$U_P = f(Q) \tag{9-3}$$

光电变换电路输出的电流 I_P 或电压 U_P 不仅与被测信息量 Q 有关,而且与载体光度量有关。因此,为保证光变换电路输出信号与被测信息量 Q 的函数关系,载体光度量必

须稳定。否则,载体光度量的变化直接影响被测信息量。另外,电路参数的变化,尤其是电源电压的波动、放大电路的噪声、放大倍率的变化等,都将影响被测信号的稳定。而光亮度的稳定又与光源、光学系统及机械结构等的性能相关。因此,实现稳定的、高精度的模拟光电信息变换常常遭到许多技术方面的困难,必须采用各种措施解决这些困难,才能获得高质量的模拟光电信息变换。

2. 模-数光电变换

在这类光电变换中,被测信息量 Q 通过光学变换量化为数字信息(包括光脉冲、条纹信号和数字代码等),再经光电变换电路输出。

模-数光电变换中的光电变换电路只要输出"1"和"0"(高,低电平)两种状态的脉冲即可。脉冲的频率、间隔、宽度、相位等都可以载荷信息。因此,这类光电变换电路的输出信号不再是电流或电压,而是数字信息量 F。它与被测信息量 Q 的函数关系为

$$F = f(Q) \tag{9-4}$$

显然,数字信息量 F 只取决于光通量变化的频率、周期、相位和时间间隔等信息参数,与光的强度无关,也不受电源、光学系统及机械结构稳定性等外界因素的影响。因此,这类光电变换方式对光源和光电器件的要求不像模拟光电变换那样严格,只要能使光电变换电路输出稳定的"1"和"0"两种状态即可。

9.2 太阳能光伏发电系统设计

太阳能光伏系统设计时应对设计场所的状况、方位、周围的情况进行调查,选定设置可能的场所,根据调查的结果选定太阳能电池阵列的设置方式,算出设置可能的太阳能电池组件的数量,设计太阳能台架,选定控制器等系统设备。然后根据设置可能的太阳能电池组件数算出发电量,根据设计结果购买太阳能电池组件以及其他设备,安装太阳能电池组件并对其配线,安装结束后对各个部分进行检查,如不存在问题,则可开始发电。

太阳能电池组件设计的一个主要原则是,要满足平均天气条件下负载的每日用电需求。因为天气条件有低于和高于平均值的情况,所以要保证太阳能电池组件和蓄电池在天气条件有别于平均值的情况下协调工作;蓄电池在数天的恶劣气候条件下,其荷电状态(SOC)将会降低很多。在太阳能电池组件大小的设计中不要考虑尽可能快地给蓄电池充满电,这样会导致一个很大的太阳能电池组件,使得系统成本过高;而在一年中的绝大部分时间里太阳能电池组件的发电量会远远大于负载的耗量,从而造成太阳能电池组件不必要的浪费。蓄电池的主要作用是在太阳辐射低于平均值的情况下给负载供电,在随后太阳辐射高于平均值的天气情况下,太阳能电池组件就会给蓄电池充电。

设计太阳能电池组件要满足光照最差季节的需要。在进行太阳能电池组件设计的时候,首先要考虑的问题是设计的太阳能电池组件输出要等于全年负载需求的平均值。在那种情况下,太阳能电池组件将提供负载所需的所有能量,但这也意味着每年都有将近一半的时间蓄电池处于亏电状态。蓄电池长时间内处于亏电状态将使得蓄电池的极板硫酸盐化,而在独立光伏系统中没有备用电源在天气较差的情况下给蓄电池进行再充电,这样蓄电池的使用寿命和性能将会受到很大的影响,整个系统的运行费用也将大幅增加。太

阳能电池组件设计中较好的办法是太阳能电池组件能满足最恶劣季节里的负载需要,也就是保证在光照最差的情况下,蓄电池也能够完全充满电。这样,蓄电池全年都能达到全满状态,可延长蓄电池的使用寿命,减少维护费用。

如果在全年光照最差的季节,光照度大大低于平均值,在这种情况下仍然按照最差情况考虑设计太阳能电池组件大小,那么所设计的太阳能电池组件在一年中的其他时候就会远远超过实际所需,而且成本高昂。这时就可以考虑使用带有备用电源的混合系统。但是,对于很小的系统,安装混合系统的成本很高;而在偏远地区,使用备用电源的操作和维护费用也相当高,所以,设计独立光伏系统的关键是选择成本效益最好的方案。

太阳能光伏系统的设计是一个非常复杂的工作,在设计时要考虑到各个方面的因素,所以设计时必须有一个周密的计划。在工程实践中一般采用如下步骤:

① 设想所需电力;
② 确定场所形状;
③ 确定可设置太阳能电池组件的面积;
④ 决定所必需的太阳能电池容量;
⑤ 算出太阳能电池的面积;
⑥ 判断设置太阳能电池组件的可能性;
⑦ 决定必要的组件数;
⑧ 决定逆变器的容量;
⑨ 确定逆变器等设置场所、分电盘的电路、配线、走向等;
⑩ 设计与施工方案、试用运行。

设计的时候,根据事前调查对设计条件进行充分分析,在此基础上进行太阳能电池阵列及支架的设计。

9.2.1 太阳能光伏系统设计调研

太阳能光伏系统设计时,必须考虑诸多因素,进行各种调查,了解系统设置用途、负载情况,决定系统的型式、构成,选定设置场所、设置方式、阵列容量、太阳能电池的方位角、倾斜角、可设置的面积、台架型式以及布置方式等。

1. 太阳能光伏系统设计时的调查

一般来说,太阳能光伏系统设计时首先应调查如下项目:

(1) 太阳能光伏系统设计时,首先需要与用户商量,如发电输出、设置场所、经费预算、实施周期以及其他特殊条件。

(2) 进行建筑物的调查,如建筑物的形状、结构、屋顶的结构、当地的条件(如日照条件等)以及方位等。

(3) 电气设备的调查,如电气方式、负荷容量、用电合同的状况、设备的安装场所(如逆变器、连接箱以及配线走向等)。

(4) 施工条件的调查,如搬运设备的道路、施工场所、材料安放场所以及周围的障碍物等。

其次,应对太阳能光伏系统设置的用途、负载情况进行调查,决定系统的型式、构成,选定场所、设置方式,解决太阳能电池的方位角、倾斜角、可设置面积等密切相关的问题。

2. 太阳能光伏系统设置的用途、负载情况

(1) 设置对象及用途。

首先,要明确在何处设置太阳能光伏系统,是在建筑物的屋顶上设置,还是在地上、空地等处设置。其次,太阳能电池产生的电力用在何处,即用于何种负载。

(2) 负载的特性。

要清楚负载是直流负载,还是交流负载,是昼间负载,还是夜间负载。一般来说,住宅、公共建筑物等处为交流负载,因此需要使用逆变器。由于太阳能光伏系统只在白天有日光的条件下才能发电,因此可直接为昼间负载提供电力,但对夜间负载来说,则要考虑装蓄电池。

(3) 在负载大小已知的情况下,对独立系统来说,要针对负载的大小设计相应的太阳能光伏系统的容量,以满足负载的要求。

3. 系统的类型、构成的选定

系统的类型、构成取决于系统使用的目的、负载的特点以及是否有备用电源等。对构成系统的各部分设备的容量进行设计时,必须事先决定系统的类型,其次是负载的情况、太阳能电池阵列的方位角、倾斜角、逆变器的种类等。

(1) 系统类型的选定。

根据是独立系统,还是并网系统,系统型式可以有许多种类。独立型太阳能光伏系统根据负载的种类可分成直流负载直接型,直流负载蓄电池使用型,交流负载蓄电池使用型,直、交流负载蓄电池使用型等系统。并网系统也有许多种类,如有潮流、无潮流并网系统,切换式系统,防灾系统等。

(2) 系统装置的选定。

系统装置的选定除了太阳能电池外,还包括功率调节器、接线盒等。对安装蓄电池的系统,还要选定蓄电池、充放电控制器等。

4. 设置场所、设置方式的选定

太阳能阵列的设置场所、设置方式较多,大体可分为建筑物上设置、地面上设置。目前,一般在杆柱、屋顶、屋顶平台上以及地面上设置太阳能电池阵列,具体可分为如下几种类型:杆上设置型;地上设置型(平地设置型和斜面设置型);屋顶设置型(整体型、直接型、架子型以及空隙型);高楼屋顶设置型;墙壁设置型(建材一体型、壁面设置型以及窗上设置型)。应根据具体要求和环境条件进行设置场所、设置方式的选定。

5. 太阳能电池的方位角、倾斜角的选定

太阳能电池阵列的布置、方位角、倾斜角的选定是太阳能光伏系统设计时最重要的因素之一。所谓方位角,一般是指东西南北方向的角度,对于太阳能光伏系统来说,方位角以正南为 0°,顺时针方向(西)取正(如 +45°),逆时针方向取负(如 −45°),倾斜角为水平面与太阳能电池组件之间的夹角。倾斜角为 0° 时表示太阳能电池组件为水平设置,为 90° 则表示太阳能电池组件为垂直设置。

（1）太阳能电池的方位角的选择。

一般来说，太阳能电池的方位角取正南方向（0°），以使太阳能电池的单位容量的发电量最大。如果受太阳能电池设置场所，如屋顶、土地、建筑物的阴影等的限制时，则考虑与屋顶、土地、建筑物的方位角一致，以避开山、建筑物等的阴影的影响。例如，在已有的屋顶上设置，为了有效地利用屋顶的面积，应选择与屋顶方位角一致。如果旁边的建筑物或树木等的阴影有可能对太阳能电池阵列产生影响时，则应极力避免，以适当的方位角设置。另外，为了满足昼间最大负载的需要，应将太阳能电池阵列的设置方位角与昼间最大负载出现的时刻相对应进行设置。因此，太阳能电池的方位角可以选择南向、屋顶或土地的方位角，以及昼间最大负载出现时的视角等，避开建筑物或树木等阴影的角度。

（2）太阳能电池的倾斜角的选定。

最理想的倾斜角可以根据太阳能电池年间发电量最大时的年间最大倾斜角选择。但是，在已建好的屋顶设置时，则可与屋顶的倾斜角相同。有积雪的地区，为了使积雪能自动滑落，倾斜角一般选择50°～60°。所以，太阳能电池阵列的倾斜角可以选择年间最大倾斜角、屋顶的倾斜角以及使雪自动滑落的倾斜角等。

我国30个主要城市平均日照及最佳安装倾角见表9.1。

表9.1 我国30个主要城市平均日照及最佳安装倾角

城市	纬度（北）/(°)	最佳倾角/(°)	年平均日照时间/h	城市	纬度（北）/(°)	最佳倾角/(°)	年平均日照时间/h
北京	39.80	纬度+4	5	杭州	30.23	纬度+3	3.43
天津	39.10	纬度+5	4.65	南昌	28.67	纬度+2	3.80
哈尔滨	45.68	纬度+3	4.39	福州	26.08	纬度+4	3.45
沈阳	41.77	纬度+1	4.60	济南	36.68	纬度+6	4.44
长春	43.90	纬度+1	4.75	郑州	34.72	纬度+7	4.04
呼和浩特	40.78	纬度+3	5.57	武汉	30.63	纬度+7	3.80
太原	37.78	纬度+5	4.83	广州	23.13	纬度−7	3.52
乌鲁木齐	43.78	纬度+12	4.60	长沙	28.20	纬度+6	3.21
西宁	36.75	纬度+1	5.45	香港	22.00	纬度−7	5.32
兰州	36.05	纬度+8	4.40	海口	20.03	纬度+12	3.84
西安	34.30	纬度+14	3.59	南宁	22.82	纬度+5	3.53
上海	31.17	纬度+3	3.80	成都	30.67	纬度+2	2.88
南京	32.00	纬度+5	3.94	贵阳	26.58	纬度+8	2.86
合肥	31.85	纬度+9	3.69	昆明	25.02	纬度−8	4.25
拉萨	29.70	纬度−8	6.70	银川	38.48	纬度+2	5.45

6. 可设置面积

设置太阳能电池阵列时，要根据设置的规模、构造、设施方式等决定可设置的面积。

可设置的面积受到条件的限制时,要考虑地点的形状、所需的发电容量以及周围的环境等,对太阳能电池阵列的配置进行设计,使太阳能光伏系统的输出功率最大。

7. 太阳能电池阵列的设计

(1) 太阳能电池组件的选定。

太阳能电池组件的选定一般应根据太阳能光伏系统的规模、用途、外观等而定。太阳能电池组件的种类较多,现在比较常用的是单晶硅、多晶硅以及非晶硅太阳能电池。

(2) 太阳能电池阵列容量的计算。

(3) 台架设计。台架设计时应考虑设置地点的状况、环境等因素,要考虑风压的作用力、固定的载荷、积雪的载荷以及地震载荷等。

8. 结构设计条件的选择

(1) 太阳能电池阵列用的支架。

① 支架的材质。支架的材质是根据环境条件和设计使用寿命决定的。阵列的支架结合安装场所设计制造的情况较多,但是,为控制所花的人工费,在可能的范围内仍采用制造厂的标准支架为好。最廉价的产品有考虑使用寿命的 SS400 型钢制热浸镀锌产品。

SUS316 不锈钢具有很强的耐腐蚀性,但很难得到且价格又高。因此,在国内,特别是在海上安装的场合,采用 SUS304 不锈钢材料的情况较多。也有使用铝合金制品的场合,这种产品价格高。应避免在品种选择和表面处理上存在问题,因为铝合金与铁相比化学活性高,易腐蚀,要特别考虑。

② 支架的强度。除雪特别大的地区外,支架强度也要能承受自重和风压相加的荷重。在房顶上安装的场合,支架的强度也要能承受自重和风压的最大荷重。

③ 支架的使用寿命。根据设定的使用寿命、维护保养等选择材料。以下是根据使用寿命不同采取的不同方法。

钢制＋表面涂漆(有颜色):5~10 年,再涂漆;

钢制＋热浸镀锌:20~30 年;

不锈钢:30 年以上。

(2) 组件的安装方向。

太阳能电池组件大部分是长方形形状。把组件的长边纵向安装的方式称为太阳能电池阵列纵置型;把组件的长边横向安装的方式称为横置型。

因为横置型阵列中组件的使用量比纵置型少一些,因此常常采用横置型。但是,横置型组件的铝框架和玻璃面的断层差比纵置型高两倍,因此它的自然降雨洗净效果较差。而且,在有积雪时,雪滑落效果也差。因此,尘埃、火山灰、漂浮的盐粒子等多的地区,以及积雪地区,常采用纵置型。

(3) 支架固定地基。

在地面上安装的场合,要调查地基的承受力。施工时,考虑到地震,采用混凝土底座基础或者其他稳固基础,使用较多的钢筋增加强度,但是避免过多地采用钢材,在保证足够强度的同时也要考虑经济性。

在房顶上安装的场合,根据防水层的情况,只要有条件,则采取混凝土埋入 L 型地角螺栓或者采用塑料螺栓固定支架。不能使用塑料螺栓的场合,则采用钢材或混凝土做成固定型基础。

9.2.2 太阳能光伏系统设计方法概要

由于太阳光能量变化的无规律性、负载功率的不确定性以及太阳能电池特性的不稳定性等因素的影响,因此,太阳能光伏系统的设计比较复杂。

太阳能光伏系统的设计方法一般可分为解析法和计算机仿真法两种。解析法是根据系统的数学模型,并使用设计图表等进行设计,得出所需的设计值的方法。解析法可分为参数分析法以及 LOLP(Loss of Load Probability)法。

参数分析法是一种将复杂的非线性太阳能光伏系统当作简单的线性系统处理的方法。设计时可从负载与太阳光的入射量着手进行设计,也可以从太阳能电池组件的设置可能面积着手进行设计。此方法不仅使用价值高,而且设计方法简单。

LOLP 法是一种用概率变量描述系统的方法。由于系统的状态变量、系数等变化无规律可寻,直接处理起来不太容易,采用 LOLP 法可以较好地解决此问题。

计算机仿真法则是利用计算机对日射、不同类型的负载以及系统的状态进行动态计算,实时模拟实际系统的状态的方法。由于此方法可以秒、时为单位对日量与负载进行一年的计算,因此,可以准确地反映日射量与负载之间的关系,设计的精确度较高。

上面列举了 3 种设计方法,一般用参数分析法和计算机仿真分析法,这里着重介绍利用参数分析法和计算机仿真分析法进行系统设计的方法。

1. 参数分析法

太阳能光伏系统设计时,一般采用根据负载消费量决定所需太阳能电池容量的方法。但是,太阳能电池在安装时,往往出现设置面积受到限制等问题,因此,应事先调查太阳能电池可设置的面积,然后计算出太阳能电池的容量,最后进行系统的整体设计。

1) 阵列容量的计算

用参数分析法对系统进行设计时,要对阵列容量进行计算。太阳能计算的简易公式如式(9-5)和式(9-6)所示。

$$太阳能电池组件功率 = \frac{用电器功率 \times 用电时间}{当地峰值日照时间} \times 损耗系数(1.6 \sim 2.0) \quad (9\text{-}5)$$

$$蓄电池容量 = \frac{用电器功率 \times 用电时间}{系统电压} \times 阴雨天数 \times 系统安全系数$$
$$\times 损耗系数(1.6 \sim 2.0) \quad (9\text{-}6)$$

但是,一般分两种情况进行计算:一种是负载已经决定时的情况;另一种是阵列面积已决定时的情况。下面对两种情况分别进行讨论。

① 负载已经决定时。

根据负载消费量决定所需太阳能电池容量时,一般使用如下公式进行计算:

$$P_{AS} = \frac{E_L DR}{(H_A/G_S)K} \quad (9\text{-}7)$$

式中,P_{AS}:标准状态时太阳能电池阵列的容量(kW);

标准状态：大气质量 AM1.5，日射强度为 $1000\mathrm{W/m^2}$，太阳能电池单元温度为 $25\ ℃$；

H_A：某期间得到的阵列表面的日射量 $(\mathrm{kW/(m^2 \cdot 期间)})$；

G_S：标准状态下的日射强度 $(\mathrm{kW/m^2})$；

E_L：某期间负载消费量（需要量）$(\mathrm{kW \cdot h/期间})$；

D：负载对太阳能光伏系统的依存率（$=1-$备用电源电能的依存率）；

R：设计余量系数，通常在 $1.1\sim1.2$ 的范围；

K：综合设计系数（包括太阳能电池组件输出波动的修正、电路损失、机器损失等）。

式（9-7）中的综合设计系数 K 包括直流修正系数 K_d、温度修正系数 K_t、逆变器转换效率 η 等。直流修正系数 K_d 用来修正太阳能电池表面的污垢，太阳日射强度的变化引起的损失，以及太阳能电池的特性变化等，K_d 值一般为 0.8 左右。温度修正系数 K_t 用来修正因日射引起的太阳能电池的升温、转换效率变化等，K_t 值一般为 0.85 左右。逆变器转换效率 η 是指逆变器将太阳能电池发出的直流电转换为交流电时的转换效率，通常为 $0.85\sim0.95$。

对于住宅用太阳能光伏系统而言，某期间负载消费量 E_L 可用两种方法加以概算：一种方法是根据使用的电气设备以及使用时间计算；另一种方法是根据电表的消费量进行推算。根据使用的电气设备以及使用时间计算负载的消费量时，一般采用如下公式：

$$E_L = \sum (E_1 T_1 + E_2 T_2 + \cdots + E_n T_n) \tag{9-8}$$

式中，消费量 E_L 一般以年为单位，即用 E_L 表示年间总消费量，并以 $(\mathrm{kW \cdot h/年})$ 为单位。$E_k (k=1,2,\cdots,n)$ 为各电气设备的消费电量。$T_k (k=1,2,\cdots,n)$ 为各电气设备的年使用时间。

某期间得到的阵列表面的日射量 H_A 与设置场所（如屋顶）、阵列的方向（方位角）以及倾斜角有关。当然，各月也不尽相同。太阳能电池阵列面向正南时日射量最大，太阳能电池阵列倾斜角与设置地点的纬度相同时，理论上的年间日射量最大。但实测结果表明，倾斜角略小于纬度时日射量较大。

② 阵列面积已经决定时。

设置太阳能光伏系统时，有时会受到设置场所的限制，即太阳能电池阵列的设置面积会受到限制。系统设计时需要根据设置面积算出太阳能电池的容量。如果已知设置地点的日射量 H_A，标准太阳能电池阵列的输出 P_{AS} 以及综合设计系数 K，则可根据式（9-9）计算出太阳能光伏系统的日发电量：

$$E_P = H_A K P_{AS} \tag{9-9}$$

标准状态下的太阳能电池阵列的转换效率可由式（9-10）表示：

$$\eta_S = \frac{P_{AS}}{G_S A} \times 100\% \tag{9-10}$$

式中，A 为太阳能电池阵列的面积。

太阳能电池单元、太阳能电池组件的转换效率可用式（9-10）计算，一般简单地称为转换效率，有时需要加以区别。这些转换效率之间的关系是：太阳能电池单元的转换效率＞太阳能电池组件的转换效率＞太阳能电池阵列的转换效率。

2）太阳能电池组件的总枚数

计算出必要的太阳能电池容量之后，下一步则需要决定太阳能电池组件的总枚数以及串联的枚数（一列的组件枚数）。组件的总枚数可以由必要的太阳能电池容量计算得到，串联枚数可以根据必要的电压算出。

太阳能电池组件的总枚数由式(9-11)计算：

$$组件的总枚数＝必要的太阳能电池容量/每枚组件的最大输出功率 \qquad (9-11)$$

太阳能电池组件的串联枚数由式(9-12)计算：

$$串联枚数＝必要的电压/每枚组件的最大输出电压 \qquad (9-12)$$

根据太阳能电池组件的总枚数以及串联组件的枚数可计算出太阳能电池组件的并联枚数：

$$并联枚数＝组件的总枚数/串联枚数 \qquad (9-13)$$

实际太阳能电池组件使用枚数可以由式(9-14)计算：

$$太阳能电池组件总枚数＝串联枚数×并联枚数 \qquad (9-14)$$

3）太阳能电池阵列的年发电量的估算

所设计的太阳能电池阵列的年发电量，可以由式(9-15)估算：

$$E_{\mathrm{P}} = \frac{H_{\mathrm{A}} K P_{\mathrm{AS}}}{G_{\mathrm{S}}} \qquad (9-15)$$

式中，E_{P}：年发电量$(\mathrm{kW \cdot h})$；

P_{AS}：标准状态时太阳能电池阵列的容量(kW)；

H_{A}：年阵列表面的日射量$(\mathrm{kW/(m^2 \cdot 年)})$；

G_{S}：标准状态下的日射强度$(\mathrm{kW/m^2})$；

K：综合设计系数。

4）蓄电池容量的计算

光伏系统设计时，根据负载的情况有时需要装蓄电池。蓄电池容量的选择要根据负载的情况、日射强度等进行。下面介绍负载较稳定的供电系统以及根据日射强度控制负载容量的系统的蓄电池容量的设计方法。

① 负载较稳定的供电系统。

负载的用电量不太集中时，可用式(9-16)确定蓄电池的容量：

$$B_{\mathrm{C}} = E_{\mathrm{L}} N_{\mathrm{d}} R_{\mathrm{b}} / (C_{\mathrm{bd}} U_{\mathrm{b}} \delta_{\mathrm{bv}}) \qquad (9-16)$$

式中，B_{C}：蓄电池容量$(\mathrm{kW \cdot h})$；

E_{L}：负载每日需要的电量$(\mathrm{kW \cdot h/d})$；

N_{d}：无日照连续日数(d)；

R_{b}：蓄电池的设计余量系数；

C_{bd}：容量递减系数；

U_{b}：蓄电池可利用放电范围；

δ_{bv}：蓄电池放电时的电压下降率。

以上的 C_{bd}、U_{b}、δ_{bv} 可以从蓄电池的技术资料中得到。

② 根据日射强度控制负载容量的系统。

无论是雨天,还是夜间,当需要向负载提供最低电力时,必须考虑无日照的连续期间向最低负载提供电力的蓄电池容量。在这种情况下,一般采用式(9-17)计算:

$$B_C = E_{LE} - P_{AS}(H_{A1}/G_S K)N_d R_b/(C_{bd} U_b \delta_{bv})$$ (9-17)

式中,E_{LE}:负载所需的最低电量(kW·h/d);

H_{A1}:无日照的连续日数期间所得到的平均阵列面日射量(kW·h/d)。

5)逆变器容量的计算

对于独立系统来说,逆变器容量一般用式(9-18)进行计算:

$$P_{in} = P_m R_e R_{in}$$ (9-18)

式中,P_{in}:逆变器容量(kV·A);

P_m:负荷的最大容量;

R_e:突变率;

R_{in}:设计余量系数(一般取 1.5~2.0)。

对于并网系统,逆变器在负载率较低的情况下工作时效率较低。另外,逆变器的容量较大时价格也高,应尽量避免使用大容量的逆变器。选择逆变器的容量时,应使其小于太阳能电池阵列的容量,即 $P_{in} = P_{AS} C_n$,这里的 C_n 为递减率,一般取 0.8~0.9。

2. 计算机仿真分析法

计算机仿真分析法主要用来对太阳能光伏系统进行最优设计以及确定运行模式。仿真时通常以一年为对象,利用日射量、温度、风速以及负载等数据进行计算,决定太阳能光伏系统的太阳能电池阵列容量、蓄电池容量、负载的非线性电压电流特性以及运行工作点等。

1)各部分的数学模型

① 太阳能电池阵列。

设 T 为在任意日射强度 S(W/m²)及任意环境温度 T_{air}(℃)下的太阳能电池温度,则有以下公式:

$$T = T_{air} + KS$$ (9-19)

式中,K 为光伏电池模块的温度系数(℃·m²/W)。

设在参考条件($S_{ref} = 1000$W/m², $T_{ref} = 25$ ℃)下, I_{sc} 为短路电流, U_{oc} 为开路电压, I_m、U_m 为最大功率点的电流和电压,则当光伏阵列电压为 U 时,其对应点电流为 I:

$$I = I_{sc}\left[1 - C_1\left(e^{\frac{U}{C_2 U_{oc}}} - 1\right)\right]$$ (9-20)

其中

$$C_1 = \left[1 - \left(\frac{I_m}{I_{sc}}\right)\right]e^{-\frac{U_m}{C_2 U_{oc}}}$$ (9-21)

$$C_2 = \frac{((U_m/U_{oc}) - 1)}{\ln(1 - (I_m/I_{SC}))}$$ (9-22)

考虑太阳辐射变化和温度影响时

$$I = I_{sc}\left[1 - C_1\left(e^{\frac{U-DV}{C_2 U_{OC}}} - 1\right)\right] + DI$$ (9-23)

其中，

$$DI = \alpha S/(S_{ref}DT) + [(S/S_{ref}) - 1]I_{sc} \qquad (9-24)$$

$$DV = -\beta DT - R_S DI \qquad (9-25)$$

式中，α 为在参考日照下，电流变化温度系数（A/℃）；β 为在参考日照下，电压变化温度系数（V/℃）；R_S 为光伏阵列模块的内阻，DI 为电流变化量，DT 为温度变化量。

② 铅蓄电池。

太阳能光伏系统中常用铅蓄电池存储电能。这里以铅蓄电池为例，说明其数学模型。铅蓄电池输出电压的表达式如下：

$$V_b = E_b - I_b R_{sb} \qquad (9-26)$$

式中，V_b：铅蓄电池单元的端电压；

$\quad E_b$：铅蓄电池单元的电压；

$\quad I_b$：铅蓄电池单元的充放电电流；

$\quad R_{sb}$：铅蓄电池单元的内阻。

一般由 N_{bs} 个蓄电池串联，N_{bp} 个蓄电池并联构成铅蓄电池系统。因此，蓄电池的端子电压为 $V_B = V_b N_{bs}$，端子电流为 $I_B = I_b N_{bp}$，所使用的蓄电池的数量可由 N_{bs} 与 N_{bp} 的乘积得到。

③ 逆变器。

逆变器的数学模型需要考虑无负载损失、输入电流损失以及输出电流损失等因素，其数学表达式如下：

$$I_o = P_i \eta/(V_o \varphi) \qquad (9-27)$$

$$P_o = P_i - L_o - R_i I_i^2 - R_o I_o^2 \qquad (9-28)$$

$$I_i = P_i/V_i \qquad (9-29)$$

$$\eta = P_o/P_i \qquad (9-30)$$

$$P_o = V_o I_o \qquad (9-31)$$

式中，V_i 为逆变器的输入电压；I_i 为逆变器的输入电流；P_i 为逆变器的输入功率；V_o 为逆变器的输出电压；I_o 为逆变器的输出电流；P_o 为逆变器的输出功率；φ 为功率因素；η 为逆变器效率；L_o 为逆变器无负载损失；R_i 为逆变器等价输入电阻；R_o 为逆变器等价输出电阻。

无负载损失与负载无关，为一常数。电流损失一般可分为输入侧与输出侧加以考虑。另外，如果逆变器具有最大输出跟踪控制功能时，逆变器的输入电压与阵列的最大输出点的动作电压一致，因此逆变器可以在保持最大输出点的状态下工作。此时，逆变器的输入电流与阵列的最大输出点的动作电流一致。

实际上，逆变器由于受跟踪响应与日射变动等因素影响，对最佳工作点的跟踪并非理想，一般会偏离最大功率点。因此，计算机仿真时以秒为单位进行仿真，可使计算结果更加精确。

2）计算机仿真用标准气象数据

计算机仿真时需要使用太阳能光伏系统设置地点的标准气象数据，如户外温度、直达日射量、风向、风速、云量等。根据负载的要求、标准气象数据以及阵列的面积可以算出阵列的输出、蓄电池容量、逆变器的大小等。

9.2.3　太阳能光伏系统成本核算

太阳能光伏系统的费用一般可分为设置费和年经费。设置费包括系统设备费用、安装施工以及土地使用费用,系统设备费用中逆变器以及系统并网保护装置的费用约占一半。太阳能光伏系统的年经费(年直接费用)包含人工费、维护检查费等。住宅用太阳能光伏系统的年经费非常低。

太阳能光伏系统的成本一般用发电成本评价,用式(9-32)计算:

$$发电成本＝年经费/年发电量 \tag{9-32}$$

年发电量可以由式(9-33)估算:

$$E_P = \frac{H_A K P_{AS}}{G_S} \tag{9-33}$$

式中,E_P:年发电量(kW·h);

$\quad P_{AS}$:标准状态时太阳能电池阵列的容量(kW);

$\quad H_A$:年平均阵列表面的日射量[千瓦时/(m²·年)];

$\quad G_S$:标准状态下的日射强度(kW/m²);

$\quad K$:综合设计系数。

火力发电、核电等的发电成本一般根据电力公司的年经费(人事费、燃料费以及其他费用)计算,但太阳能光伏系统则采用式(9-34)计算:

$$发电成本(元/千瓦时)＝(设置费用/使用年数)＋年直接费用/年发电量 \tag{9-34}$$

与其他的发电方式(如火力发电、核电等)比较,太阳能光伏系统的发电成本较高。但随着太阳能光伏系统的大量应用与普及,将来会与现在的发电方式成本接近或基本相同。

9.2.4　住宅用太阳能光伏系统简单设计

这里用参数分析法,以住宅型屋顶设置的太阳能光伏系统为例,介绍在给定条件下太阳能电池阵列的设计方法,计算必要的太阳能电池容量、阵列的枚数、串、并联数,并对系统的年发电量进行估算。

1. 设计步骤

这里以住宅用太阳能光伏系统为例说明设计步骤,假设住宅用太阳能光伏系统为有逆潮流的并网系统,则设计步骤如下:

① 房屋调查,包括结构形状、方位、周围的状况等;

② 太阳能电池设置场所的选定(如强度、面积等);

③ 确定功率调节器输出电压;

④ 太阳能电池组件的串联数的确定;

⑤ 各纵列组件面积的计算;

⑥ 设置面积的计算;

⑦ 最终方案的设计;

⑧ 并联组数的确定。

2. 设计条件

① 屋顶面积为 40m²，年间不受阴影遮盖；

② 实地调查结果，设置面积为 36m²；

③ 房顶正南向，倾斜角为 30°；

④ 家庭内的年总消费量为 3000kW·h；

⑤ 设置场所的年平均日射量为 3.92kW·h/m²；

⑥ 太阳能电池组件：100W、35V、985mm×885mm；

⑦ 功率调节器的输入电压 220V DC。

3. 太阳能电池阵列的设计

1）必要的太阳能电池容量

这里假定家庭内的全部消费电力由太阳能光伏系统提供。因此，负载对太阳能光伏系统的依存率为 100%，设计余量系数 R 取 1.1，综合设计系数取 0.77，满足年消费量时的必要的太阳能电池容量公式如下：

$$P_{AS} = \frac{E_L D R}{(H_A/G_S)K} = \frac{3000/365 \times 1.0 \times 1.1}{(3.92/1.0) \times 0.77} = 2.995(\text{kW})$$

2）太阳能电池组件的必要枚数

太阳能电池必要枚数＝2.995kW/100W＝29.95 枚，取 30 枚。

3）太阳能电池组件的串联枚数

由于功率调节器的输入电压为 220V DC，一枚太阳能电池的输出电压为 35V，所以串联枚数为 220V/35V＝6.29 枚。因此，6 枚串联的太阳能电池组件构成一组，此组的输出为 600(100W×6 枚)，电压为 210V(35V×6 枚)，面积约为 6m²。

4）并联组数

由于设置面积为 36m²，一组太阳能电池所占面积为 6m²，所以并联组数为

$$36/6 = 6(\text{组})$$

即可配 6 组。将各组并联起来便可构成阵列，因此，设置可能的太阳能电池阵列的容量为

$$600W \times 6 = 3600W$$

因此，此户可设置 3.6kW 的太阳能光伏系统。

最后，考虑屋顶的形状、阴影、维护等，对太阳能电池组件进行布置设计，以确保 3kW 级的太阳能电池阵列设置无误，至此，太阳能光伏系统的设计结束。

系统设计完后，所设计的太阳能电池阵列到底能产生多大的年发电量，还必须对此系统的年发电量进行估算，可由下式估算：

$$E_P = \frac{H_A K P_{AS}}{G_S} = (3.92 \times 365 \times 0.77 \times 3.6)/1 = 3966.2(\text{kW} \cdot \text{h})$$

一年的发电量为 3966.2kW·h，能满足年 3000kW·h 的需要。值得指出的是，住宅并网型太阳能光伏系统设计时，用参数分析法设计一般比较粗略，而采用计算机仿真法，使用日射量、温度、风速以及负载等数据进行实时计算，得出的结果比较精确。

9.2.5　10kW 太阳能并网发电系统设计概要

对 10kW 太阳能并网发电系统进行研究和设计,整个设计包括电池组件及其支架、逆变器、配电室、系统的防雷保护等各个部分的设计,并且对系统的安装、调试、验收进行具体安排。

1. 并网发电系统的组成

并网发电系统主要由太阳能电池组件和直流/交流逆变器两部分组成。

1) 太阳能电池组件

一个太阳能电池只能产生大约 0.5V 的电压,远低于实际使用所需电压。为了满足实际应用的需要,需要把太阳能电池连接成组件。太阳能电池组件包含一定数量的太阳能电池,这些太阳能电池通过导线连接。例如一个组件上,太阳能电池的数量是 36 片,这意味着一个太阳能组件大约能产生 17V 的电压。

通过导线连接的太阳能电池密封成的物理单元被称为太阳能电池组件,具有一定的防腐、防风、防雹、防雨的能力,广泛应用于各个领域和系统。当应用领域需要较高的电压和电流而单个组件不能满足要求时,可把多个组件组成太阳能电池方阵,以获得所需要的电压和电流。

2) 直流-交流逆变器

直流-交流逆变器是将直流电变换成交流电的设备。由于太阳能电池发出的是直流电,而一般的负载是交流负载,所以逆变器是不可缺少的。逆变器按运行方式,可分为独立运行逆变器和并网逆变器。独立运行逆变器用于独立运行的太阳能电池发电系统,为独立负载供电。并网逆变器用于并网运行的太阳能电池发电系统将发出的电能馈入电网。逆变器按输出波形又可分为方波逆变器和正弦波逆变器。

2. 10kW 太阳能并网发电系统的设计过程

1) 设计总则

(1) 太阳能并网发电系统在原有的线路基础上增加,采取尽量不改造原有回路的原则。因此,将光伏系统的并网点选择在并网点的低压配电柜上。

(2) 考虑到并网系统在安装及使用过程中的安全及可靠性,在并网逆变器直流输入端加装直流配电接线箱。

(3) 并网逆变器采用三相四线制的输出方式。

2) 电池组件及方阵支架的设计

(1) 电池组件。

选用型号为 120(34)P1447×663,主要参数为:输出峰值功率 120W、峰值电压 17V、峰值电流 7.05A、开路电压 22V、短路电流 7.5A。

太阳能电池由 18 块串联成 1 路,共 5 路,需要 120W 规格组件 90 块方阵,总功率为 $120×18×15=32\,400$W。

太阳能电池方阵的主要技术参数为:

① 工作电压 306V,开路电压 396V;

工作电流35A,短路电流37.5A;

转换效率大于14%;

② 工作温度为-40~90 ℃。

太阳能电池方阵的主要特点如下:

① 采用高效率晶体硅太阳能电池片,转换效率≥14%;

② 使用寿命大于或等于25年,衰减小;

③ 采用无螺钉紧固铝合金边框,便于安装,抗机械强度高;

④ 采用高透光率钢化玻璃封装,透光率和机械强度高;

采用密封防水的多功能接线盒。

(2)方阵支架及光电场设计。

太阳能电池支架采用混凝土标桩、槽钢底框、角钢支架,支架倾角为30°。

3)并网逆变器

并网逆变器采用最大功率跟踪技术,最大限度地把太阳能电池板转换的电能送入电网。逆变器自带的显示单元可显示太阳能电池方阵的电压、电流,逆变器输出的电压、电流、功率、累计发电量、运行状态、异常报警等各项电气参数,同时具有标准电气通信接口,可实现远程监控。并网逆变器具有可靠性高、多种并网保护功能(如孤岛效应等)、多种运行模式、对电网无谐波污染等特点。

根据以上要求,选用德国进口 Line Back $\sum$ 10kW 并网逆变器。本逆变器的特征如下:

(1)无变压器,实现了小型轻量化。

(2)功能模块化,可根据需要制定出合理的安装模块。

(3)有自立运行功能。停电时自动进行自立运行,向负荷供电。

(4)自立运行或者并网运行时有相同容量的功率。

(5)显示单元可显示输出功率、累计电量、运行状态及异常等内容。

(6)带有通信功能,使用标准计量软件,可由 PC 计量其电流、电压等值。

(7)可全自动运行。

(8)主要技术参数为

额定容量:10kV·A;

直流额定电压:300V;

直流额定电流:37A;

直流电压输入范围:160~480V;

交流输出功率因数:0.99,频率50Hz,三相 AC 220V;

输出电流失真度 THD:THD<5%,各次 THD<3%;

逆变器效率>90%。

4)配电室设计

由于并网发电系统没有蓄电池及太阳能充放电控制器及交直流配电系统,因此,如果条件允许,可以将并网发电系统逆变器放在并网点的低压配电室内,否则只单独建一座4~6m² 的低压配电室就可以了。

5) 并网发电系统的防雷

为了保证系统在雷雨等恶劣天气下能够安全运行,要对这套系统采取防雷措施。主要有以下几个方面:

(1) 地线是避雷、防雷的关键,在进行配电室基础建设和太阳能电池方阵基础建设的同时,选择光电厂附近土层较厚、潮湿的地点,挖一2m深地线坑,采用40扁钢,添加降阻剂并引出地线,引出线采用35mm²铜芯电缆,接地电阻应小于4Ω。

(2) 在配电室附近建一避雷针,高15m,并单独做一地线,方法同上。

(3) 太阳能电池方阵电缆进入配电室的电压为DC 220V,采用PVC管地埋,加防雷器保护。此外,电池板方阵的支架应保证良好的接地。

(4) 并网逆变器交流输出线采用防雷箱一级保护(并网逆变器内有交流输出防雷器)。

6) 系统建设及施工

项目的施工包括:配电室及太阳能电池支架的基础制作、配电室、太阳能电池支架制作安装、太阳能电池方阵的安装、电气设备的安装调试、系统的并网运行调试。

施工顺序:

基础及配电室土建施工→太阳能电池支架制作安装→太阳能电池方阵安装调试→电气仪表设备安装调试→并网运行调试→试运行→竣工验收。

施工准备:

(1) 技术准备。

技术准备是决定施工质量的关键因素,它主要进行以下几方面的工作:

① 先对实地进行勘测和调查,获得当地有关数据并对资料进行分析汇总,做出切合实际的工程设计。

② 准备好施工中所需规范、作业指导书、施工图册有关资料及施工所需各种记录表格。

③ 组织施工队熟悉图纸和规范,做好图纸初审记录。

④ 技术人员对图纸进行会审,并将会审中的问题做好记录。

⑤ 会同建设单位和设计部门对图纸进行技术交底,将发现的问题提交设计部门和建设方,并由设计部门和建设方做出解决方案(书面)并做好记录。

确定和编制切实可行的施工方案和技术措施,编制施工进度表。

(2) 现场准备。

① 物资的存放:准备一座临时仓库,主要存储并网发电系统的逆变器、太阳能电池、太阳能电池支架、线缆及其他辅助性的材料。

② 物资准备:施工前对太阳能电池组件、方阵支架、并网逆变器等设备进行检查验收,准备好安装设施及使用的各种施工所需的主要原材料和其他辅助性的材料。

7) 设备安装部分

(1) 太阳能电池组件安装和检验。

预埋太阳能电池阵列架基柱,检查其横列水平度,符合标准后再进行铁架组装。检测单块电池板的电流、电压,合格后进行太阳能电池组件的安装。最后检查接地线、铁架紧固件是否紧固,太阳能电池组件的接插头是否接触可靠,接线盒、接插头须进行防水处理。检测太阳能电池组件阵列的空载电压是否正常,此项工作应由组件提供商技术人员完成。

(2)总体控制部分安装。

参照产品说明书的要求,对并网逆变器、太阳能电池组件、交流电网的低压配电室按相应顺序连接,观察并网逆变器的各项运行参数,并做好相应记录,将实际运行参数和标称参数做比较,分析其差距,为以后的调试做准备。

8)检查和调试

(1)根据现场考察的要求,检查施工方案是否合理,能否全面满足要求。

(2)根据设计要求、供货清单,检查配套元件、器材、仪表和设备是否按照要求配齐,供货质量是否符合要求。对一些工程所需的关键设备和材料,可视具体情况按照相关技术规范和标准在设备和材料制造厂或交货地点进行抽样检查。

(3)现场检查验收:检查太阳能电池组件方阵水泥基础、配电室施工质量是否符合要求,并做记录。此项工作应由组件提供商技术人员完成。

(4)调试是按设备规格对已完成安装的设备在各种工作模式下进行试验和参数调节。系统调试按设备技术手册中的规定和相关安全规范进行,完成后须达到或超过设备规格包含的性能指标。如在调试中发现实际性能和手册中的参数不符,设备供应商须采取措施进行纠正,达标后才具备验收条件。

9)并网电站建设流程图

并网电站建设流程如图9.2所示。

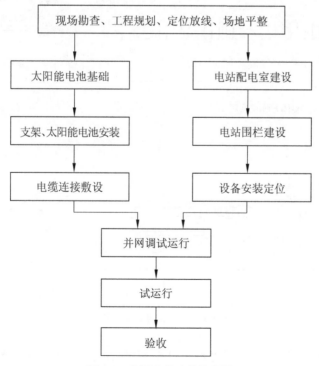

图 9.2 并网电站建设流程图

10）并网发电系统配置表

10kW 并网发电系统配置见表 9.2。

表 9.2　10kW 并网发电系统配置表

序　号	名　　　称	规格	单位	数量	备　　　注
1	太阳能电池组件	120W	块	90	
2	支架线缆		套	5	
3	并网逆变器	10kW	台	1	并网型三相四线
4	接线箱		台	1	
5	避雷器及接地设备		套	1	避雷针高要求 15m
6	配电室		平方米	4～6	如有配电室,则不考虑

11）10kW 并网发电系统光电场配套图纸

配套图纸包括(见图 9.3)：整体方阵正视图、单体侧视图、方阵正视图、方阵侧视图。需要说明的是,光电场详细设计方案将在实地考察后具体设计。

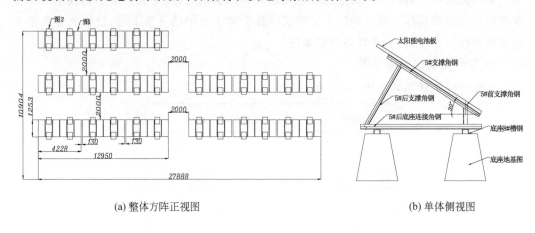

(a) 整体方阵正视图　　　　　　　　　　　　　　　(b) 单体侧视图

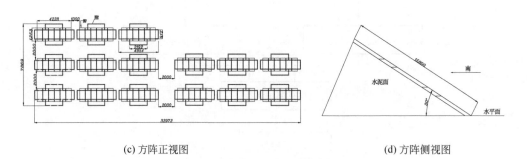

(c) 方阵正视图　　　　　　　　　　　　　　　(d) 方阵侧视图

图 9.3　光伏发电场配套图纸

这套系统具有转换效率高、供电稳定可靠、安装方便、无须维护等特点。作为常规电的一种补充和替代,太阳能并网发电是太阳能电源的发展方向,是最具吸引力的能源利用技术,这种环保的新能源会得到越来越广泛的应用。

9.3 激光干涉测位移系统设计

位移量包括直线位移和角位移两个量,是几何量的基本参量。正因为它是各种计量和检测中的基本量,所以位移量检测技术得到人们的重视。将物体位移量变换成光电信号,以便进行非接触测量,是工业生产和计量生产中的重要工作。目前,位移量检测的方法大多采用模—数转换法,按转换原理分,有磁电式(如磁栅传感器)、电磁式(如感应同步传感器)和光电式(如光栅传感器、干涉、衍射、光三角)等。它们都是通过传感器将位移量转换成脉冲数字量,然后进行信号处理。其电路处理部分基本相同,所不同的是传感器的结构和原理不同。模—数转换法各有特点,但从稳定性、可靠性和准确度等方面看,光电式优点较多。常见的测位移方法有激光干涉测位移和莫尔条纹测位移,本节重点介绍激光干涉测位移的工作原理及单频、双频激光干涉仪的测量原理。

9.3.1 激光干涉原理

1960 年,激光器出现以后,由于它具有良好的单色性、空间相干性、方向性和亮度高等特点,很快就成为精密测量的理想光源。

要清楚光的干涉原理,首先介绍两光波相干需要满足的条件:

① 振动方向相同,即振幅 E 矢量平行。

② 频率相同。

③ 位移相同或初相位差恒定。

两光波相干后,在初相位相同时,干涉场的合成光强可用式(9-35)表示:

$$I = I_1 + I_2 + 2\sqrt{I_1 I_2}\cos\frac{2\pi\Delta}{\lambda} \tag{9-35}$$

式中,I_1 和 I_2 分别为两相干光的光强;λ 为光波长;Δ 为光程差。

从式(9-35)可以看出,反映干涉效应的一项为 $2\sqrt{I_1 I_2}\cos\frac{2\pi\Delta}{\lambda}$,此项可表明,干涉场中任意点的光强与两相干光的光程差 Δ 有关,随着 Δ 值的改变而改变,且可正可负。那么,干涉光在什么情况下加强,在什么情况下减弱?下面分别讨论。

① 干涉光的光强值最大时满足的条件为 $\cos\frac{2\pi\Delta}{\lambda}=1$,此时相位值为 $\frac{2\pi\Delta}{\lambda}=0$, $\pm 2\pi$, $\pm 4\pi$, $\pm 6\pi$, …,对应的光程差 $\Delta=0$, $\pm\lambda$, $\pm 2\lambda$, $\pm 3\lambda$, …,即 $\Delta=\pm K\lambda(K=0,1,2,3,\cdots)$。

其干涉光强为

$$I_{\max} = I_1 + I_2 + 2\sqrt{I_1 I_2} = (\sqrt{I_1} + \sqrt{I_2})^2 \tag{9-36}$$

当光程差是波长的整数倍时,光被加强,干涉最大,观察到的是亮条纹。

② 干涉光的光强最小值条件是 $\cos\frac{2\pi\Delta}{\lambda}=-1$,此时位相值 $\frac{2\pi\Delta}{\lambda}=0$, $\pm\pi$, $\pm 3\pi$,

$\pm 5\pi$，…，对应的光程差为 $\Delta = 0, \pm \dfrac{\lambda}{2}, \pm \dfrac{3\lambda}{2}, \pm \dfrac{5\lambda}{2}, \cdots$，即 $\Delta = \pm(2K+1)\dfrac{\lambda}{2}$（$K = 0, 1,$
$2, 3, \cdots$），其干涉光强为

$$I_{\min} = I_1 + I_2 - 2\sqrt{I_1 I_2} = (\sqrt{I_1} - \sqrt{I_2})^2 \tag{9-37}$$

观察到的是暗条纹。可以说，光强最大时，改变光程差为波长的一半时光被减弱到最小。

从上面的分析可知，两个相干光的光程差连续不断地改变时，其干涉光的光强也随着产生连续不断的强弱变化，这种强弱的光强变化就是观察到的干涉条纹。干涉条纹的数目与光程差成正比，即

$$\Delta = n\lambda \tag{9-38}$$

式中，n 为干涉条纹数目。

干涉场中的光强变化近似为正弦波，在两相干光的光强相等（即 $I_1 = I_2$）时，干涉光强与光程差的关系如图 9.4 所示，此时可将式（9-35）改写成

$$I = I_0 + I_0 K \cos \dfrac{2\pi\Delta}{\lambda} \tag{9-39}$$

式中，I_0 为平均光强；K 为干涉条纹对比系数（对比度）。

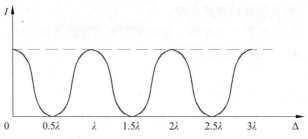

图 9.4　干涉光强与光程差的关系

干涉条纹的检测：首先通过光电变换器变为电信号，然后经放大、整形后输入计数器。从光电变换的角度来说，希望亮、暗条纹的光强变化越大越好，即亮纹越亮，暗纹越暗，干涉条纹越清晰。衡量条纹清晰程度的参量称作对比度（或称反衬度），对比度 K 可表示为

$$K = \dfrac{I_{\max} - I_{\min}}{I_{\max} + I_{\min}} = \dfrac{2\sqrt{I_1 I_2}}{I_1 + I_2} \tag{9-40}$$

从式（9-40）可知，当 $I_1 = I_2 = I$ 时，$K = 1$，对比度最好，此时 $I_{\max} = 4I$，$I_{\min} = 0$。

良好的条纹对比度，对光电变换和前置放大有利，可获得的有用电信号最强，直流零漂不敏感，有助于抗干扰等。下面分析一下影响对比度的因素。

（1）相干光的强度　前面已经讲到，当 $I_1 = I_2$ 时，对比度 $K = 1$，对比度最好，为全对比度。若 I_1 和 I_2 不等，而且差值越大，对比度越差，所以在干涉仪中尽量调整两束光强相等。

（2）光斑尺寸　在讨论两束光相干时，总认为是理想的点光源发出两束光进行相干，但实际的光源不是点光源，总有一定宽度（光斑尺寸）。这样的光源可以看成是由许多不相

干的点光源组成的,每个点光源都产生一组干涉条纹,因此可产生许多组干涉条纹,而每组干涉条纹又都错开一定位置,这些干涉条纹组进行非相干叠加,叠加结果使条纹模糊起来,对比度变坏。

(3) 光源为非单色光在讨论相干光时,指的是单色光,实际上一般光源发射的光波不是单一波长,而是几个波长或是一个连续的波段。因为一种光波产生一组干涉条纹,几种光波产生几组干涉条纹。所以,干涉场中的实际情况是这些组干涉条纹叠加的结果,显然比单一光波的干涉效果差,不仅影响干涉条纹的对比度,而且限制了最大相干长度。相干长度的计算公式如下:

$$l_{max} = \frac{c}{n\Delta v} \tag{9-41}$$

式中,c 为光在真空中的速度;n 为介质折射率;Δv 为谱线宽度。

例如,He-Ne 激光器的谱线宽度为 10^3 Hz,其在大气中相应的相干长度为 $L_{max} \approx$ 300km,而采用 Kr^{86}(氪)光谱灯时,最大的相干长度也不超过 500mm。目前,用激光作光源,在大气中 200m 距离内能清楚看到稳定的干涉条纹,直接测量范围可达 60m 以上。采用激光作为干涉仪光源,解决了大量程精密测量的实际问题。

(4) 偏振光的变化。偏振光的变化对对比度的影响比较复杂,光经过反射后,反射光的线偏振方向就要改变,由于偏振方向和大小不同,因此破坏了相干条纹,轻者降低了条纹的对比度,重者使条纹变得模糊,不易看清。

从上面的分析中得出,激光是比较理想的干涉仪光源,由于激光强度大,条纹对比度好,抗干扰性能强,可以使计数频率达 10MHz,并且可以提高测量的可靠性,因此,激光干涉仪的研究和生产得到世界各国的重视。应用激光干涉原理,不仅研制出了激光干涉测量仪、激光干涉比长仪,而且研制出了平面和球面干涉仪、振动测量仪以及其他的测量仪器。由于干涉条纹容易实现数字化,所以在现代化工业生产中得到广泛的应用。

9.3.2　激光干涉仪

激光干涉仪可分为单频激光干涉仪和双频激光干涉仪。单频激光干涉仪可以分为单频单路结构和单频双路结构。单频激光干涉仪的激光光源为单一频率的光,即单色光。如用 He-Ne 气体激光器作为光源,其激光波长为 632.8nm。单频激光干涉仪的光路结构又可分为单路和双路两种。这里指的单路是光路所通过的光束,是单一的一束光,往返光束不重合,而双路是光路所通过的光束,是往返两束光,即一束光往返光路重合。

图 9.5 所示为单频单路干涉仪的原理结构图。具有稳频的 He-Ne 激光器发出的一束激光射到半透半反射镜 M_1 后,激光被分成两束光:一束为参考光束;另一束为测量光束。两束光分别由全反射镜(角锥棱镜)M_2 和 M_3 返回到 M_1 汇合产生干涉条纹,干涉条纹由光电接收器接收并给予计数,用数字显示出被测位移量。全反射镜 M_2 是固定的,全反射镜 M_3 是可移动的,装在可动测量头上,全反射镜 M_3 的移动量就是被测长度。参考光束和测量光束所走过的光程是不同的,当光程差是波长的整数倍时,两束光相位相同,干涉极大,光强加强,在 M_1 上出现亮点,光电接收器就收到一个亮信号;如果光程差比波长的整数倍还多半个波长时,两束光相位相反,互相抵消,光强变暗,在 M_1 上出现暗点,光

电接收器收到暗信号。这样,当可动反射镜 M_3 沿着测量光束的轴线移动时,就出现亮暗交替的干涉条纹,其光强变化可以近似为正弦波。

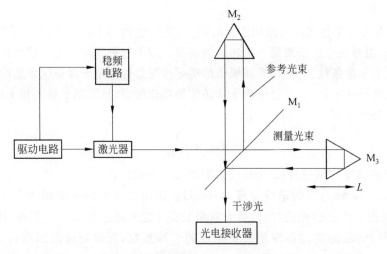

图 9.5 单频激光单路干涉仪原理

被测长度是用激光波长作为一把尺子进行度量,度量的多少是通过干涉条纹的变化次数反映出来的。因为测量光束是往返两次,所以光程差 Δ 是可动反射镜 M_3 的位移量 L 的 2 倍,即 $\Delta=2L$,而光程差 $\Delta=n\lambda$,因此被测长度

$$L = n\frac{\lambda}{2} = qn \tag{9-42}$$

式中,q 为量化单位,$q=\lambda/2$。

干涉场的光强可由式(9-43)表示:

$$I = I_0 + I_m \cos\left(2\pi\frac{L}{\lambda/2}\right) \tag{9-43}$$

从式(9-42)和式(9-43)可以看出,当测量头移动 $\lambda/2$ 时,光电接收器就接收一个光电信号(亮条纹)。所以,只要记录下干涉条纹变化次数 n,就可测出测量头移动的距离。

下面介绍图 9.6 所示的双路结构。双路的特点是两束相干光往返光路重合。所以,参考光束的反射镜 M_2 可为平面反射镜,而测量光束多了一个平面反射镜 M_4。有的结构将 M_4 和 M_3 一起固定在可动测量头上,则测量长度的表示式同单路结构,即 $L=n\lambda/2$。若 M_4 固定在测量头上,因为测量光路的光束往返 4 次,所以光程差 Δ 是测量头位移量的 4 倍,即 $\Delta=4L$,那么测量长度表示为

$$L = n\frac{\lambda}{4} = qn \tag{9-44}$$

显然,采用此结构的分辨率(量化单位 $q=\lambda/4$)比上述结构提高了一倍。

双频激光干涉仪是在单频激光干涉仪基础上发展的一种外差式干涉仪。双频激光干涉仪的原理是建立在塞曼效应、牵引效应和多普勒效应基础之上的。被测信号载波在一个固定的频差上,整个系统为交流系统,抗干扰能力提高,特别适合在现场条件下使用。双频激光干涉仪将激光器放在轴向直流磁场中,由于直流磁场的作用,引起激光器增益介

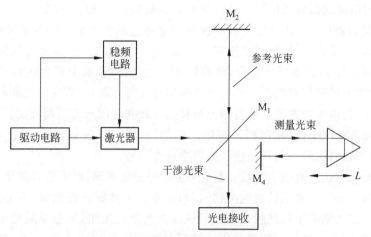

图 9.6 单频激光双路干涉仪原理

质谱线发生塞曼效应,把原来的光谱线分成两个相反方向的圆偏振光,即左、右旋偏振光,且这两束光的频差不大,由于激光具有良好的空间和时间相干性,因此上述两束光虽然有小的频差,但相遇时仍能发生干涉。

双频激光干涉仪原理如图 9.7 所示。在全内腔 He-Ne 激光器上加约 0.03T 的轴向磁场,由于塞曼效应和牵引效应,发出一束含有两个不同频率的左旋和右旋圆偏振光,它们的频率差大约是 1.5MHz。这束光经 1/4 波片之后成为两个互相垂直的线偏振光,经准直和扩束后,从平行光管出来的这束光经过析光镜反射出一小部分作为参考光束通过 45°放置的检偏器,并由马吕斯定律可知,两个垂直方向的线偏振光在 45°方向上投影,形成新的线偏振光并产生拍频。这个拍频频率恰好等于激光器发出的两个光频的差值,即 $(f_1 - f_2)$,约为 1.5MHz。经光电元件接收进入前置放大器和计算机。另一部分透过析

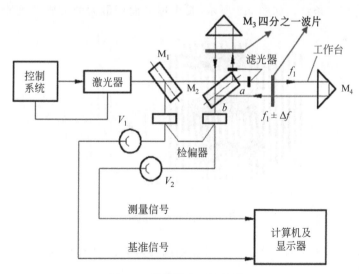

图 9.7 双频激光干涉仪原理

光镜沿原方向射向偏振分光棱镜。互相垂直的线偏振光 f_1 和 f_2 被分开。f_2 射向参考立体直角锥棱镜后返回，f_1 透过偏振分光棱镜到立体直角锥棱镜——测量棱镜，这时如果它以速度 v 运动，那么 f_1 的返回光便有了变化，成为($f_1 \pm \Delta f$)。这束光返回后重新通过偏振分光棱镜并与 f_2 的返回光会合，然后到 45°放置的检偏器上产生拍频被光电元件接收，进入前置放大器和计算机。计算机对两路信号进行比较，计算它们之间的差值 $\pm \Delta f$，即多普勒频差，进而可以根据立体直角棱镜移动度数和时间求得被测长度。

双频激光干涉仪中，双频起到了调频的作用，被测信号只是叠加在这一调频副载波上，这副载波与被测信号一起均被接收并转换成电信号。

双频激光干涉仪具有以下优点：①整个系统是交流系统，而不是直流系统，可以从根本上解决影响干涉仪可靠性的直流漂移问题；②双频干涉仪抗振性强，不需预热，不怕空气湍流干扰。空气湍流干扰使激光光束偏移或使其波前扭曲，是造成激光干涉仪性能不稳的普遍原因。目前，采用双频激光干涉仪可使测量速度达到 300mm/s，最大量程可达 60m 以上。

9.4　莫尔条纹测位移系统的设计

莫尔条纹测位移是实现高精度位移检测的一种常见的方法。莫尔条纹是 18 世纪法国研究人员莫尔先生首先发现的一种光学现象。从技术角度上讲，莫尔条纹是两条线或两个物体之间以恒定的角度和频率发生干涉的视觉结果。当人眼无法分辨这两条线或两个物体时，只能看到干涉的花纹，这种光学现象中的花纹就是莫尔条纹。

9.4.1　莫尔条纹测位移原理

两块光栅以微小角度 θ 重叠时，在与光栅大致垂直的方向上将看到明暗相间的粗条纹，通常称之为莫尔条纹。如图 9.8 所示，其中透光面积最大的形成条纹的亮带，光线被

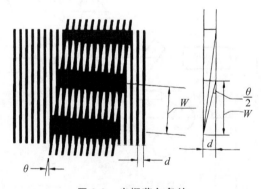

图 9.8　光栅莫尔条纹

暗条遮挡，透光面积最小的形成暗带。设光栅的节距为 d，则条纹的间隔为

$$W = \frac{d}{\sin(\theta/2)} \tag{9-45}$$

一般 θ 很小，式(9-45)可简化为

$$W \approx \frac{d}{\theta} \qquad (9-46)$$

从条纹的形状可以看出，莫尔条纹位置在两光栅刻线夹角 θ 的补角平分线上，当两光栅相对移动时，莫尔条纹就在移动垂直方向上（即 θ 的补角平分线上）移动，光栅每移动一个栅距 d，莫尔条纹就移动一个间隔（即一个条纹）。因此，只要记录测量条纹移过的个数 n，便可计算出光栅的位移量 L。

$$L = nq \qquad (9-47)$$

其中，q 为量化单位，用于度量每个条纹的长度。

莫尔条纹具有以下特征：

① 莫尔条纹的变化规律：两片光栅相对移过一个栅距，莫尔条纹移过一个条纹距离。由于光的衍射与干涉作用，莫尔条纹的变化规律近似正（余）弦函数，变化周期数与光栅相对位移的栅距数同步。

② 放大作用。在两光栅栅线夹角较小的情况下，莫尔条纹宽度 W 和光栅距 d、栅线角 θ 之间有下列关系：$W \approx d/\theta$。若 $d = 0.01\text{mm}$，$\theta = 0.01\text{rad}$，则可得 $W = 1$，即光栅放大了 100 倍。

③ 均化误差作用。莫尔条纹由若干光栅条纹共用形成，例如每毫米 100 线的光栅，10mm 宽度的莫尔条纹就有 1000 条线纹，这样栅距之间的相邻误差就被平均化了，消除了由于栅距不均匀、断裂等造成的误差。

光栅位移传感器是用光栅产生的莫尔条纹实现位移量变成光学条纹信号。光栅位移传感器中的计量光栅又分长光栅和圆光栅两种，长光栅用于长度计量和控制，圆光栅用于角度计量和控制，用光栅产生的莫尔条纹将位移量变为光学条纹信号进行测量。光栅位移传感器可与数字计算机相连，实现数字控制和数字测量技术，现已广泛用在测长、测角和各类自动智能系统中。

9.4.2　光栅位移传感器

1. 光栅位移传感器（光栅尺）的结构

光栅位移传感器光电读数头的结构如图 9.9 所示，其作用是提取光栅位移时产生的莫尔条纹信号，并转换为电信号。标尺光栅安装在可移动的工作台上，它的长度要稍大于被测长度。指示光栅固定并放在读数头内，指示光栅应有精调机构，以便调节光栅副间隙，获得较高的条纹对比度，同时通过调节倾斜角改变条纹宽度。

光源发出的光通过聚光镜 2 变成平行光，照射到光栅尺上，两块光栅产生莫尔条纹。当工作台按图示方向左、右移动时，莫尔条纹将相应地上下移动。用透镜 5 把莫尔条纹的部分像通过狭缝射到光电器件上。

狭缝的作用是使莫尔条纹的像不同时成像在光电器件上，与狭缝视场角相对应的像才能成像到光电器件上。当莫尔条纹移动时，莫尔条纹的像通过狭缝才连续地成像到光电器件上。因为莫尔条纹的光强分布是明暗交替地连续变化，所以，当条纹移动时，通过狭缝入射到光电器件上的光通量也在连续变化。光通量的变化规律同莫尔条纹的光强分

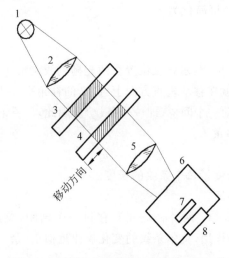

图 9.9 光栅位移传感器光电读数头的结构

1—光源；2—聚光镜；3—指示光栅；4—标尺光栅；5—透镜；6—遮光板；7—狭缝；8—光电器件

布对应，遮光板的作用是阻挡其他杂散光入射到光电器件上。

在入射光不十分强的情况下，光电器件的输出同输入呈线性关系。所以，只要知道莫尔条纹的光强变化规律，就能得到光电波形。为了方便起见，两光栅的夹角 θ 取零，即两光栅的刻线处于平行状态。这时，莫尔条纹的宽度变为无限大，光栅的相对位移引起透光量的明暗变化。

图 9.10 为遮光光栅位置放大图。其中图 9.10(b)～(e)分别表示光栅 4 沿箭头方向移过 $\frac{1}{4}d$、$\frac{1}{2}d$、$\frac{3}{4}d$ 和 d 时两光栅的相对位置，如果两光栅的黑白线条相等，并假定入射光通量为 2Φ，那么，对应图 9.10(a)～(d)这 4 个位置的透过光通量分别为 Φ、$\Phi/2$、0、$\Phi/2$。移过节距后图 9.10(e)又重复了图 9.10(a)的状态。

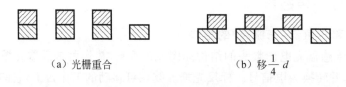

（a）光栅重合   （b）移 $\frac{1}{4}d$

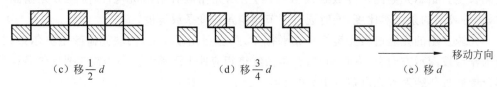

（c）移 $\frac{1}{2}d$ （d）移 $\frac{3}{4}d$ 移动方向 （e）移 d

图 9.10 光栅位移及遮光

从遮光过程可知，光栅移动时，通过光栅的光通量与位移呈线性关系，而受光过程也呈线性关系。所以，通过光栅的光通量与光栅位移关系呈三角形分布，如图 9.11(a)所示。

当两光的夹角 θ 不为零时,狭缝对应的光栅通量变化波形曲线也呈三角形分布。实际上,由于光栅重叠时存在间隙,加上光栅的衍射作用、光栅缺陷以及灯丝宽度的影响等,使输出信号达不到三角波最亮、最暗状态,而是接近如图 9.11(b)所示的正弦波形。

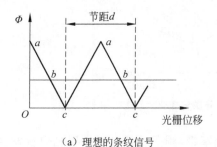

（a）理想的条纹信号

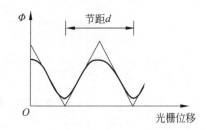

（b）实际的条纹信号

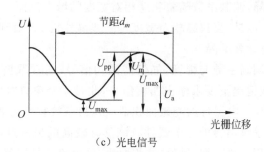

（c）光电信号

图 9.11　光栅输出信号波形

将明暗变化的光信号转换为电流或电压的变化信号,常用的光电器件有硅光电池、光电二极管和光敏晶体管等。这些光电器件的输出特性与莫尔条纹的通量变化呈线性关系,如果光电接收的狭缝比条纹窄很多,则输出电压的瞬时波形也和条纹上的通量分布一样,非常近似于正弦波。从图 9.11(c)所示波形图可以看出:①光栅移过一个节距时,波形变化一个周期;②除有反射条纹光通量变化的正弦信号外,还有反映平均光通量(背景)的平均电压 U_a。

平均电压 U_a 又称为直流分量,U_a 值可在快速移动光栅时从电压表上直接测得。在测试中发现,几乎所有光栅在全长上 U_a 都是变化的,通常称之为直流电平衡移动,一般漂移值在 2%～15%。产生直流漂移的主要原因是光源亮度的变化和光栅全长上的均匀性误差(即透光量变化)。与 U_a 一样,波形及其幅值 $U_{P\text{-}P}$ 在满光栅内也是变化的,原因大致与 U_a 的情况相同。图 9.12 用夸大手法画出了满光栅内 U_a 和 U_m 的变化情况。

衡量光电信号的质量常用调制系数 m 表示:

$$m = \frac{U_m}{U_a} = \frac{U_{max} - U_{min}}{U_{max} + U_{min}}$$

显然,在最理想的情况下,$U_{min} \approx 0$,$m \approx 1$。影响调制系数的主要因素除了上面提到的外,还有接受窗口宽度的影响。

在由狭缝、透镜和光电器件决定的有效通光范围内,如果包括一个或几个条纹宽度,则不管条纹移动与否,视场内的总光通量都不变,光电器件没有交变信号输出。

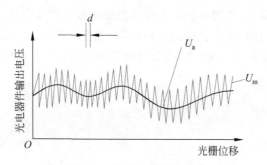

图 9.12　光电信号漂移变化

如果光电器件只接收整个条纹宽度的一个窄带,则条纹通过时入射光通量发生周期性变化,光电器件将有交变电信号输出。这时虽然是窄带,但有一定宽度,在视场内由于平均后信号幅值下降,调制系数随着狭缝相对宽度的增大反而减小。反之,狭缝宽度减小时,调制系数增大。但是,当狭缝相对宽度进一步减小时,入射到光电器件的光通量将减小,使输出信号幅值显著下降。

为兼顾信号的调制系数与幅度,如仅需两相信号,通常取窗口宽度等于 $W/2$(W 为条纹宽度)。大多数情况下要求输出四相信号,此时 4 个窗口宽度均为 $W/4$,每个窗口的实际宽度取 2mm(与光电器件的光敏面积适应),故条纹宽度为 8mm 左右为宜。

用于接收莫尔条纹信号的光电器件应该具有较高的灵敏度,频率响应时间则应小于 10^{-7}s,光谱响应要和光源匹配,另外,体积要小,温度稳定性要好,光电线性度要好。

2. 光源和光强调制

目前最常用的光源是发光二极管(LED),该光源具有使用寿命长、热量低、体积小和峰值波长能够和光电接收器件相匹配等优点。半导体激光器常用于光栅常数很小,光源单色性要求很高的场合。

为了抵消因光源衰老引起的光源强度的变化,同时也为了抵消光栅长度上由于光栅对比度的变化所引起的莫尔条纹背景的变化,近年来国外生产的光栅式计量仪器中大都对光源的强度进行控制。上述两种因素中,前者属于长期漂移,后者属于短期的变化,而且后者本质上并不是光源本身造成的。为了适应以上特点,光源的强度控制应能适应长期和短期两种变化,即应按照稳定度较高的稳压电源考虑。

图 9.13 是光源强度控制电路的原理框图,它和稳压电源的不同之处仅在于采样环

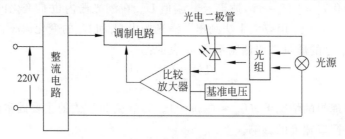

图 9.13　光源强度控制电路的原理框图

节,稳压源是通过电阻分压器对输出电压采样,而光源强度控制电路是通过光电器件对透过光组(包括透镜、光栅副和狭缝)的光通量信号采样。

3. 四相交流信号和前置放大器

位移量是一个代数量,除了检测出位移量的大小,还必须知道位移方向。为此,至少得配置两只光电器件接收两个相位不同的莫尔条纹信号。

由于位移量通常从静止开始移动,所以光电信号的最低频率为零,前置放大器一般为直流放大器。为了减少共模干扰和消除直流分量和偶次谐波,可采用差分放大器将原来的两路光电信号变为 4 路光电信号输入到差分放大器的输入端。而每路光电信号的相位差为 $\pi/2$。四相光电信号由 4 个光电器件产生,4 个光电信号的表达式分别为

$$u_1 = U_{10} + \sum_{k=1}^{\infty} U_{1k} \sin k\theta$$

$$u_2 = U_{20} + \sum_{k=1}^{\infty} U_{2k} \sin k\left(\theta + \frac{\pi}{2}\right)$$

$$u_3 = U_{30} + \sum_{k=1}^{\infty} U_{3k} \sin k(\theta + \pi) \tag{9-48}$$

$$u_4 = U_{40} + \sum_{k=1}^{\infty} U_{4k} \sin k\left(\theta + \frac{3\pi}{2}\right)$$

式中,U_{10}、U_{20}、U_{30} 和 U_{40} 是直流分量,由于每个光电器件所处的位置不同和每个光电器件参数的差异,U_{10}、U_{20}、U_{30} 和 U_{40} 之间存在着一定的差别。若忽略这些差别,则 $U_{10} = U_{20} = U_{30} = U_{40}$;$U_{1k}$、$U_{2k}$、$U_{3k}$、$U_{4k}$ 表示各路光电信号中基波和各次谐波的振幅。

若只取基波,则式(9-48)可以写成相对值形式:

$$\Delta_1 = (u_1 - u_{10})/u_{11} = \sin\theta$$

$$\Delta_2 = (u_2 - u_{20})/u_{21} = \cos\theta$$

$$\Delta_3 = (u_3 - u_{30})/u_{31} = -\sin\theta \tag{9-49}$$

$$\Delta_4 = (u_4 - u_{40})/u_{41} = -\cos\theta$$

式中,$\sin\theta$、$\cos\theta$、$-\sin\theta$ 和 $-\cos\theta$ 信号被称为四相交流信号。

四相交流信号和光电器件空间位置的对应关系如图 9.14 所示,图中的标尺光栅右移时,莫尔条纹由上向下移动,光电器件接收条纹的领先次序是 4、3、2、1。反之,若标尺光栅左移时,则光电器件接收莫尔条纹的领先次序是 1、2、3、4。领先次序决定四相信号的相位关系,再由相位关系决定光栅的移动方向。

从判定位移和位移方向出发,前置放大器至少得输出 $\sin\theta$ 和 $\cos\theta$ 两路信号,也就是说,前置放大器应该由两路放大器组成。从细分(插补)出发,应有 4 路信号 $\sin\theta$、$\cos\theta$、$-\sin\theta$、$-\cos\theta$,所以要有 4 路放大器。图 9.15 为 4 路前置放大器原理图,其中图 9.15(a)用 4 个差分放大器产生四相交流信号,图 9.15(b)用两个差分放大器,然后用两个倒相器产生四相交流信号。

下面分析采用差分放大器合成后如何抑制共模干扰和消除偶次谐波成分。设第 I 路合成信号为 Δu_k,将式(9-48)代入,得

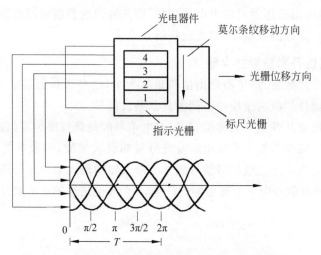

图 9.14　四相交流信号和光电器件空间位置的对应关系

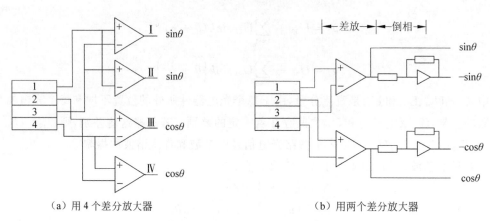

（a）用 4 个差分放大器　　　　　　　　　（b）用两个差分放大器

图 9.15　4 路前置放大器原理图

$$\Delta u_1 = u_1 - u_3 = U_{10} + \sum_{k=1}^{\infty} U_{1k}\sin k\theta - U_{30} - \sum_{k=1}^{\infty} U_{3k}\sin k(\theta + \pi)$$

只考虑 3 次谐波情况下,并认为 4 路光电信号的直流分量和交流分量的各次谐波的幅值相等时,设 $U_{11} = U_{31} = A_1$, $U_{12} = U_{32} = A_2$, $U_{13} = U_{33} = A_3$, 则

$$\Delta u_1 = u_{10} + U_{11}\sin\theta + U_{12}\sin 2\theta + U_{13}\sin 3\theta - U_{31}\sin(\theta + \pi)$$
$$- U_{32}\sin(2\theta + 2\pi) - U_{33}\sin(3\theta + 3\pi)$$
$$= A_1\sin\theta + A_2\sin 2\theta + A_3\sin 3\theta + A_1\sin\theta - A_2\sin 2\theta + A_3\sin 3\theta$$
$$= 2A_1\sin\theta + 2A_3\sin 3\theta$$

式中的后项为 3 次谐波,忽略此项时,只有基波成分,故此路为 $\sin\theta$ 信号。同理,第Ⅱ路、Ⅲ路和Ⅳ路信号分别为 $-\sin\theta$、$\cos\theta$ 和 $-\cos\theta$。

为了保证合成后差分放大信号的质量,对前置差分放大器提出如下具体要求:

① 要求每个差分放大器有相等的幅频特性和相频特性。

② 放大器的上限频率要满足位移速度要求,一般为几百 kHz。

③ 莫尔条纹信号中存在共模电压,因此对前置放大器的共模抑制比有一定要求,一般约为 100dB,细分越多,对共模抑制比的要求越高。

④ 前置放大器有较大的动态输出范围,一般为 $-5 \sim +5$V。前置放大器的输入和输出阻抗应考虑前后匹配。

4. 光栅位移检测装置(光栅尺)

图 9.16 所示为光栅位移检测装置的原理框图。在光电读数头内部安装指示光栅,当光电读数头与标尺光栅相对运动时,便产生位移信号至输出放大器。位移信号经放大、细分、整形后,得到相位差 $\pi/2$ 的两路脉冲信号,然后由方向判别器判别两路脉冲信号的先后顺序(即位移方向),再控制可逆计数器进行加或减计数。

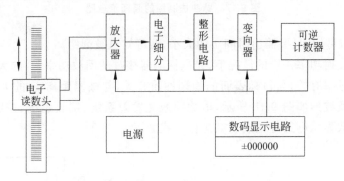

图 9.16 光栅位移检测装置的原理框图

最后,测量结果以十进制数字显示出来,并且数字前面有"＋、－"符号,用来表示位移增加或减少,当位移增长时,符号显示"＋",反之为"－"。

9.5 激光测距系统设计

距离是几何测量中很重要的一个参量,所以激光测距应用较为广泛,如大地测量、地震、制导、跟踪、火炮控制等。激光测距主要有脉冲法、相位法和脉冲-相位法三种。脉冲法准确度低,而相位法准确度较高。除激光测距外,还有微波测距,它可以全天候测距,但准确度低。

9.5.1 脉冲法测距

1. 工作原理

利用脉冲激光的发射角小、能量在空间中相对集中、瞬时功率大的优点,在检测处设有反射器时能获得极远的测程,也可在无反射器时获得几千米的目标测程。脉冲激光测距的原理是利用对激光传播往返时间的测量完成测距的。图 9.17 为脉冲法测距的原理示意图。测距机发射矩形波激光脉冲(主波信号),入射至被测目标后返回的部分激光(回波信号)由测距机接收。测距机与目标的距离 L 为

$$L = c\,\frac{t}{2} \tag{9-50}$$

式中，c 为光速；t 为激光脉冲往返的时间（主波与回波的时间间隔）。

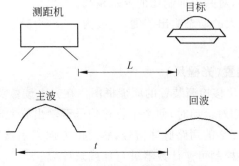

图 9.17　脉冲法测距的原理示意图

由式(9-50)可知，只要测出时间 t 的大小，便可知道被测距离 L。

在激光器发射功率一定的情况下，光电探测器接收的回波功率 P_L 的大小与测距机的光学系统的透过率有关，与目标表面的物理性质有关，与被测距离 L 的大小有关。测距机的组成框图及波形如图 9.18 所示，由脉冲激光发射系统、接收系统、控制电路、时钟脉冲振荡器和计数显示电路等组成。其工作工程如下：

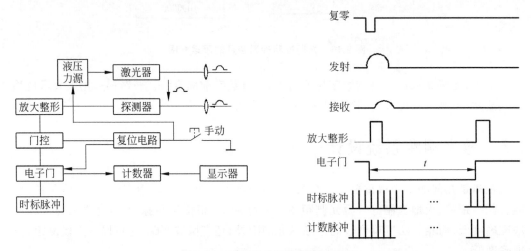

图 9.18　测距机的组成框图及波形

按下启动开关，复零电路产生复零脉冲使门控打开，电子门和计数器处于初始待测状态，同时使激励电源工作，激光器发出大部分激光射向目标，由目标反射后返回测距仪，由接收系统接收，形成测距信号。激光发出脉冲光中的一小部分由参考信号取样器直接送到接收系统，作为计时的起始点信号，经探测器变换为脉冲信号，然后再放大整形，用脉冲前沿控制电子门打开。时标脉冲通过电子门由计数器计数，计数器所计脉冲与时间 t 成正比，即

$$t = \frac{N}{f_{cp}}$$

$$(9\text{-}51)$$

式中，N 为计数脉冲个数，f_{cp} 为时标脉冲频率。

将式(9-51)代入式(9-50),得距离

$$L = \frac{cN}{2f_{cp}} \tag{9-52}$$

令 $q_L = \frac{\Delta L}{\Delta N} = \frac{c}{2f_{cp}}$ 为计数器的量化单位,设 $q_L = 10\text{m}/$脉冲,则所求时标脉冲频率为

$$f_{cp} = \frac{c}{2q_L} = \frac{3 \times 10^8}{2 \times 10}\text{Hz} = 15\text{MHz}$$

2. 误差分析

由式(9-50)可以求出测距误差的表达式,即

$$\Delta L = \frac{t}{2}\Delta c + \frac{c}{2}\Delta t \tag{9-53}$$

误差的第一项是由于大气折射率的变化而引起光速的偏差,此项误差很小,可以忽略不计。误差的第二项为测量时间的误差而引起的测距误差。影响测时误差的主要因素有时标脉冲的周期(时标量化单位)引起的误差;激光脉冲前沿受目标或反射器影响而展宽;放大器和整形电路的时间响应不够使脉冲前沿变斜,主要取决于放大器的上限截止频率。图 9.19 表示了脉冲前沿的变化产生的误差。当 $\Delta t = 1\text{ns}$ 时,将产生 1m 的测距误差。一般测距准确度为 1~5m。因此,要减小测时误差 Δt,一方面要求放大器和整形电路有足够的时间响应,另一方面要求压窄激光脉冲宽度,使脉冲前沿变陡。利用激光调 Q 技术和锁模技术,可以使激光脉冲宽度变窄,不仅可提高测距精度,而且还能大大提高激光输出的峰值功率。例如,锁模激光的脉宽可达 10~13 fs,峰值功率达 10~12W。

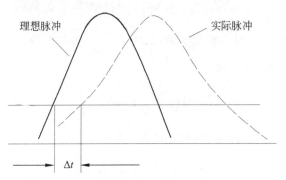

理想脉冲　实际脉冲

Δt

图 9.19 脉冲前沿的变化产生的误差

脉冲激光测距的原理和结构较为简单,测程远、功耗小,但这类测距装置的缺点是绝对测距的精度低,约为 m 数量级。

9.5.2 激光相位测距

1. 相位法测距的原理

相位测距法的原理是利用调制的激光波束的相位在传播过程中的变化确定待测距离。经调制的辐射信号由被测目标返回接收机后,产生相位移 φ,设调制光的角频率为 $\omega = 2\pi f$,f 为调制频率,则辐射信号由发射到返回的时间 t 为

$$t = \frac{\varphi}{\omega} = \frac{\varphi}{2\pi f} \tag{9-54}$$

将式(9-54)代入式(9-50)得

$$L = \frac{c}{2} \cdot \frac{\varphi}{2\pi f} \tag{9-55}$$

所以,只要间接地测出调制光波经过时间 t 后所产生的相位移 φ,就可以得到被测距离 L。图 9.20 所示为距离与相位移的关系。A 点为发射点,B 点为反射点。

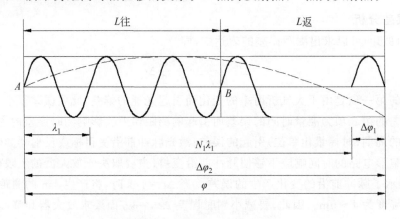

图 9.20　距离与相位移的关系

对于调制频率为 f_1 的光,其波长 $\lambda_1 = c/f_1$,相位移 φ 为

$$\varphi = N_1(2\pi) + \Delta\varphi_1 = 2\pi(N_1 + \Delta N_1) \tag{9-56}$$

式中,N_1 为测相周期为 2π 时的整数倍数;$\Delta N_1 = \frac{\Delta\varphi_1}{2\pi}$ 为非整数。

将式(9-56)代入式(9-55)得

$$L = N_1 \frac{c}{2f_1} + \Delta N_1 \frac{c}{2f_1} \tag{9-57}$$

令 $q_{L1} = \frac{c}{2f_1} = \frac{\lambda_1}{2}$ 为长度单位(测尺单位),则

$$L = q_{L1} N_1 + q_{L1} \Delta N_1 \tag{9-58}$$

目前,测量相位法不能测出 N_1 整数值,所以式(9-58)为不定解,如果将单位长度增大,如图 9.20 中虚线波长为 λ_2,$q_{L2} = \lambda_2/2$,由于 q_{L2} 的 N 项为零,则距离

$$L = q_{L2} \Delta N_2 = q_{L2} \frac{\Delta\varphi_2}{2\pi} \tag{9-59}$$

因为 $\Delta\varphi_2 < 2\pi$,所以为单值解。

目前,采用测相周期为 2π 或 π 两种方法,当测相周期为 2π 时,$q_L = \frac{\lambda}{2} = \frac{c}{2f}$;当测相周期为 π 时,$q_L = \frac{\lambda}{4} = \frac{c}{4f}$。应该注意单位长度 q_L 不同于量化单位。

由上述分析可知:在测相系统中设置几种不同的 q_L 值(相当于设置几把尺子),同时

测量某一距离,然后将各自测的结果组合起来,便可得到单一的、精确的距离。

例如,$L = 376.54$m,选用两把准确度均为 1% 的尺子,一把 $q_{L1} = 10$m,准确度为 1cm;另一把 $q_{L2} = 1000$m,准确度为 1m,用 q_{L2} 测得 376m,用 q_{L1} 测得 0.54m,组合后为 376.54m。

2. 测尺频率的选择

(1) 分散的直接测尺频率方式(中、短程测距)。测尺频率和测尺长度直接对应,并设有几组测尺频率,表 9.3 给出了测尺频率、测尺长度与准确度的关系。

表 9.3 测尺频率、测尺长度与准确度的关系

测尺频率/Hz	15M	150k	15k	1.5k
测尺长度/m	10	10^3	10^4	10^5
准确度/m	10^{-2}	1	10	100

由表 9.3 可知:$f_{高}/f_{低} = 10^4$,所以,放大器和调制器难以满足增益和相位的稳定性,只适于中、短程。

(2) 集中间接测尺频率方式(长程测距和部分中程测距)。用 f_1 和 f_2 两个测尺频率的光波分别测量同一段距离 L,得两光波的相位分别为

$$\varphi_1 = 2\pi f_1 t = 2\pi(N_1 + \Delta N_1)$$
$$\varphi_2 = 2\pi f_2 t = 2\pi(N_2 + \Delta N_2)$$

两相位移之差

$$\Delta\varphi = \varphi_1 - \varphi_2 = 2\pi(N + \Delta N) \tag{9-60}$$

式中,$N = N_1 - N_2$;$\Delta N = \Delta N_1 - \Delta N_2$。

若用差频 $(f_1 - f_2)$ 作为光波的调制频率,则其相位移为

$$\Delta\varphi' = 2\pi(f_1 - f_2)t = 2\pi[(N_1 - N_2) + (\Delta N_1 - \Delta N_2)] = 2\pi(N + \Delta N) \tag{9-61}$$

式(9-61)说明:两个测尺频率分别测相的相位尾数之差 $\Delta\varphi$ 等于以这两个测尺频率的差频测相而得到的相位尾数 $\Delta\varphi'$,所以

$$L = q_{Ls}(N + \Delta N) \tag{9-62}$$

式中,q_{Ls} 为差频(相当)测尺长度。采用差频测相后,能大大压缩测相系统的频带宽度,使放大器和调制器的稳定性提高。

3. 差频测相

目前测相准确度为千分之一左右,为了提高测相准确度,精测尺的频率很高,一般为十几 MHz～几十 MHz,甚至几百 MHz。国内一般可达 30MHz 左右,国外研制的已达 500MHz,但是,提高频率会带来一系列问题,如寄生参量影响等,而且设置几套频率,可使成本提高。

差频测相是将基准信号与被测信号进行差频,得到中频或低频信号后进行测相,使测相准确度提高。差频测相原理框图如图 9.21 所示。

图 9.21 中,ω_T 为主振频率;φ_T 为主振初始相位;ω_R 为本主振频率;φ_R 为主振初始相位;$\omega_T \gg \omega_R$。混频后参考信号 e_r 的相位为

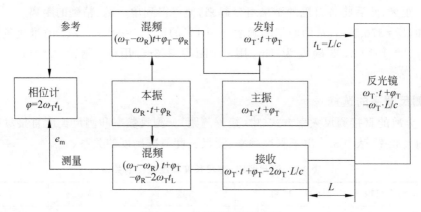

图 9.21　差频测相原理框图

$$\varphi_1 = (\omega_T - \omega_R)t + \varphi_T - \varphi_R \tag{9-63}$$

测量光束经往返光程后,相位为 $\omega_T t - 2\omega_T t_L + \varphi_T$

被测信号 e_m 相位为

$$\varphi_2 = (\omega_T - \omega_R)t - 2\omega_T t_L + \varphi_T - \varphi_R \tag{9-64}$$

由相位计测相得

$$\begin{aligned}
\varphi &= \varphi_2 - \varphi_1 \\
&= [(\omega_T - \omega_R)t + \varphi_T - \varphi_R] - [(\omega_T - \omega_R)t - 2\omega_T t_L + \varphi_T - \varphi_R] \\
&= 2\omega_T t_L
\end{aligned} \tag{9-65}$$

由上述可知:

① φ 为主振信号往返 L 光程后产生的相位移;

② 测相系统中的中频或低频 $\omega_T - \omega_R \leqslant \omega_T$ 或 ω_R;如 DCX-30 型激光测距仪 $f_T = 30\text{MHz}$,差频 $f_c = f_T - f_R = 4\text{kHz}$,降低了很多,容易保证相位计的准确度。

9.6　外形尺寸检测系统设计

人们对生产中零部件尺寸的检测并不陌生,如采用机械方法用卡尺、千分尺、高度计、千分表等检测工具以及采用光学方法的光学公差投影仪等检测仪器进行检测,但这些方法随着工业生产的发展已不能满足实际要求。现代化工业生产的特点是:生产速度快、生产效率高(每分钟可达上千件)、加工精度高(零件公差达微米级)。现代化生产的发展就需要有自动化检测和在线检测技术。

应用光电变换技术进行尺寸测量的基本原理是,先将长度量通过光学元件变成光学量(光通量或光脉冲数),再通过光电器件将光学量变成电量,这个反映被测量(或误差)的电量通过电子技术实现自动测量和控制。用光电技术的方法实现尺寸和误差的测量方法较多,本节着重介绍两种方法。

1. 模拟量变换法

模拟量变换法的检测原理是通过光通量的变化或光通量的有无反映零件尺寸及公差

大小。所以,只要用光电器件准确地测量光通量的变化值,便能测出零件尺寸或误差值。应用这种原理测量误差准确度的大小取决于光电器件测量最小光通量的能力。影响测量最小光通量的因素主要有光电器件的灵敏度和噪声(背景噪声、器件噪声和放大器噪声)。另外,对光源的稳定性也要求很高,但由于这种方法简单,使用方便,因此在准确度要求不高的情况下得到应用。

2. 模数转换法

这种方法的原理是将尺寸的模拟量经过量化处理后,用离散量(脉冲数)表示。采用模数转换法不仅检测精度高,而且易与计算机结合实现数字化和智能化。

9.6.1　模拟变换检测法

光通量测量法是一种常用的模拟变换检测法,其原理如图 9.22 所示,经光学系统发出的平行光束投射到被测工件上,光束的总光通量恒定。其中一部分光通量被工件遮挡,而另一部分照射到光电器件上,工件遮挡光通量的多少取决于被测工件的尺寸大小,照射到光电器件上的光通量取决于被测工件的尺寸,所以光电器件输出的电流是被测工件尺寸的函数。光电器件输出的电信号经放大,然后进行信号处理,最后通过控制机构按等级将工件区分开。

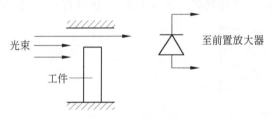

图 9.22　光通量测量法

下面举两个实际例子予以说明。图 9.23 所示为活塞环尺寸的检测装置,其作用原理是,从光源发出的光束经样板和被测圆环之间的空隙而射到光电器件上,空隙的大小由被测圆环的尺寸决定。射到光电器件上的光通量的大小会随着被测圆环的尺寸而改变,从而改变了光电流的大小,通过光电流大小便可确定圆环尺寸和误差大小。

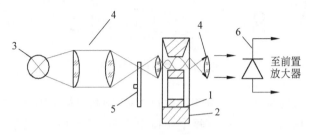

图 9.23　活塞环检测原理

1—被测圆环;2—样板;3—光源;4—光学透镜;5—齿形调制盘;6—光电器件

当样板和被测圆环一起转动时,便可沿着环的圆周检测它们之间空隙的大小。一般

要求空隙不应超过 $20\mu m$，被测圆环的宽度为 $4\sim5mm$，所以映射到光电器件上的光通量很小，反映误差大小的光通量的变化值更小。对光电器件输出的微小的光电流必修有比较大的放大倍数，为了使用交流放大器，用微电动机带动齿形调制盘对入射光进行调制。

此检测装置由于误差的变化反映到光通量的变化很微弱，故对光电器件和放大器的要求比较严格，不仅要求有高的灵敏度，而且要求有低的噪声，所以限制了测量精确度。在此基础上提出了多狭缝光电变换装置来提高测量灵敏度。

图 9.24 所示为多狭缝检测原理。两个相同的梳型格栅用金属薄板经过精细加工而成，它具有等间隔，一般切口宽 0.5mm。两个梳型格栅相重叠，其中一个固定，另一个和被测工件相接触，它随着被测工件的尺寸大小与固定的格栅平行地移动。平行光沿格栅面垂直方向入射，当两个格栅的齿与齿完全吻合时（切口通光面积最大），通过格栅的光通量最大，当测量格栅向上或向下移动 0.5mm 时，则齿与齿间互相遮盖，通不过光线。如果让动格栅（测量格栅）的初始位置是两个格栅的齿与齿半重合（即通光接口宽度）为 0.25mm，而且规定格栅向上移动时通光面积增大，向下移动时通光面积减小，无论动格栅向上或向下移动，通过切口的光通量均发生变化，经过光电器件变换输出的光电流也随之变化，只不过是向上移动时光电流增大，向下移动时光电流减小，动格栅移动的极限值为 $\pm0.25mm$，这也是测量尺寸极限值。最后通过放大器将光电流进行放大，再进行电路处理，不仅能测量值大小，而且能判断出误差是正差，还是负差，经分选后分出成品和废品。

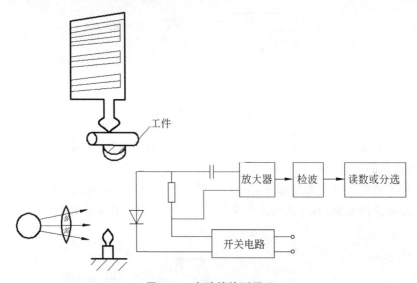

图 9.24　多狭缝检测原理

格栅的每个切口的宽度越小，分割的数目越多，则测量格栅的移动对光通量的变化影响越显著。假设格栅切口数目为 n，每个切口由于格栅移动使光通量变化为 $n\Delta\varphi$，切口分割数目越多，测量的灵敏度越高。由于光学加工方法制成光栅比较容易，在透明的玻璃板上光刻成明暗相间的等宽条纹。两块相同的光栅同样能实现上述光电变换。

9.6.2 光电扫描检测法

光电扫描检测法基于模-数转换法原理,按扫描的方法大致可分为光学扫描法、机械扫描法和电扫描法三种,这里重点介绍光学扫描法。

光学扫描法是指利用一束平行光对被测工件(或工件投影)进行扫描,然后用光电接收器测量这束平行光扫过工件(或投影)时的光电信号。光电接收器的输出是一脉冲方波,而脉冲的宽度与被测工件的尺寸成正比。只要准确测量脉冲宽度,就能得到较准确的工件尺寸的大小。

下面介绍一种激光直径测量仪,该仪器的检测系统原理图如图 9.25 所示。激光光束入射到以固定角速度旋转的棱镜反射面上,反射光束经发射光学系统变成平行于光轴的扫描光束,再通过接收光学系统被光电传感器接收。由于棱镜的旋转使激光光束在发射与接收光学系统之间形成一个扫描区域,故在此区域中被测工件对扫描光束的遮挡起到了激光信号调制作用。当扫描光束对被测工件进行高速连续扫描时,这个光强调制信号携带被测量径向尺寸信息。接收器采集到这种光强调制信号后,经光电转换系统变成电信号,经过计算机实时数据处理,便可得到工件被测部位的直径测量结果。

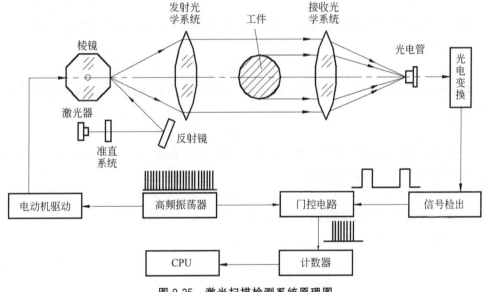

图 9.25　激光扫描检测系统原理图

激光光束是由半导体激光器发出并经准直、缩束光学系统进行整形,形成一束光斑直径较小的准直光束。光扫描是借助一个由同步电动机带动的正多面体棱镜完成的。其中时钟电路由高频(大于 30MHz)晶体振荡器组成。分两路应用:一路分频后作为电动机的驱动信号;另一路作为计数脉冲,对测量信号进行计数。由于采用的是同一个时钟源的控制方案,因此可以消除由于频率变化引起的测量误差,使系统具有较高的精度。

扫描激光束在发射光学系统与接收光学系统之间被被测件(回转体工件的外径)遮挡,形成有高低电平的原始脉冲信号,这个信号经过放大及二值化处理,便输出一个代表待测量的标准脉冲信号。代表被测工件的外径脉冲信号和高频振荡器脉冲信号经过电路复合后,就得到了代表工件尺寸的高频脉冲数,信号检出和计数过程如图9.26所示。这个数由可逆计数存储器计数后经计算机处理后可以得到被测件的外径尺寸。

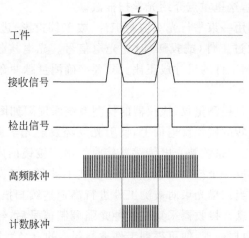

图 9.26　信号检出和计数过程

由图9.25所示的光路部分可知,若同步电动机的转速为n_j,其转动的角速度为ω_j,则由一般数学知识可知:

$$\omega_j = 2\pi n_j \tag{9-66}$$

由光学入射光线和反射光线的关系可知,光束转动的角速度ω_g应为电动机转速ω_j的2倍,即

$$\omega_g = 2\omega_j \tag{9-67}$$

假设光束扫描过发射透镜的轨迹是以发射透镜的焦距f为半径的圆弧,且是均匀的,则在发射透镜上,光速移动的速度v不变,即

$$v = 2\pi n_j f \tag{9-68}$$

速度v近似等于在整个测量区间光束平移的速度。设被测件的外径为D,其对应的信号脉冲宽度为T,则

$$T = \frac{D}{v} \tag{9-69}$$

将式(9-68)代入式(9-69)整理得

$$D = 4\pi n_j f T \tag{9-70}$$

假如高频振荡器的脉冲周期为T_0,频率为f_0,则在T时间内包含的高频脉冲个数n为

$$n = \frac{T}{T_0} \tag{9-71}$$

由式(9-70)和式(9-71)可得每个高频脉冲代表的数值为

$$\frac{D}{n} = \frac{4\pi n_j f}{f_0} \tag{9-72}$$

如果 $N = f_0/n_j$ 为分频比，则式(9-72)变为

$$\frac{D}{n} = \frac{4\pi f}{N} \quad \text{或} \quad D = \frac{4\pi f}{N}n \tag{9-73}$$

从式(9-73)可以看出，n 和 $4\pi f/N$ 的积就是被测件外径的大小。表面上看，测量结果与旋转棱镜的速度无关，但在推导中，首先假设了光束由焦点出发，速度均匀等速。而实际上扫描速度非均匀等速，由于采用了多面体棱镜，扫描光束在转镜上的反射点、回转中心和发射透镜焦点三者不重合，会产生离焦现象，光束不是从焦点射出，这样经过扫描发射光学系统射出的光线不和主光轴平行，存在准直误差，所以激光扫描检测系统是一个动态光学系统。想要获得微米级的测量准确度，就必须采用具有良好动态特性的特殊光学系统，一般采用 $f\theta$ 透镜作为扫描发射光学系统，能够很好地解决这一问题。

由上面的分析可知，$4\pi f/N$ 的大小决定激光扫描检测系统的理论分辨精度，要使系统达到 $1\mu m$ 的测量精度，必须使 $4\pi f/N = 1\mu m$，可以选取焦距 f 较小的光学系统或增大分频比 N。但是，光学系统焦距过小会影响系统的线性，增大分频比 N，必须提高高频振荡器的振荡频率或降低同步电动机的转速 n_j。提高高频振荡器的振荡频率，需要有更高频率响应的数字电路，而 n_j 的大小受到同步电动机本身性能的限制，不能太小，否则测量速度太低，不满足测量快速运动被测物体的需要。因此，实际应用时，根据不同的精度、速度的要求选择 f 和 N 的最佳值。这种高精度的激光扫描检测系统的测量范围一般为 $0.1\sim25mm$。

影响测量精度的因素有以下几个方面：

① 量化误差。若计数器高频脉冲周期为 t（t 值是量化单位，也是测量的最小分辨率），则测量误差为 $\pm1/2t$，这是测量的原理误差。

计数频率直接影响量化误差，所以对采用的晶振频率有一定要求。MCS-51 单片机系统的最高频率有限，一般为 $35MHz$ 左右。为了提高测量精确度，采用 ARM 或 DSP 系统进行控制单元设计，可以达到更高的计数频率，从而提高测量速度。

② 旋转棱镜 8 面体的几何形状误差。理想的 8 面体要求当两个扫描光束通过它时，光束的位移量相等。实际上，加工过程存在几何形状误差，这个误差直接给扫描光束的位移量带来误差，即给直径尺寸测量带来误差。工件移动缓慢时，对多面体旋转一周或数周时所连续测量的直径取平均值，可大大减小由于 8 面体几何形状的偏差所引起的误差。在这种情况下，测量准确度为 $\pm2\mu m$。

③ 工件在移动过程中进行检测时带来的位移误差。上面已经提到，在高速扫描的情况下，工件移动速度较慢时，可以忽略此项误差，但当工件移动速度较快时，位移误差不能忽略。

④ 扫描面与工件轴线不垂直误差。工件在定位过程中很难做到工件轴线与扫描面垂直，从而产生余弦误差，如图 9.27 所示。

当工件轴线与扫描面成 α 角时，工件直径测量结果为 d，则测量误差为

$$\Delta d = d - d\cos\alpha \approx d(1 - \cos\alpha) \tag{9-74}$$

⑤ 随机误差。在检测过程中，工件由于受到振动使位置变化，带来了振动误差；光源波动使光束与工件相切点的位置变化；电源波动引入误差。进行多次直径测量，取其平均

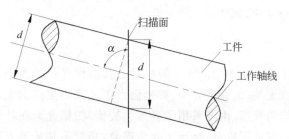

图 9.27　扫描面与工件轴线不垂直误差

值,可以使这些随机误差减小。为此,有些装置采用正 12 面、正 16 面体扫描,提高扫描次数。

从上面的误差分析可以看出,影响检测准确度的因素主要有量化误差和位移误差。在静态测量或工件移动速度不大时主要为量化误差,而随机误差可以通过多次测量的平均值来克服。

激光扫描直径测量仪目前已被钢管厂采用,用于测量红热钢管的直径,测量时,钢管的速度为 150m/min。测量仪器的分辨率为 $10\mu m$,测量准确度为 $\pm20\mu m$。

目前,此仪器也成功用于回转体工件直径和形位误差的检测,还可用于特殊情况下宽度、高度、厚度、轴间距等项目的检测。检测系统具有高速高精度、非接触在线测量等特点,既可作为独立的激光几何尺寸测量仪使用,也可作为一种通用的激光测头与其他不同机构或系统结合形成具有多功能的测量系统,从而实现对零件的多部位、多尺寸的自动测量。

思考与习题 9

1. 光电信息变换有哪几种基本形式? 全辐射测温属于哪种形式? 在这种形式中应采用怎样的技术,才能更好地将信息检测出来?

2. 试说明物理边界位置的测量方法,所举实例属于哪种光电变换方式? 能否采用模数光电变换电路?

3. 为某公园安装一套太阳能照明灯,使用 10 只 90W/12V 节能灯做光源,每日工作 6h,要求能连续工作 4 个阴雨天。已知当地的峰值日照时数是 4.46h,求太阳能电池功率和所需蓄电池容量。

4. 设计一太阳能路灯系统。徐州地区,负载输入电压为 24V,功耗为 34.5W,每天工作时数 9.5h,保证连续阴雨天数 7 天。两个连续阴雨天数之间的设计最短天数为 20 天。徐州地区峰值日照时数约为 3.424h。

5. 为学校主道设计一太阳能路灯照明系统。已知负载输入电压为 24V,功率为 345W,每天工作时数为 9.5h,保证连续阴雨天数 7 天。两个连续阴雨天数之间的设计最短天数为 20 天。徐州地区峰值日照时数约为 3.424h,假设设计太阳能电池组件系统综合损失系数为 1.05,蓄电池充电效率为 0.85,计算所需太阳能电池组件和蓄电池的规格?

6. 为某市区某 220V、600W 的层压机提供太阳能供电,已知层压机每日工作 10 小时,选用 12V,75W 的太阳能光伏组件供电,工作电流为 4.35A,一年中最少的日辐射为 8h,采用 24V,效率为 80% 的逆变器,试求组件的日输出,计算需要多少个太阳能电池组件?

7. 在某地区为一个 220V、720W 增氧机提供光伏电源,设计每天工作 24h(工作温度为 25℃),最长无阳光 1 天。选用 12V、75W 的太阳能光伏组件(工作电流为 4.35A),若安装合适,则一年中正常情况最少的日辐射时数为 8h。选用 24V,效率为 90% 的逆变器和 12V、100AH、放电深度为 80% 的蓄电池。问需要多少块太阳能光伏组件和多少个蓄电池? 如何连接?

8. 根据以下条件,为一家庭设计一独立太阳能光伏发电系统方案:

(1) 家庭年总消费电量为 3000kW·h;

(2) 太阳能电池组件:100W、35V、985mm×885mm;

(3) 功率调节器的输入电压为 DC 220V;

设计余量系数 R 取 1.1,综合设计系数(包括输出波动修正、电路损失、机器损失等)取 0.77,负载对光伏系统的依存率为 100%;

(4) 选用 24V、100AH,放电深度为 80% 的蓄电池;

(5) 地区光辐射数据如表 9.4 所示。

表 9.4 地区光辐射数据

地区	年平均光辐射量		年平均光照时间 H /h	年平均每天辐射量 F /(MJ·m^{-2})	年平均光照时间 /h	年平均每天 1kW/m^{2}峰值光照时间 $h1$/h
	MJ/m^2	kW·h/m^2				
江苏北部	5016~5852	1393~1625	2200~3000	13.7~16.0	6.0~9.2	3.9~4.5

9. 设计一套测量材料透过率的光电测试自动装置,要求消除光源不稳定性因素的影响。

(1) 绘出工作原理图。

(2) 说明工作原理。

10. 设计一台有合作目标的光电测距装置。说明其工作原理。

11. 某生产线上需要设计一个产品尺寸自动光电检测分拣线,检测标准是:将尺寸在一定范围内的产品视为合格品,超出该范围的产品视为不合格品。请设计满足上述功能要求的原理图,并对其结构、原理予以论述。

12. 假设两块光栅的节距为 0.1mm,光栅的栅线夹角为 1°,求形成的莫尔条纹的间隔。若光电器件测出莫尔条纹走过 20 个,求两光栅相互移动的距离。

13. 利用所学光电检测知识设计一测量电动机转速的光电检测电路图,并说明其原理。

14. 利用所学光电知识设计一测量流水线钢丝直径的光电检测系统,并说明其工作原理和其计算公式。

光电子技术专业术语

photoelectric encoder 光电译码器

photocathode 光电阴极

photoelectric cathode photoelectric cell 光电阴极光电管

photoelectric fluorometer 光电荧光计

photoelectric threshold 光电阈

photoelectric cell 光电元件

photoelectric reader 光电阅读器

photoelectric chopper 光电斩波器

photoelectric lighting control 光电照明控制

electro-optical rectifier 光电整流器

photoelectric guidance 光电制导

photoelectric translating system 光电转换系统

photoelectric conversion efficiency 光电转换效率

photoelectrical refrigeration 光电转换制冷

photoelectric tachometer 光电转速计

photoelectronics 光电装置

photoelectric turbidimeter 光电浊度计

photoelectron 光电子

photoelectric yield 光电子产额

optoelectronic memory 光电子存储

photoelectric emission 光电子发射

photoelectron emission spectroscopy 光电子发射能谱学

optoelectronic amplifier 光电子放大器

photoelectron spectroscopy 光电子光谱学

photoelectron counting 光电子计数

angular distribution of photoelectron 光电子角度分布

optoelectronic switch 光电子开关

energy distribution of photoelectron 光电子能量分布

photoelectron spectroscopy 光电子能谱学

optoelectronic modulator 光电子调制器

photoelectron statistics 光电子统计学

photoelectron image 光电子图像

optical electronics 光电子学

optoelectronic shutter 光电子学光闸

electrooptical character recognition 光电字符识别

photometric scale 光度标

photometric standard 光度标准

photometric parameter 光度参数

photometric measurement 光度测量

luminous emittance 光发射度

light emitting diode 光发射二极管

photoemissivity 光电发射能力

photocell 光发射元件

optical transmitter 光发送机

light reflex 光反射

luminous reflectance 光反射比

light reaction 光反应

light amplifier 光放大器

photovoltaic device 光伏器件

photovoltaic sensor 光伏式传感器

photovoltaic transducer 光伏式传感器

photovoltaic detector 光伏探测器

photovoltaic effect 光伏效应

solar photovoltaic energy system 光伏型太阳能源系统

light radiation 光辐射

optical radiation 光辐射

opto-isolator 光隔离器

optical soliton 光孤子

X-ray tube X 光管

opto-mechanical scanner 光机扫描器

optical-mechanical scanner 光机扫描仪

optical-mechanical system 光机系统

light-activated silicon controlled switch 光激可控硅开关

light-activated silicon controlled rectifier 光激可控硅整流器

optical detector 光检测器

optical switch 光开关

photoengraving 光刻

photoetching material 光刻材料

photoetching 光刻法

photolithography technique 光刻工艺

mask aligner 光刻机

photoetch integrated circuit 光刻集成电路

photoetching technique 光刻技术

light-dependent control element 光控元件

optical control 光控

diaphragm 光阑

optical fiber cable 光缆

magnitude of light 光量

quantum theory of light 光量子论

optical path 光路

optical path length 光路长度

reversibility of optical path 光路可逆性

optical filter 光滤波器

light sensing 光敏

photosensitive glass 光敏玻璃

phototropic glass fiber 光敏玻璃纤维

photoconductive film 光敏薄膜

photosensitizer 光敏材料

light sensitive layer 光敏层

photoresistor 光敏电阻

light sensitive diode 光敏二极管

optical sensor 光敏感器

light sensor 光敏感元件

optical transistor 光敏晶体三极管

phototransistor 光敏晶体管

phototransistor circuit 光敏晶体管电路

phototransistor matrix 光敏晶体管阵列

light activated switch 光敏开关

light-activated silicon switch 光敏可控硅整流器

photosensor 光敏器件

optical coupling 光耦合

light-coupled semiconductor switch 光耦合半导体开关

optically coupled isolator 光耦合隔离器

optical coupler 光耦合器

light spectrum 光谱 optical spectrum 光谱

spectral standard solar cell 光谱标准太阳电池

spectrometry 光谱测定法

spectral measurement 光谱测量

spectrophone 光谱测声器

spectral component 光谱成分

spectroscopic lamp 光谱灯

spectral emissivity 光谱发射率

spectral reflectance 光谱反射比

spectral range 光谱范围

spectral resolution 光谱分辨率

spectral distribution curve 光谱分布曲线

spectral distribution graph 光谱分布图

spectral peak 光谱峰

spectral radiometry 光谱辐射度量学

spectrum radiator 光谱辐射计

spectral radiance factor 光谱辐射亮度因子

spectral radiance 光谱辐射率

spectral radiant energy 光谱辐射能

spectral radiance energy 光谱辐射能量

spectral radiant flux 光谱辐射通量

spectral radiant gain 光谱辐射增益

spectral irradiance 光谱辐照度

spectral irradiance distribution 光谱辐照度分布

spectral sensitivity 光谱感光度

spectral pyrometer 光谱高温计

spectrophotometric colorimetry 光谱光度测色法

spectrum-luminosity diagram 光谱光度图,即赫罗图

spectral photometry 光谱光度学

spectral luminous efficiency 光谱光视效率

spectral luminous efficiency curve 光谱光视效率曲线

spectral luminous efficacy 光谱光视效能

spectrum technology 光谱技术

spectral discrimination 光谱鉴别

spectral discrimination 光谱识别

spectroscopic test 光谱试验

spectral character 光谱特性

spectral characteristic 光谱特性

spectral property 光谱特性

spectrum projector 光谱投影仪

spectrum chart 光谱图

spectral response characteristic 光谱响应特性曲线

intensity of light 光强

light intensity 光强度

luminous intensity measurement 光强度测量

luminous intensity sensitivity 光强灵敏度

intensity modulation 光强调制

photovoltaic industry 光伏行业

photovoltaic power station 光伏电站

grid-connected PV power station 并网光伏电站

ingot 铸锭

Wafer 硅片

poly crystalline 多晶

mono crystalline 单晶

cell 电池

PV module 光伏组件

PV support bracket 光伏支架

PV array 光伏阵列

PV string 光伏组串

debugging 调试

capacity 产能

junction box 接线盒

soldering 焊接

stringing 串焊

layout 层叠

lamination 层压

framing 装框

packaging 包装

combining manifolds 汇流箱

grid-connected inverter 逆变器

neutral terminal 中性点端子

winding 绕组

tapping 分接

shunt inductor 并联电抗器

instrument transformer 互感器

voltage transformer 电压互感器

grounding electrode 接地极

grounding connection 接地装置

grounding grid 接地网

standard test conditions 标准测试条件(STC)

electric clearance 电气间隙

overall(total) efficiency 总效率

islanding 孤岛效应

anti-islanding 防孤岛效应

anti-islanding test device 防孤岛能力测试装置

large-scale grounding connection 大型接地装置

construction site layout plan 施工总平面布置

potential induced degradation 潜在性能衰减(PID)

light induced degradation 光致衰减(LID)

power degradation 功率衰减

simulated utility 模拟电网

resonant frequency 谐振频率

grid simulator 电网扰动发生装置

reconnet 恢复并网

PV power unit 单元发电模块

short-circuit current 短路电流

open-circuit voltage 开路电压

maximum power point 最大功率点

optimum operating voltage 最佳工作点电压

optimum operating current 最佳工作点电流

module efficiency 组件效率

Watts peak 峰瓦

rated power 额定功率

rated voltage 额定电压

rated current 额定电流

光电子技术物理量及常数

光速 $c = 2.998 \times 10^8 \, \text{m/s}$

电子电荷 $e = 1.602 \times 10^{-19} \, \text{C(库仑)}$

质子质量 $m_e = 9.1094 \times 10^{-31} \, \text{kg(千克)}$

电子的荷质比 $e/m_e = 1.759 \times 10^{11} \, \text{C/kg(库仑/千克)}$

普朗克常数 $h = 6.625 \times 10^{-34} \, \text{J} \cdot \text{s(焦耳·秒)}$

玻尔兹曼常数 $k = 1.380 \times 10^{-23} \, \text{J/K(焦耳/绝对温度)}$

电子伏特能量 $1\text{eV} = 1.602 \times 10^{-19} \, \text{J(焦耳)}$

电子能量 $m_e c^2 = 0.511 \, \text{MeV(兆电子伏特)}$

自由空间介电常数 $\varepsilon_0 = 8.854 \times 10^{-12} \, \text{F/m(法拉/米)}$

自由空间磁导率 $\mu_0 = 4\pi \times 10^{-7} \, \text{H/m(亨利/米)}$

室温 300K 的 $k_0 T$ $k_0 T = 0.026 \, \text{eV}$

斯式藩—玻尔兹曼常数 $\sigma = 5.670 \, 32 \times 10^{-8} \, \text{W/(K}^4 \cdot \text{m}^2)$

绝对零度 $T_0 = -273.15 \, \text{℃}$

标准大气压 $P_0 = 1.013 \, 25 \times 10^5 \, \text{Pa}$

阿伏伽德罗常数 $NA = 6.022 \, 045 \times 10^{23}$

尼特 nit $1\text{nit} = 1\text{cd/m}^2 \text{(坎德拉/平方米)}$

托 Torr $1\text{Torr} = 133.3 \, \text{Pa}$

元素周期表

元 素 周 期 表

原子 ——— 92 U
元素名 ——— 铀
称注*的是人造元素 ——— 5f³6d¹7s²
相对原子质量 ——— 238.0

元素符号，红色指放射性元素
外围电子层排布，括号指可能的电子层排布
相对原子质量

非金属　金属　过渡元素

注：
1. 相对原子质量录自1995年国际原子量表，并全部取4位有效数字。
2. 相对原子质量加括号的为放射性元素的半衰期最长的同位素的质量数。

周期/族	IA	IIA	IIIB	IVB	VB	VIB	VIIB	VIII			IB	IIB	IIIA	IVA	VA	VIA	VIIA	0
1	1 H 氢 1s¹ 1.008																	2 He 氦 1s² 4.003

镧系：57 La 镧 · 58 Ce 铈 · 59 Pr 镨 · 60 Nd 钕 · 61 Pm 钷 · 62 Sm 钐 · 63 Eu 铕 · 64 Gd 钆 · 65 Tb 铽 · 66 Dy 镝 · 67 Ho 钬 · 68 Er 铒 · 69 Tm 铥 · 70 Yb 镱 · 71 Lu 镥

锕系：89 Ac 锕 · 90 Th 钍 · 91 Pa 镤 · 92 U 铀 · 93 Np 镎 · 94 Pu 钚 · 95 Am 镅 · 96 Cm 锔 · 97 Bk 锫 · 98 Cf 锎 · 99 Es 锿 · 100 Fm 镄 · 101 Md 钔 · 102 No 锘 · 103 Lr 铹

习题参考答案

思考与习题 1

1. 答：频谱宽、信息容量大、传输速度快、抗干扰能力强。

2. 答：其基本组成部分可分为：光源、被检测对象及光信号的形成、光信号的匹配处理、光电转换、电信号的放大与处理、微机、控制系统和显示等部分。

光源：光源发出的光束作为携带待测信息的物质。

被检测对象及光信号的形成：利用各种光学效应，如反射、吸收、干涉、衍射、偏振等，使光束携带上被测对象的特征信息，形成待检测的光信号。

光信号的匹配处理：为更好地获得待测量的信息，以满足光电转换的需要。

光电转换：将光信号转换为电信号。

电信号的放大处理：采用不同功能的电路，实现各种检测目的处理。

微机、控制系统和显示：将处理好的待测量电信号直接经显示系统显示。

3. 答：略。

思考与习题 2

一、选择题
1. B   2. A   3. B   4. D   5. B

二、填空题
1. $\lambda_m T = 2898$

2. $\Phi_v = \dfrac{\mathrm{d}Q_v}{\mathrm{d}t}$　　流明(lm)

3. 辐射亮度

4. $380 \sim 780\mathrm{nm}$

5. $0.095\mathrm{eV}$

三、计算与简答题

1. 答：

无线电波：无线电是指在自由空间（包括空气和真空）传播的电磁波，是其中的一个有限频带，上限频率在 300GHz(吉赫兹)，下限频率较不统一。无线电技术的原理在于，导体中电流强弱的改变会产生无线电波。

红外线：由炽热物体、气体或其他光源激发分子等微观客体所产生的电磁辐射。主要由外层电子的跃迁产生。

可见光：主要由外层电子的跃迁产生。

紫外线：紫外线是原子的外层电子受激发产生的。日光灯启动时启动器发红光是由于氖原子的外层电子受激发。

X 射线：由高能电粒子(可以是高能电子、离子、高能 X 射线与原子内层电子发生非弹性散射)把内层电子激发到外层，这时内层电子空缺由外层电子补偿。外层电子跃迁到内层时释放特定能量，大部分特定能量都以 X 射线形式从样品发射出去。

γ 射线：放射性原子衰变或用高能粒子与原子碰撞时所发出的原子核衰变和核反应均可产生 γ 射线。

2. 答： 辐(射)能 Q_e：以辐射形式发射、传播或接收的能量称为辐(射)能，用符号 Q_e 表示，其计量单位为焦耳(J)。

辐(射)通量 Φ_e：在单位时间内，以辐射形式发射、传播或接收的辐(射)能称为辐(射)通量，以符号 Φ_e 表示，其计量单位是瓦(W)，即 $\Phi_e = \dfrac{\mathrm{d}Q_e}{\mathrm{d}t}$。

辐(射)出(射)度 M_e：对面积为 A 的有限面光源，表面某点处的面元向半球面空间内发射的辐通量 $\mathrm{d}\Phi_e$ 与该面元面积 $\mathrm{d}A$ 之比，定义为辐(射)出(射)度 M_e，即 $M_e = \dfrac{\mathrm{d}\Phi_e}{\mathrm{d}A}$。其计量单位是瓦每平方米($W/m^2$)。

辐(射)强度 I_e：点光源在给定方向的立体角元 $\mathrm{d}\Omega$ 内发射的辐射通量 $\mathrm{d}\Phi_e$，与该方向立体角元 $\mathrm{d}\Omega$ 之比，定义为点光源在该方向的辐(射)强度 I_e，即 $I_e = \dfrac{\mathrm{d}\Phi_e}{\mathrm{d}\Omega}$，其计量单位是瓦特每球面度(W/sr)。

辐射亮度 L_e：光源表面某一点处的面元在给定方向上的辐射强度，除以该面元在垂直于给定方向平面上的正投影面积，称辐射亮度 ，即 $L_e = \dfrac{\mathrm{d}I_e}{\mathrm{d}A\cos\theta} = \dfrac{\mathrm{d}^2\Phi_e}{\mathrm{d}\Omega\,\mathrm{d}A\cos\theta}$，式中，$\theta$ 为所给方向与面元法线间的夹角。其计量单位是瓦特每球面度平方米，即 $W/(sr\cdot m^2)$。

3. 答： 由公式 $\varepsilon = \dfrac{hc}{\lambda} = \dfrac{1.24}{\lambda}$ 可知：

波长为 $10^{-4}\mu m$ 的 X 射线对应的光子能量为 1.24×10^4 eV。

太赫兹波的波长范围为 $30 \sim 3000\mu m$，故太赫兹波光子能量的范围为 $4.13 \times 10^{-4} \sim 4.13 \times 10^{-2}$ eV。太赫兹波光子能量远远小于 X 射线能量，若用太赫兹波进行人体透视检查，则对人体几乎无副作用。

4. 答：光通量：

$$\Phi_v = E \cdot S$$

$$E = 30lx = 30lm/m^2$$

$$S = 4\pi r^2 = 4 \times 3.14 \times 1.5^2 = 28.26m^2$$

所以 $\Phi_v = 30lm/m^2 \times 28.26m^2 = 847.8lm$

5. 答：由维恩位移定律可以知道 $\lambda_m T = 2898$，螺旋桨飞机的排气管尾部分温度为 $650 \sim 800℃$，相当于 $923.5 \sim 1073.5K$，于是相应的波长为 $3.14 \sim 2.68\mu m$，位于中红外波段。

6. 答：由维恩位移定律 $\lambda_m T = \dfrac{hc}{5k} = 2898$。例如，常温背景辐射，$T = 300K$，峰值辐射波长 $\lambda_m = 9.7\mu m$，就存在红外背景噪声干扰。因此，在探测红外波段信号时，无论怎样提高红外探测器自身的探测能力，它的探测极限总会受到红外背景噪声的影响，背景温度越低，受到限制的探测波长越长，背景噪声干扰越弱。所以，在很多红外探测系统，特别是远红外探测系统中，常采用低温（如 77K）制冷方式。

7. 答：由维恩位移定律 $\lambda_m T = 2898$ 得太阳表面的温度 $T = \dfrac{2898}{\lambda_m} = \dfrac{2898}{0.645} \approx 4493(K)$。

再根据普朗克辐射定律，得到太阳表面的峰值光谱辐射出射度 M_{e,s,λ_m} 为

$$M_{v\lambda_m b} = 1.309 T^5 \times 10^{-18} = 1.309 \times (4493)^5 \times 10^{-18} \approx 2.397(W \cdot cm^{-2} \cdot nm^{-1})$$

8. 答：人体正常体的绝对温度为 $T = 36.5 + 273 = 309.5(K)$，由维恩位移定律知，正常人体的峰值辐射波长为 $\lambda_m = \dfrac{2898}{T} \approx 9.36\mu m$

峰值光谱辐射出射度为 $M_{v\lambda_m b} = 1.309 T^5 \times 10^{-15} = 1.309 \times (309.5)^5 \times 10^{-15}$

$$\approx 3.72 \times 10^{-3}(W \cdot cm^{-2} \cdot \mu m^{-1})$$

人体发烧到 $39.5℃$ 时峰值辐射波长为 $\lambda_m = \dfrac{2898}{T} = \dfrac{2898}{273 + 39.5} \approx 9.27(\mu m)$

发烧时的峰值光谱辐射出射度为

$$M_{v\lambda_m b} = 1.309 T^5 \times 10^{-15} = 1.309 \times (312.5)^5 \times 10^{-15} \approx 3.90 \times 10^{-3}(W \cdot cm^{-2} \cdot \mu m^{-1})$$

9. 答：依题意，辐射通量为 $100W$，则它的辐射强度为 $I_e = \dfrac{100}{4\pi} = 7.96cd$

对应 $0.2sr$ 范围的辐射通量为 $\phi_e = I_e \times 0.2 = 7.96 \times 0.2 = 1.592W$

由于 $K_w = \dfrac{\phi_v}{\phi_e}$，则对应的光通量 $\phi_{v1} = K_w \times \phi_e = 17.1 \times 1.529 = 27.223lm$

所以，$100W$ 的标准钨丝灯在 $0.2sr$ 范围内所发出的光通量为 $27.223lm$。

10. 答：内光电效应是光电效应的一种，主要由于光量子作用，引发物质电化学性质变化（如电阻率改变，这是与外光电效应的区别，外光电效应则是逸出电子）。内光电效应又可分为光电导效应和光生伏特效应。

光照在光电材料上，材料表面的电子吸收的能量，若电子吸收的能量足够大，电子会克服束缚逸出表面，从而改变光电子材料的导电性，这种现象称为外光电效应。如光电发射效应属于外光电效应。

对半导体,内光电效应的截止波长通常为 $\lambda_c = \dfrac{hc}{E_g}$,外光电效应的 $\lambda_c = \dfrac{hc}{(E_g + E_A)}$,所以,外光电效应对应的截止波长比较短。

11. 答:禁带:晶体中允许被电子占据的能带称为允许带,允许带之间的范围是不允许电子占据的,此范围称为禁带。

导带:价带以上能量最低的允许带称为导带。

价带:原子中最外层的电子称为价电子,与价电子能级对应的能带称为价带。

费米能级:温度为绝对零度时固体能带中充满电子的最高能级。

12. 答:由光电发射长波限 $\lambda_L = \dfrac{hc}{E_{th}} = \dfrac{1239}{E_{th}}$(nm)为 680nm,得该光电发射材料的光电发射阈值的大小为 $E_{th} = \dfrac{1239}{\lambda_L} = \dfrac{1239}{680} = 1.82\text{eV}$。

13. 答:由本征吸收长波限 $\lambda_L = \dfrac{hc}{E_{th}} = \dfrac{1239}{E_{th}}$(nm)为 $1.4\mu m$,得该半导体材料的禁带宽度为 $E_g = \dfrac{1.239}{\lambda_L} = \dfrac{1.239}{1.4} = 0.885\text{eV}$。

14. 答:设光束发出的波长为 $0.6328\mu m$,氦氖激光器输出的光为光谱辐射,则辐射通量为 $\phi_{e,\lambda} = 3\text{mW}$,可计算出它发出的光通量为 $\phi_{\nu,\lambda} = K_m V(\lambda) \phi_{e,\lambda}$,又 $K_m = 683\text{lm/W}$,$V_{0.6328} = 0.235$,代入数据计算得 $\phi_{\nu,\lambda}$ 为 0.4815lm。

每个光子的能量为 $h\nu = \dfrac{hc}{\lambda}$,发出的光束的光子流速率 N 为 $N = \dfrac{\phi_{\nu,\lambda}}{h\nu} = \dfrac{\phi_{\nu,\lambda}\lambda}{hc} = \dfrac{3\times10^{-3}\times0.6328\times10^{-6}}{6.63\times10^{-34}\times3\times10^8} \approx 9.54\times10^{15}$ 个/s。

思考与习题 3

一、选择题
1. B   2. B   3. D   4. A   5. A

二、填空题
1. 电子光学系统   倍增极
2. 光电阴极的量子效率
3. 阳极电流与阴极电流之比 $G = I_a / I_k$
4. 10
5. 百叶窗型结构   盒栅式结构   瓦片静电聚焦型结构   圆形鼠笼式结构

三、简答与计算题
1. 答:电子由价带顶逸出物质表面所需的最低能量,即光电发射阈值。电子逸出功指电子逸出材料表面克服原子核的静电引力和偶电层的势垒作用所做的功。

2. 答:电流放大倍数表征光电倍增管的内增益特性,它不但与倍增极材料的二次发

射系数 δ 有关,而且与光电倍增管的级数 N 有关,如 $G=\delta^N$。光电倍增管的各倍增极的发射系数 δ 与倍增极材料、倍增极结构,以及极间电压有关,最主要的因素是极间电压。

3. 答:主要由光电阴极材料和窗口材料决定。

4. 答:灵敏度是衡量光电管质量的重要参数,它反映光电阴极材料对入射光的敏感程度和倍增极的倍增特性。广电倍增管的灵敏度通常分为阴极灵敏度和阳极灵敏度。光电倍增管阴极电流 I_k 与入射光谱辐射通量 $\Phi_{e,\lambda}$ 之比称为阴极光谱灵敏度。光电倍增管阳极输出电流 I_a 与入射光谱辐射通量 $\Phi_{e,\lambda}$ 之比称为阳极光谱灵敏度。阴极灵敏度表征了光电倍增管阴极材料的一次发射能力,而光电倍增管的阳极灵敏度则反映了倍增极材料的二次电子发射能力。

5. 答:由 $I_{am}=S_a\Phi_{vm}$,可得允许的最大入射光通量:$\Phi_{vm}=I_{am}/S_a=1\times10^{-6}$(lm)。

6. 答:(1) 阴极面上允许的最大光通量

$$\frac{I_a}{I_k}=\frac{S_a}{S_k}$$

$$I_k=\frac{S_k\times I_a}{S_a}=\frac{2\times10^{-6}\times0.5\times10^{-6}}{50}=2\times10^{-14}$$

$$\phi_k=\frac{I_k}{S_k}=4\times10^{-8}\text{(lm)}$$

(2) 当阳极电阻为 $75\text{k}\Omega$ 时,最大输出电压

$$U_{am}=I_{am}\times R_a=2\times10^{-6}\times75\times10^3=0.15\text{(V)}$$

(3) 若已知阴极材料为 12 级的 Cs_3Sb 倍增极,倍增系数为 $\delta=0.2(U_{DD})^{0.7}$,试计算它的供电电压。

$$G=\frac{S_A}{S_K}=\frac{50}{0.5\times10^{-6}}=1\times10^8$$

$$G=\delta^N$$

$N=12$,每一级的增益 $\delta=4.64$

Cs_3Sb 倍增极材料的增益 δ 与极间电压 U_{DD} 有

$$\delta=0.2(U_{DD})^{0.7}$$

$$U_{DD}=\sqrt[0.7]{\frac{\delta}{0.2}}=89.3\text{(V)}$$

总电源电压 U_{bb} 为

$$U_{bb}=(N+1.5)U_{DD}=1206\text{(V)}$$

7. 答:光电倍增管由光入射窗、光电阴极、电子光学系统、倍增极及阳极等部分构成。

工作原理:光子透过入射窗入射到光电阴极 K 上。此时光电阴极的电子受光子激发,离开表面发射到真空中。光电子通过电场加速和电子光学系统聚焦入射到第一倍增极 D1 上,倍增极发射出比入射电子数目更多的二次电子。入射电子经 N 级倍增后,光电子就放大 N 次。经过倍增后的二次电子由阳极 a 收集起来,形成阳极光电流,在负载 R_L 上产生信号电压。

8. 略。

思考与习题 4

一、选择题

1. B 2. D 3. C 4. D 5. A

二、填空题

1. N

2. $\gamma = \dfrac{\lg R_2 - \lg R_1}{\lg E_1 - \lg E_2}$

3. 1873.8Ω

4. 恒压偏置 恒流偏置

5. 正

6. 长 高频

7. 光生载流子扩散到结区的时间 光生载流子的漂移时间 结电容和负载电阻决定的时间常数

8. 提高灵敏度 减小

三、简答与计算题

1. 答：P 型半导体：又称空穴型半导体,其内部空穴数大于自由电子数,即空穴是多数载流子,自由电子是少数载流子。例如,在硅材料中加入三价元素硼,就形成了 P 型半导体。

N 型半导体：又称电子型半导体,其内部自由电子数大于空穴数,即自由电子是多数载流子,空穴是少数载流子。例如,在硅材料中加入五价元素磷,就形成了 N 型半导体。

PN 结：在硅或锗单晶基片上,加工成 P 型区和相邻的 N 型区,其 P 型区和 N 型区相结合的部位有一个特殊的薄层,这个薄层就称为 PN 结。PN 结具有单向导电性。

2. 答：光电导效应,又称为光电效应、光敏效应,是光照射到某些物体上后,引起其电性能变化的一类光致电改变现象的总称。当光照射到半导体材料时,材料吸收光子的能量,使非传导态电子变为传导态电子,引起载流子浓度增大,因而导致材料的电导率增大。

光生伏特效应简称为光伏效应,指光照使不均匀半导体或半导体与金属组合的不同部位之间产生电位差的现象。在光照下,若入射光子的能量大于禁带宽度,半导体 PN 结附近被束缚的价电子吸收光子能量,受激发跃迁至导带形成自由电子,而价带则相应地形成自由空穴。这些电子-空穴对在内电场的作用下,空穴移向 P 区,电子移向 N 区,使 P 区带正电,N 区带负电,于是,在 P 区和 N 区之间产生电压称为光生电动势,这就是光伏特效应。

当光照射物质时,若入射光子能量 $h\nu$ 足够大,它和物质中的电子相互作用,使电子吸收光子的能量而逸出物质表面。

(1) 第一定律：当入射辐射的光谱分布不变时,饱和光电流与入射的辐射量 Φ 成正比。

（2）第二定律：发射的光子最大动能随入射光子频率的增加而线性增加，与入射光强度无关。

3. 答：光敏电阻的电导随光照量的变化规律称为光敏电阻的光电特性。

$g = CE_{\xi,\lambda}^{\gamma}$ 弱光条件下 $\gamma = 1$，强光条件下 $\gamma = 1/2$，一般条件下 γ 在 $1/2$ 和 1 之间变化。

如果光敏电阻在某一光照区间内 γ 保持不变，则对应的电阻和光照的关系可表示为

$$\gamma = \frac{\lg R_2 - \lg R_1}{\lg E_1 - \lg E_2}$$

光敏电阻做成蛇形，一方面可以保证有较大的受光面积，另一方面可减小电极之间的距离，从而既可以减小载流子的有效极间渡越时间，也有利于提高灵敏度。

4. 答：该光敏电阻的亮电阻为 $R_2 = 0.01 R_1 = 6 \times 10^3 \, \Omega$，

光电导 $G = 1/R$，所以光电导灵敏度：

$$S_g = \frac{1/R_2 - 1/R_1}{E_2 - E_1} = \frac{1/(6 \times 10^3) - 1/(6 \times 10^5)}{200 - 0} = 8.25 \times 10^{-7} \, \text{S/lx}$$

5. 答：

因为 $g_0 = 0$ $p_{\max} = 40 \text{mW}$ $U = 20 \text{V}$

所以 $I_{P_{\max}} = \dfrac{p_{\max}}{U} = \dfrac{40 \times 10^{-3}}{20} = 2 \times 10^{-3} (\text{A}) = 2 \text{mA}$

所以 $R_{P_{\min}} = \dfrac{U}{I_{P_{\max}}} = \dfrac{20}{2 \times 10^{-3}} = 10 \times 10^3 \, \Omega = 10 \text{k}\Omega$

所以 $G_{P_{\max}} = \dfrac{1}{R_{P_{\min}}} = 10^{-4} \text{S} = 0.1 \text{mS}$

又因为 $S_g = \dfrac{G_{P_{\max}}}{E_{\max}}$

所以 $E_{\max} = \dfrac{G_{P_{\max}}}{S_g} = \dfrac{10^{-4}}{0.5 \times 10^{-6}} = 200 (\text{lx})$

6. 答：由题意得：

$\gamma = (\lg R_1 - \lg R_2)/(\lg E_2 - \lg E_1)$

   $= (\lg 550 - \lg 450)/(\lg 700 - \lg 500)$

   $= 0.596$

当光照为 550lx 时，$R_1 = 10^{\lg R_2 + r(\lg E_2 - \lg E_1)} = 519.3 \, \Omega$；

当光照为 600lx 时，$R_1 = 10^{\lg R_2 + r(\lg E_2 - \lg E_1)} = 493.3 \, \Omega$。

7. 答：（1）该电路为恒流偏置电路。

（2）根据已知条件，流过稳压管 DW 的电流

$$I_W = \frac{U_{bb} - U_W}{R_b} = \frac{8}{820} \approx 9.8 (\text{mA})$$

满足稳压二极管的工作条件。

当 $U_W = 4 \text{V}$ 时，流过三极管发射集的电流为

$$I_e = \frac{U_w - U_{be}}{R_e} = 1(\text{mA})$$

满足恒流偏置电路的条件。

根据题目给出的在不同光照情况下的输出电压的条件,可以得到不同光照下光敏电阻的阻值

$$R_{e1} = \frac{U_{bb} - 6}{I_e} = 6(\text{k}\Omega), \quad R_{e2} = \frac{U_{bb} - 9}{I_e} = 3(\text{k}\Omega)$$

将 R_{e1} 与 R_{e2} 值代入 γ 值的计算公式,得到光照度在 $30\sim100\text{lx}$ 的 γ 值

$$\gamma = \frac{\lg 6 - \lg 3}{\lg 80 - \lg 40} = 1$$

输出电压为 8V 时光敏电阻的阻值应为

$$R_{e1} = \frac{U_{bb} - 8}{I_e} = 4(\text{k}\Omega)$$

此时的光照度 $\gamma = \frac{\lg 6 - \lg 4}{\lg E_3 - \lg 40} = 1$,可得

$$E_3 = 60\text{lx}$$

(3) 与步骤(2)类似,得到 $E_3 = 34\text{lx}$

(4) 当 $R_e = 6\text{k}\Omega$ 时,$I_e = 0.55\text{mA}$,$\gamma = 1$,

解得 $R_P = 3.43(\text{k}\Omega)$

输出电压 $U_o = U_{bb} - I_e R_P = 12\text{V} - 0.55 \times 3.43\text{V} = 10.11\text{V}$

(5) 电路的电压灵敏度

$$S_V = \frac{\Delta U}{\Delta E} = \frac{8 - 6}{60 - 40} = 0.1(\text{V/lx})$$

思考与习题 5

一、选择题

1. A   2. D   3. D   4. B   5. B   6. D   7. D   8. A   9. B
10. A   11. A   12. C   13. B   14. A

二、填空题

1. 光生伏特效应   光电发射效应

2. 10

3. 光生伏特   自

4. 测量   太阳能

5. 短路电流比

三、简答与计算题

1. 答:PIN 光电二极管的工作原理:PIN 光电二极管是一种快速光电二极管,PIN 光电二极管在掺杂浓度很高的 P 型半导体和 N 型半导体之间夹着一层较厚的高阻本征

半导体 I,其基本原理与光电二极管相同。但由于其结构特点,PIN 光电二极管具有其独特的特性。

特点:①结电容小,频率相应高。最大特点是频带;②可承受较高的反向电压,线性输出范围宽;③量子效率较高;④不足是输出电流很小,约在微安量级。

雪崩光电二极管(APD)的结构原理:雪崩光电二极管是利用 PN 结在高反向电压下产生的雪崩效应工作的。雪崩光电二极管的工作电压很高,为 $100\sim200\text{V}$,接近反向击穿电压。结区内电场极强,光生载流子在这种电场中得到了极大的加速,同时与晶格原子发生碰撞产生电离,产生更多的电子-空穴对。新生的电子-空穴对在强电场作用下重复这一过程,形成结电流的雪崩效应。

工作特点:灵敏度高;电流增益大,可达;响应速度特别快硅和锗雪崩光电二极管的带宽可达 100GHz。

PIN 光电二极管的频率特性比普通光电二极管好的原因:PIN 光电二极管的 PN 结间距大,结电容很小。由于工作在反偏状态,随着反偏电压增大,结电容变得更小,从而提高了 PIN 光电二极管的频率响应。

2. 答:外光电效应是物质受到光照后向外发射电子的现象,而内光电效应是物质在受到光照后产生的光电子只在物质内部运动,而不会逸出物质外部。光电导(又称光敏电阻)就是利用内光电效应制成的半导体器件。光电管利用外光电效应。

3. 答:光敏电阻是采用半导体材料制作,利用内光电效应工作的光电元件。在光线的作用下其阻值往往变小,这种现象称为光导效应。

光电二极管是将光信号变成电信号的半导体器件。它的核心部分也是一个 PN 结,和普通二极管相比,在结构上不同的是,为了便于接受入射光照,PN 结面积尽量做得大一些,电极面积尽量小一些,而且 PN 结的结深很浅,一般小于 $1\mu\text{m}$。光电二极管是在反向电压作用之下工作的。没有光照时,反向电流很小(一般小于 $0.1\mu\text{A}$),称为暗电流。当有光照时,携带能量的光子进入 PN 结后,把能量传给共价键上的束缚电子,使部分电子挣脱共价键,从而产生电子-空穴对,称为光生载流子。它们在反向电压作用下参加漂移运动,使反向电流明显变大,光的强度越大,反向电流也越大。这种特性称为"光电导"。光电二极管在一般照度的光线照射下产生的电流叫光电流。如果在外电路上接上负载,负载上就获得了电信号,而且这个电信号随着光的变化会相应变化。

光敏电阻没有极性,光电二极管分极性。光敏电阻改变的是电阻值,而光电二极管改变的是光电流。

4. 答:光电探测器主要噪声有热噪声、散粒噪声、$1/f$ 噪声、产生-复合噪声。

功率谱大小与频率无关,称为白噪声;功率谱与 $1/f$ 成正比,称为 $1/f$ 噪声。从热噪声功率公式可看出,热噪声与温度、频宽、电阻的倒数成正比,因此要降低温度;常温时,工作频率要在 1012Hz 以下。

5. 公式:$\lambda_C = hc/E_g$

h:归一化普兰克常数;

c:光速;

E_g:禁带宽度(eV);

λ_C：截止波长。

6. 答：硅光电二极管的全电流方程为

$$I = -\frac{\eta q\lambda}{hc}(1 - e^{-\alpha d})\Phi_{e\lambda} + I_D(e^{\frac{qU}{KT}} - 1)$$

式中，η 为光电材料的光电转换效率，α 为材料对光的吸收系数。

光电流为

$$I_\Phi = -\frac{q}{h\nu}(1 - e^{-\alpha d})\Phi_{e\lambda}$$

无辐射时的电流为

$$I = I_D(e^{\frac{qU}{kT}} - 1)$$

I_D 为暗电流，U 为加在光电二极管两端的电压，T 为器件的温度，k 为玻尔兹曼常数，q 为电子的电荷量。

7. 答：

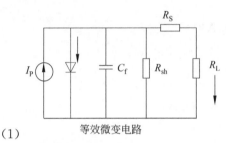

等效微变电路

（1）

（2）流过负载电阻的电流方程为

$I_L = I_P - I_D = I_P(e^{qU/kT} - 1)$

短路电流的表达式 $I_{SC} = I_P = S_E \cdot E$

开路电压的表达式 $U_{OC} = \frac{kT}{q}\ln\left(\frac{I_P}{I_o} + 1\right)$

8. 答：影响光生伏特器件频率响应的主要因素有三点：

（1）在 PN 结区内产生的光生载流子渡越结区的时间 τ_{df}，即漂移时间；

（2）在 PN 结区外产生的光生载流子扩散到 PN 结区内所需时间 τ_p，即扩散时间；

（3）由 PN 结电容、管芯电阻 R_i 及负载电阻 R_L 构成的 RC 延迟时间 τ_{RC}。

对于 PN 结型硅光电二极管，光生载流子的扩散时间 τ_p 是限制硅光电二极管频率响应的主要因素。由于光生载流子的扩散运动很慢，因此扩散时间 τ_p 很长，约为 100ns，其最高工作频率 $f = \frac{1}{t_p} = 10^7\,\mathrm{Hz}$。

9. 答：（1）光生伏特器件有反向偏置电路、零偏置电路、自偏置电路。

（2）特点：自偏置电路的特点是光生伏特器件在自偏置电路中具有输出功率，且当负载为最佳负载电阻时，具有最大的输出功率，但是自偏置电路的输出电流或输出电压与入射辐射间的线性关系很差，因此在测量电路中很少采用自偏置电路。反向偏置电路：光生伏特器件在反向偏置状态，PN 结势垒区加宽，有利于光生载流子的漂移运动，使光生伏特器件的线性范围加宽,因此反向偏置电路被广泛应用到大范围的线性光电检测与光电变换中。零偏置电路:光生伏特器件在零伏偏置下输出的短路电流 I_{sc} 与入射辐射量(如照度)呈线性关系变化,因此零伏偏置电路是理想的电流放大电路。

10. 答:当光照照度增大到某个特定值时,硅光电池的 PN 结产生的光生载流子数达到最大值,即出现饱和,再增大光照强度,其开路电压不再随之增大。硅光电池的开路电压表达式为 $U_{OC}=\dfrac{kT}{q}\ln\left(\dfrac{I_{\Phi}}{I_D}+1\right)$,将 $I_{\Phi}=\dfrac{q}{h\nu}(1-e^{ad})\Phi_{e\lambda}$ 代入表达式求出关于 λ 的一阶导数,令其等于 0,求得最大开路电压。输出电压 $U_o=I_LR_L=\left[I_P-I_D(e^{\frac{qU}{kT}}-1)\right]R_L$,即包含了扩散电流 $I_De^{\frac{qU}{kT}}$ 和暗电流 I_D 的影响,使得硅光电池的有载输出电压总小于开路电压 U_{OC}。

11. 答:(1) 由题意,当 $T=300\mathrm{K}$,$E_e=100\mathrm{mW/cm^2}$ 时,$U_{OC}=550\mathrm{mV}$,$I_{SC}=28\mathrm{mA}$

则有 $U_{OC}=\dfrac{kT}{q}\ln\left(\dfrac{I_{\Phi}}{I_D}+1\right)$ 以及 $I_{\Phi}=\dfrac{q}{h\nu}(1-e^{ad})\Phi_{e\lambda}$

得 $I_{\Phi 1}=I_{SC1}=\dfrac{E_{e1}}{E}\times I_{SC}=\dfrac{200}{100}\times 28=56(\mathrm{mA})$

$U_{OC1}-U_{OC}=\dfrac{kT}{q}\ln\left(\dfrac{I_{\Phi}}{I_D}+1\right)-\dfrac{kT}{q}I\left(\dfrac{I_{\Phi}}{I_D}+1\right)$

而 $I_D=\dfrac{I_{\Phi}}{e^{\frac{qU_{OC}}{kT}}-1}=\dfrac{28\times 10^{-3}}{e^{\frac{550\times 10^{-3}}{0.026}}-1}=18.244\times 10^{-9}(\mathrm{mA})$

则 I_D 相对于 I_{Φ} 非常小,

$U_{OC1}-U_{OC}=\dfrac{kT}{q}\ln\left(\dfrac{I_{\Phi 1}+I_D}{I_{\Phi}+I_D}\right)\approx\dfrac{kT}{q}\ln\left(\dfrac{I_{\Phi 1}}{I_{\Phi}}\right)=0.026\ln\left(\dfrac{56}{28}\right)=0.018(\mathrm{V})=18(\mathrm{mV})$

所以 $U_{OC1}=U_{OC}+0.018=568(\mathrm{mV})$

因此,当负载电阻为最佳负载电阻时,可取输出电压 $U_m=0.6U_{OC1}=340.8(\mathrm{mV})$

而此时的输出电流近似等于光电流,即 $I_m=I_{\Phi 1}=56(\mathrm{mA})$

(2) 获得最大功率的最佳负载电阻 $R_L=\dfrac{U_m}{I_m}=\dfrac{340.8}{56}=6.08(\Omega)$

最大输出功率 $P_m=U_m\times I_m=340.8\times 56\times 10^{-3}=19.08(\mathrm{mW})$

转换效率 $\eta_m=\dfrac{P_m}{\Phi}=\dfrac{P_m}{E\times S}=\dfrac{19.08}{200\times 1}\times 100\%=9.54\%$

12. 答:电路图

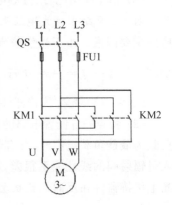

工作原理:PLC 投入运行,系统处于初始状态,准备好启动。库门设计为卷帘式,用一个电机拖动卷帘。正转接触器 KM1 使电机开门,反转接触器 KM2 使电机关门。在库门的上方装设一个超声波探测开关 S01,超声波开关发射超声波。

① 按下启动按钮,当有人或车由外到内进入超声波发射范围时,超声波开关便检测出超声回波,从而产生输出电

信号(S01＝0N),由该信号启动接触器 KM1,电机 M 正转使卷帘上升开门,当到达开门限位开关位置时,电机停止运行。

② 如果此时车不想停入车库,则需要离开,车离开超声波发射范围,5s 后,车库门自动关闭。如果此时车又想开进车库,再次进入超声波发射范围,车库门停止关闭,进行开门动作。

③ 当车开到车库门下时,在库门的下方装设一套光电传感器 S02,用以检测是否有物体穿过库门。光电开关由两个部件组成:一个是能连续发光的光源;另一个是能接收光束,并能将之转换成电脉冲的接收器。若行车(人)遮断了光束,光电传感器 S02 便检测到这一物体,产生电脉冲,延时定时器 3s 后,由该信号启动接触器 KM2,使电机 M 反转,从而使卷帘开始下降关门,当门移动到关门限位开关时,电机停止运行。

④ 在关门过程中,当有人员由外到内或由内到外进入超声波发射范围时,则立即停止关门,并自动进入开门程序。

13. 答:(1)响应波长。

波长响应范围:光检测器只可以对一定波长范围的光信号进行有效的光电转换。上限波长:即截止波长。下限波长:当波长很短时,材料的吸收系数很大。光在半导体材料表层即被吸收殆尽。在表层产生的光生载流子要扩散到耗尽层,才能产生光生电流,而在表层为零电场扩散区,扩散速度很慢,在光生载流子还没有到达耗尽层时就大量被复合掉了,使得光电转换效率在波长很短时大大下降。Si-PIN 光电二极管的波长响应范围为 $0.5\sim1\mu m$,Ge-PIN 和 InGaAs-PIN 光电二极管的波长响应范围为 $1\sim1.7\mu m$。

(2)噪声特性。

包括量子噪声、暗电流噪声、漏电流噪声以及负载电阻的热噪声。除负载电阻的热噪声以外,其他都为散弹噪声。散弹噪声是由于带电粒子产生和运动的随机性而引起的一种具有均匀频谱的白噪声。除了量子噪声、暗电流、漏电流噪声之外,还有附加的倍增噪声。①雪崩倍增效应不仅对信号电流有放大作用,而且对噪声电流也有放大作用。②雪崩效应产生的载流子也是随机的,会引入新的噪声成分。

(3)APD 光电检测器的特性。

也包括波长响应范围、量子效率、响应度、响应速度等。除此之外,由于 APD 中存在雪崩倍增效应,APD 的特性还包括雪崩倍增特性、倍增噪声、温度特性等。倍增因子 G:APD 输出光电流 I_o 和一次光生电流 I_p 的比值,随反向偏压、波长和温度而变化。现在 G 值已达到几十,甚至上百。

(4)温度特性。

当温度变化时,原子的热运动状态发生变化,从而引起电子、空穴电离系数的变化,使得 APD 的增益也随温度而变化。随着温度的升高,倍增增益下降。为保持稳定的增益,需要在温度变化的情况下进行温度补偿。材料的吸收系数不能太大,以免降低光电转换效率。检测某波长的光时,要选择适当材料的光检测器。材料的带隙决定的截止波长要大于被检测的光波波长,否则材料对光透明,进行光电转换。

14. 答:

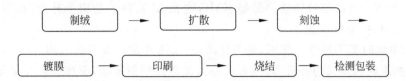

15. 答：硅太阳能电池的性能参数主要有：短路电流、开路电压、峰值电流、峰值电压、峰值功率、填充因子和转换效率等。

① 短路电流(I_{sc})：当将太阳能电池的正负极短路、使 $U=0$ 时，此时的电流就是电池片的短路电流，短路电流的单位是安培（A），短路电流随着光强的变化而变化。

② 开路电压(U_{oc})：当将太阳能电池的正负极不接负载、使 $I=0$ 时，此时太阳能电池正负极间的电压就是开路电压，开路电压的单位是伏特（V）。单片太阳能电池的开路电压不随电池片面积的增减而变化，一般为 $0.5\sim0.7\mathrm{V}$。

③ 峰值电流(I_m)：峰值电流也叫最大工作电流或最佳工作电流。峰值电流是指太阳能电池片输出最大功率时的工作电流。

④ 峰值电压(U_m)：峰值电压也叫最大工作电压或最佳工作电压。峰值电压是指太阳能电池片输出最大功率时的工作电压。峰值电压不随电池片面积的增减而变化，一般为 $0.45\sim0.5\mathrm{V}$，典型值为 $0.48\mathrm{V}$。

⑤ 峰值功率(P_m)：峰值功率也叫最大输出功率或最佳输出功率。峰值功率是指太阳能电池片正常工作或测试条件下的最大输出功率。太阳能电池的峰值功率取决于太阳辐照度、太阳光谱分布和电池片的工作温度。

⑥ 填充因子(FF)：填充因子也叫曲线因子，是指太阳能电池的最大输出功率与开路电压和短路电流乘积的比值。计算公式为 $FF=\dfrac{P_m}{I_{sc}\times U_{oc}}$。填充因子是评价太阳能电池输出特性好坏的一个重要参数，它的值越高，表明太阳能电池的输出特性越趋于矩形，电池的光电转换效率越高。

⑦ 转换效率(η)：转换效率是指太阳能电池受光照时的最大输出功率与照射到电池上的太阳能量功率的比值，即

$$\eta=\frac{P_m（电池片的峰值效率）}{A（电池片的面积）}\times P_{IN}（单位面积的入射光功率），其中\ P_{IN}=1\mathrm{kW/m^2}$$

16. 略。
17. 略。
18. 略。
19. 略。

思考与习题 6

一、选择题
1. D　2. C　3. D　4.C

二、填空题

1. 器件吸收光辐射能量而使自身温度发生变化　器件依赖某种温度敏感特性把辐射引起的温度变化转换为相应的电信号,达到光辐射探测目的　二

2. 温差电动势

3. 热释电效应

4. 降低

5. 自发极化

6. 交

7. 无波长选择性　长

8. 热电偶　热释电探测器

三、简答与计算题

1. 答:光电探测器的工作原理是将光辐射的作用视为所含光子与物质内部电子的直接作用。热电探测器是在光辐射作用下,首先接收辐射使物质升温,由于温度的变化而造成接收物质的电学特性变化。

2. 答:相同点:二者都有随温度变化的性能。

不同点:温度计要与外界有尽量好的热接触,必须达到热平衡。热电探测器要与入射有最佳的相互作用,同时又要尽量少与外界发生接触,使热能转换成电能。

3. 答:(1) 半导体材料制成的热敏电阻吸收辐射后,材料中电子的动能和晶格的振动能都会增加。因此,其中部分电子能够从价带跃迁到导带成为自由电子,从而使电阻减小,电阻温度系数是负的。

(2) 金属材料制成的热敏电阻,因其内部有大量的自由电子,在能带结构上无禁带,吸收辐射产生温升后,自由电子浓度的增加是微不足道的。相反,晶格振动的加剧,妨碍了电子的自由运动,从而电阻温度系数是正的,而且其绝对值比半导体的小。

4. 答:当红外辐射照射到已经极化了的铁电薄片时,引起薄片的温度升高。因而,表面电荷减少,这就"释放"了一部分电荷。释放的电荷通过放大器转换成输出电信号。如果红外辐射继续照射,使铁电薄片的温度升高到新的平衡值,表面电荷也达到新的平衡,不再释放电荷,也就没有输出信号。而在稳定状态下,输出信号下降到零,只有在薄片温度有变化时才有输出信号。

优点:较宽的频率响应,探测率高,可以有较大的敏感面,工作的时候不接偏压,受环境温度影响小,使用方便,强度可靠性高。

5. 答:主要由材料特性决定,衡量热敏电阻灵敏度的材料常数叫作 B 常数。

另外,影响热敏电阻灵敏度的因素有:产品的封装方式、结构设计等。热敏电阻的灵敏度主要还是由材料决定的,该参数称为材料常数;其他方面还与面积、厚度,工作的环境温度、电压、电流等因素有关。

6. 答:工作在直流状态下,温度频率不变,观察不到它的自发极化现象,所以探测的辐射必须是变化的,而且只有辐射频率 $f \gg 1/T$ 时才有输出,因此,对于恒定的红外辐射,要进行调制,使其变成交变辐射,不断引起探测器温度变化,才能产生热释电。

由公式 $S_V = \dfrac{|U_0|}{\Phi_0} = \dfrac{\alpha A_d \gamma \omega R_L}{G\sqrt{(1+\omega^2 \tau_T^2)(1+\omega^2 \tau_e^2)}}$，得

当 ω 在 $1/\tau_T \sim 1/\tau_e$ 范围时，与 ω 无关，为一常数，且为最大值。

7. 答：热释电探测器是基于热电晶体的自发极化特性制成的，温度达到居里温度之上时，热电晶体的自极化强度变为零，热释电探测器失效。因此，热释电探测器必须工作在居里温度之下。工作温度远低于居里温度时，热释电探测器的电压灵敏度基本稳定。当工作温度接近居里点时，由于热电晶体自发极化强度急剧随温度变化，故热释电探测器的电压灵敏度极不稳定。

8. 答：略。

思考与习题 7

一、选择题

1. D　2. D　3. C　4. B

二、填空题

1. 光电变换　同步与解码

2. 扫描型

3. 摄像器件　光电变换　扫描输出

4. PAL　NTSC　SEAM　PAL

5. 阴极　红外或紫外　像增强管

6. 电荷　电荷转移

三、简答与计算题

1. 答：像管的结构：光电变换部分(光电阴极)、电子光学部分(电子透镜)、电光变换部分(荧光屏)。

主要区别：摄像管有扫描输出设备，像管则没有。

2. 答：电荷生成；电荷存储；电荷转移；电荷输出(主要步骤)

3. 答：CCD是利用极板下半导体表面势阱的变化存储和转移信息电荷的，所以它必须工作于非热平衡态。时钟频率过低，热生载流子就会混入信息电荷包中从而引起失真。时钟频率过高，电荷包来不及完全转移，势阱形状就变了，这样，残留于原势阱中的电荷就必然多，损耗率就必然大。因此，使用时，对时钟频率的上、下限要有一个大致的估计。

为了避免由于热平衡载流子的干扰，注入电荷从一个电极转移到另一个电极所用的时间 t 必须小于少数载流子的平均寿命。当时钟频率过高时，若电荷本身从一个电极转移到另一个电极所需的时间 t 大于时钟脉冲使其转移的时间 $T/3$，那么，信号电荷跟不上驱动脉冲的变化，转移效率大大下降。f 上限决定于电荷包转移的损耗率 ε，就是说，电荷包的转移要有足够的时间，电荷包转移所需的时间应小于允许的值。

4. 答：参见文中的式(7-5)和式(7-6)。

5. 答：外界光照射像素阵列，发生光电效应，在像素单元内产生相应的电荷。行选择

逻辑单元根据需要,选通相应的行像素单元。行像素单元内的图像信号通过各自所在列的信号总线传输到对应的模拟信号处理单元以及 A/D 转换器,转换成数字图像信号输出。其中的行选择逻辑单元可以对像素阵列逐行扫描,也可隔行扫描。行选择逻辑单元与列选择逻辑单元配合使用,可以实现图像的窗口提取功能。模拟信号处理单元的主要功能是对信号进行放大处理,并且提高信噪比。

6. 答:图像信号的读出时序像敏单元结构是每个成像单元的电路结构,分被动像敏单元结构和主动像敏单元结构。

被动像敏单元结构又称为无源结构,每个像源主要由一个光敏元件和一个像源寻址开关构成,无信号放大和处理电路,性能较差。被动像敏单元结构的缺点是,固定图案噪声大和图像信号的信噪比低。各像敏单元的选址模拟开关的压降有差异引起的,其噪声是由选址模拟开关的暗电流噪声带来的。因此,这种结构已经被淘汰。

主动像敏单元结构又称为有源结构,它不仅有光敏元件和像敏单元寻址开关,而且还有信号方法和处理等电路,提高了光电灵敏度,减少了噪声,扩大了动态范围。主动像敏单元结构是当前得到实际应用的结构。它与被动像敏单元结构最主要的区别是,在每个像敏单元都经过放大后,才通过场效应管模拟开关传输,所以固定图案噪声大大降低,图像信号的信噪比却显著提高。

7. 答:略。

思考与习题 8

一、选择题

1. A 2. B 3. B 4. D 5. A 6. A 7. A

二、填空题

1. 电流密度

2. 结型电致发光

3. 单向 恒流

4. LED 紫外光芯片上涂覆 RGB 荧光粉 RGB 三基色混合

三、简答与思考题

1. 答:(1) 热辐射光源:太阳;白炽灯,卤钨灯;黑体辐射器(模拟黑体,动物活体)。

(2) 气体放电光源:如汞灯、钠灯、氙灯、荧光灯等。

(3) 半导体光源:如 LED 和 LD 激光器等。

2. 答:物体的显色性是指光源在与标准参照光源相比时对物体产生的颜色效果。人们总是习惯以日光照明下的物体色作为物体的本色。其他人工光源照明下的物体色与物体本色之间的差异即这种人工光源的显色性能。显色性越好的光源,照明下的物体色越接近该物体的本色。

3. 答:白炽灯:白炽灯发光原理利用的是黑体辐射,当电流流过灯丝,不断加热,当加热到一定程度就辐射出我们所见到的可见光,主要是利用热辐射发光,能量转化效率低。

荧光灯：发光的原理是利用低压汞蒸气和荧光粉发光，在通电过程中，将灯管内的汞蒸气蒸发，电子激发汞原子产生紫外线，然后再反射到荧光粉上，产生可见光。

LED：发光二极管与普通二极管一样，都是由一个 PN 结组成，也具有单向导电性。当给发光二极管加上正向电压后，从 P 区注入 N 区的空穴和由 N 区注入 P 区的电子，在 PN 结附近数微米区域分别与 N 区的电子和 P 区的空穴复合，产生自发辐射的光。

LED 灯具有体积小、耗电低、寿命长、无毒环保等诸多优点。

缺点：价格贵，需要恒流驱动，散热处理不好，容易光衰，显色性差。

4. 答：卤钨灯是填充气体内含有部分卤族元素或卤化物的充气白炽灯。在普通白炽灯中，灯丝的高温造成钨的蒸发，蒸发的钨沉淀在玻壳上，产生灯泡玻壳发黑的现象。

卤钨循环(再生循环)：在适当的温度条件下，从灯丝蒸发出的钨在灯泡壁区域内与卤素反应形成挥发性的卤钨化合物。当卤钨化合物扩散到较热的灯丝周围区域时，又分解成卤素和钨，释放出的钨部分回到灯丝上，而卤素再继续扩散到温度较低的区域与钨化合。卤钨灯具有相对寿命更长、管壁不发黑、安全性能高的优点。

5. 答：三基色荧光粉可以在波长为 450nm、540nm 和 610nm 的附近区域内产生窄带辐射。

6. 答：第三代气体放电灯、金卤灯、高压钠灯、LED 灯。

7. 答：发光二极管的基本结构是半导体 PN 结。

(1) 工作原理。N 型半导体中多数载流子是电子，P 型半导体中多数载流子是空穴。PN 结未加电压时构成一定势垒。加正向偏压时，内电场减弱，P 区空穴和 N 区电子向对方区域的扩散运动相对加强，构成少数载流子的注入，从而 PN 结附近产生导带电子和价带空穴的复合，复合中产生的与材

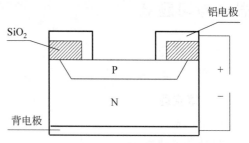

料性质有关的能量将以热能和光能的形式释放。以光能形式释放的能量就构成了发光二极管的光辐射。

(2) 特性参数。

① 量子效率。内发光效率：PN 结产生的光子数与通过器件的电子数的比例。

外发光效率：发射出的光子数与通过器件的电子数的比例。

② 发光强度的空间分布。

③ 发光强度与电流的关系：电压低于开启电压时，没有电流，也不发光。电压高于开启电压时，显示出欧姆导电性。在额定电流范围内，发光强度与通过的电流成正比。

④ 光谱特性：发射功率随光波波长(或频率)的变化关系。

⑤ 响应时间：从注入电流到发光二极管稳定发光或停止电流到发光二极管熄灭所用的时间。表达了发光二极管的频率特性。

⑥ 寿命：亮度随时间的增加而减小。当亮度减小到初始值的 $1/e$ 时所延续的时间。

8. 答：① 使用时，工作电压不能太低，否则发光较暗。工作电压也不允许超过额定

电压的规定值,否则容易损坏器件。

② 要弄清正负极,不得接反。一般长引脚为正极,短引脚为负极。

③ 发光二极管的安装位置不要靠近发热元器件。

④ 安装过程中,管子引脚不要受应力,引线的根部不许弯曲,焊接点应远离管子根部,一般应大于 15mm。

9. 答:LED 的芯片发光材料一般有以下几个要求:

(1) 有合适的禁带宽度 E_g;

(2) 可获得高电导率的 N 型和 P 型晶体;

(3) 可获得完整性好的优质晶体;

(4) 发光复合概率大。

10. 答:(1) 双异质结(DH)。异质结 LED 相对于同质结 LED 来说,其 P 区和 N 区有带隙不同的半导体组分。在异质结中,宽带隙材料叫势垒层,窄带隙材料叫势阱层。只有一个势垒层和势阱层的结为单异质结(SH),有两个势垒层和一个活性层(即载流子复合发光层)的结叫双异质结。双异质结的两个势垒层对注入的载流子起到限域作用,即通过第一个异质结界面扩散进入活性层的载流子,会被第二个异质结界面阻挡在活性层中,致使目前的 HBLED 能带结构通常都采用双异质结。

(2) 量子阱结构。活性层的变薄能够有效地提高辐射复合效率,并且能减少再吸收。但是,当活性层的厚度可以与晶体中电子的德布罗意波相比拟进,载流子会因为量子限域而发生能谱的改变。这种特殊的结构被称为量子阱(QW)。势阱中的载流子能带不再连续,而是取一系列的分立值。活性层既可以是单层,即单量子阱(SQW);也可以为多层,即多量子阱(MQW)结构。采用量子阱结构的活性层可以更薄,造成对载流子的进一步限域,更有利于效率的提高。

11. 答:略。

12. 答:发光二极管的响应时间很短,一般为几纳秒至几十纳秒。在脉冲驱动的情况下,可获得很高的亮度,但应考虑到脉冲宽度、占空比与响应时间的关系。

13. 答:略。

思考与习题 9

1. 答:有 6 种光电信息变换的基本形式:①信息载荷于光源的方式;②信息载荷于透明体的方式;③信息载荷于反射光的方式;④信息载荷于遮挡光的方式;⑤信息载荷于光学量化器的方式;⑥光通信方式的信息变换。

全辐射测温属于①。由于物体自身辐射通常是缓慢变化的,经变换后的电信号为缓变信号或直流信号。为克服直流放大器的零点漂移、环境温度影响和背景噪声的干扰,常采用电子斩波调制的方法将其变为交流信号,然后再解调出信息。

2. 答:信息载荷于遮挡光的方式,可以采用模数光电变化电路。

3. 答:太阳电池组件功率 $P = (90W \times 10 \times 6h) \div 4.46h = 1210.76W$

考虑环境和气候问题,假设损耗系数选 2,考虑选用 35 块 35W 的电池组件。

蓄电池容量 B 为 $B=[(90\text{W}\times6\text{h})\div12\text{V}]\times4\times2=360\text{A}\cdot\text{h}$，所以选用 $360\text{A}\cdot\text{h}/12\text{V}$ 的蓄电池。

本题不止一种答案，设计合理即可。

4. 答：徐州地区近 20 年年均辐射量为 107.7kcal/cm^2，经简单计算，该地区峰值日照时数约为 3.424h；

负载日耗电量 $Q=(34.5/24)\times8.5=12.2(\text{A}\cdot\text{h})$

所需太阳能组件的总充电电流 $I=1.05\times12.2/(3.424\times0.85)=4.4(\text{A})$，1.05 为太阳能电池组件系统综合损失系数，0.85 为蓄电池充电效率。

太阳能组件的最少总功率数 $P=36\times4.4=158.4(\text{W})$

选用峰值输出功率为 80W 的两块标准电池组件，可以保证 LED 路灯系统一年中在大多数情况下都能正常运行。

蓄电池容量 $C=12.2\times(7+1)=97.6(\text{A}\cdot\text{h})$

选用两组 12V、$100\text{A}\cdot\text{h}$ 的蓄电池就可以满足要求了。为了防止蓄电池过充和过放，蓄电池一般充电到 90% 左右；放电余留 20% 左右。

5. 答：日负载＝负载×日工作时数÷工作电压÷逆变器效率

$$=\frac{600\times10}{24\times0.9}=277.8(\text{A}\cdot\text{h})$$

并联太阳组件数＝日负载需求÷光伏组件日输出÷0.8

$$=277.8/(4.35\times8)\div0.8=9.98\approx10$$

串联太阳组件数＝工作电压÷太阳能光伏组件标称电压

$$=24/12=2(\text{块})$$

总块数为 $2\times10=20(\text{块})$

6. 答：日负载＝负载×日工作时数÷工作电压÷逆变器效率＝$\frac{720\times24}{24\times0.9}=800(\text{A}\cdot\text{h})$

并联太阳组件数＝日负载需求×1.11÷光伏组件日输出÷0.9

$$=800\times1.11\div(4.35\times8)\div0.9=28.35\approx29$$

串联太阳组件数＝工作电压÷太阳能光伏组件标称电压

$$=24\div12=2(\text{块})$$

蓄电池容量＝$\frac{800\times1}{0.8\times1}=1000(\text{A}\cdot\text{h})$

蓄电池并联数：$1000\div100=10$

蓄电池串联数：$24\div12=2(\text{个})$

用 58 块光伏组件两两串联之后再并联输出。用 20 个蓄电池两两串联之后再并联接入系统。

7. 答：家庭每天用电量估计为

$$Q=\frac{3000\times1.1}{365\times0.8}=11.3(\text{kW}\cdot\text{h})$$

单个蓄电池的蓄电量为 $24\text{V}\times100\text{A}\cdot\text{h}=2400\text{W}\cdot\text{h}=2.4\text{kW}\cdot\text{h}$

所以选用 5 组蓄电池组可满足要求

太阳能电池总发电量为 $G=\dfrac{Q}{F/365}y\eta=1.78(\mathrm{kW \cdot h})$

太阳能电池板的发电功率为 0.1kW,所以至少需要 18 组太阳能电池板。

所以,设计方案为 18 组太阳能电池两两并联,然后再串联起来为 5 组蓄电池充电。

此题答案不唯一,设计合理即可。

8. 答:(1)工作原理图。

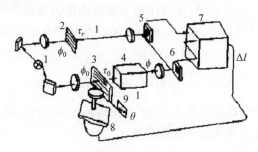

(2)原理框图。

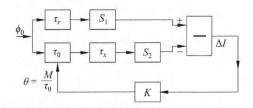

(3)说明工作原理。

① 在装上被测样品 4 之前,光屏处于最大吸收位置,并使二通道的输出光通量相等,处于平衡状态。

② 当插入被测样品之后,测量通道的光通量减少。此时若移动光屏改变透过率值使光屏上透过增大恰好等于被测样品的吸收值,就可以使二个通道重新达到平衡。

③ 光屏的移动由与之相连的指针机构 9 显示,指针的位置和不同被测样品的透过率对应。

④ 这样,光屏或指针的位置就是被测透过率的量度值,并在二通道的输出光通量相等时读出。

9. 答:

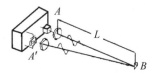

(1)半导体激光器作辐射源 A,若在激光器供电电路中外加谐波电压 U_0 就能得到接近正弦的辐射光波,则其初始相位和激励电压 U_0 相同。设辐射光波的调制频率为 f,则波长为

$$\lambda=\dfrac{C}{n} \cdot T=\dfrac{C}{n \cdot f}$$

光波从 A 点传播到 B 点的相移 ϕ 可表示为

$$\phi = 2\pi \cdot m + \Delta\phi = 2\pi\left(m + \frac{\Delta\phi}{2\pi}\right) = 2\pi(m + \Delta m) ; m = 0,1,2,\cdots$$

若光波从 A 点传播到 B 点所用的时间为 t，则 A 和 B 之间的距离 L 为

$$L = \frac{C}{n} \cdot t = \frac{C}{n} \cdot \frac{\phi}{2\pi f} = \frac{C}{n \cdot f} \cdot \frac{\phi}{2\pi} = \lambda \cdot (m + \Delta m)$$

（2）在 B 点设置一个反射器（即协作靶），使从测距仪发出的光波经靶标反射再返回到测距仪，由测距仪的测相系统对光波往返一次的相位变化进行测量。

$$2L = \lambda \cdot (m + \Delta m)$$

$$\Rightarrow L = \frac{\lambda}{2} \cdot (m + \Delta m) = L_s(m + \Delta m)$$

（3）相位测量技术只能测量出不足 2π 的相位尾数 $\Delta\varphi$，即只能确定余数 Δm，因此，当 L 大于 L_s 时，用一把光尺是无法测定距离的。

当距离小于 L_s 时，即 $m = 0$ 时，可确定距离为

$$L = \frac{\lambda}{2} \cdot (m + \Delta m) = L_s(\Delta m) = L_s\left(\frac{\Delta\phi}{2\pi}\right)$$

10. 答：可利用光电传感器和继电器组合，或利用门电路实现。

11. 答：可使用增量式光电编码器有带缝隙圆盘和指示缝隙盘及光源和光电器件组成的检测装置实现。光源发出的光通过带缝隙圆盘和指示缝隙盘照射到光电元件上，当带缝隙圆盘被测轴转动时，由于圆盘缝隙间距与指示缝隙间距相同，因此圆盘每转一周，光电元件输出与圆盘缝隙数相同的电脉冲，而利用测量时间段内的电脉冲数获得被测轴的转速。$n = 60N/Zt$；其中 Z 为编码器缝隙数，N 为电脉冲个数。

12. 答：$m = \dfrac{d}{2\sin\left(\dfrac{\theta}{2}\right)} \approx \dfrac{d}{\theta} = \dfrac{0.2 \times 180}{\pi} = \dfrac{36}{\pi}$

$$l = nq = 10 \times 0.2 = 2\,\text{mm}$$

13. 答：可参考文中图 9.25 的设计。

14. 答：略。

参 考 文 献

[1] 王庆有. 光电技术[M]. 3版. 北京：电子工业出版社，2013.

[2] 吴晗平. 光电系统设计基础[M]. 北京：科学出版社，2010.

[3] 徐熙平，张宁. 光电检测技术及应用[M]. 2版. 北京：机械工业出版社，2016.

[4] 吴晗平. 光电系统设计——方法、实用技术及应用[M]. 北京：清华大学出版社，2019.

[5] 王庆有，刘伟，李百明，等. 光电技术简明教程[M]. 北京：电子工业出版社，2017.

[6] 杨树人，王宗昌，王兢. 半导体材料[M]. 3版. 北京：科学出版社，2013.

[7] 王文祥. 真空电子器件[M]. 北京：国防工业出版社，2012.

[8] 孟庆巨，刘海波，孟庆辉. 半导体器件物理[M]. 北京：科学出版社，2013.

[9] 周自刚，胡秀珍. 光电子技术及应用[M]. 2版. 北京：电子工业出版社，2017.

[10] 郁道银，谈恒英. 工程光学[M]. 4版. 北京：机械工业出版社，2016.

[11] 雷玉堂. 光电检测技术[M]. 北京：中国计量出版社，2009.

[12] 王庆有. 图像传感器应用技术[M]. 北京：电子工业出版社，2003.

[13] 王霞，王吉晖，高岳，等. 光电检测技术与系统[M]. 北京：电子工业出版社，2015.

[14] 张文明，李玲，杨昆. 光电检测原理与技术[M]. 北京：化学工业出版社，2018.

[15] 郝晓剑. 光电传感器件与应用技术[M]. 北京：电子工业出版社，2015.

[16] 杨金焕. 太阳能光伏发电应用技术[M]. 3版. 北京：电子工业出版社，2017.

[17] 黄汉云. 太阳能光伏发电应用原理[M]. 2版. 北京：化学工业出版社，2013.

[18] 冯垛生. 太阳能光伏发电技术图解指南[M]. 北京：人民邮电出版社，2010.

[19] 靳瑞敏. 太阳能光伏应用：原理·设计·施工[M]. 北京：化学工业出版社，2017.

[20] Leonod A Kosyachenko. Solar Cells New Approaches Reviews[M]. IntechOpen，2015.

[21] 姚涵春. 等离子体光源及其应用[J]. 演艺科技，2010(02)：6-12.

[22] 苏剑峰，牛强，唐春娟，等. 新颖的第三代太阳能电池[J]. 材料导报，2010，24(15)：118-121.

图 书 资 源 支 持

感谢您一直以来对清华版图书的支持和爱护。为了配合本书的使用，本书提供配套的资源，有需求的读者请扫描下方的"书圈"微信公众号二维码，在图书专区下载，也可以拨打电话或发送电子邮件咨询。

如果您在使用本书的过程中遇到了什么问题，或者有相关图书出版计划，也请您发邮件告诉我们，以便我们更好地为您服务。

我们的联系方式：

地　　　址：北京市海淀区双清路学研大厦 A 座 714

邮　　　编：100084

电　　　话：010-83470236　010-83470237

客服邮箱：2301891038@qq.com

QQ：2301891038（请写明您的单位和姓名）

资源下载：关注公众号"书圈"下载配套资源。

资源下载、样书申请

书 圈

获取最新书目

观看课程直播